# 洪錦魁簡介

2023 年博客來 10 大暢銷華文作家,多年來唯一獲選的電腦書籍作者,也是一位跨越電腦作業系統與科技時代的電腦專家,著作等身的作家。

❑ DOS 時代他的代表作品是「IBM PC 組合語言、C、C++、Pascal、資料結構」。

❑ Windows 時代他的代表作品是「Windows Programming 使用 C、Visual Basic」。

❑ Internet 時代他的代表作品是「網頁設計使用 HTML」。

❑ 大數據時代他的代表作品是「R 語言邁向 Big Data 之路」。

❑ AI 時代他的代表作品是「機器學習 Python 實作」。

❑ 通用 AI 時代第 1 本「ChatGPT、Copilot、無料 AI、AI 職場、AI 行銷」作者。

作品曾被翻譯為簡體中文、馬來西亞文,英文,近年來作品則是在北京清華大學和台灣深智同步發行:

1:C、Java、Python、C#、R 最強入門邁向頂尖高手之路王者歸來

2:Python 網路爬蟲 / 影像創意 / 演算法邏輯思維 / 資料視覺化- 王者歸來

3:網頁設計 HTML+CSS+JavaScript+jQuery+Bootstrap+Google Maps 王者歸來

4:機器學習基礎數學、微積分、真實數據、專題 Python 實作王者歸來

5:Excel 完整學習、Excel 函數庫、AI 助攻學 Excel VBA 應用王者歸來

6:Python 操作 Excel 最強入門邁向辦公室自動化之路王者歸來

7:Power BI 最強入門 – AI 視覺化 + 智慧決策 + 雲端分享王者歸來

8:無料 AI、AI 職場、AI 行銷、AI 繪圖的作者

他的多本著作皆曾登上天瓏、博客來、Momo 電腦書類,不同時期暢銷排行榜第 1 名,他的著作特色是,所有程式語法或是功能解說會依特性分類,同時以實用的程式範例做說明,不賣弄學問,讓整本書淺顯易懂,讀者可以由他的著作事半功倍輕鬆掌握相關知識。

# ChatGPT 4 Omni 領軍
## Copilot、Claude、Gemini、36 組 GPT ...
## 全面探索生成式 AI 的無限可能

# 序

　　AI 已來，生成式人工智慧（Generative AI）的崛起，正以驚人的速度改變著我們的生活、工作與創作方式。隨著技術的進步，從簡單的文字生成到複雜的圖像創作，生成式 AI 正在各個領域展示出無限的潛力。而這一切的核心推動力，便是我們熟悉且經常聽到的「GPT」技術。

　　本書《ChatGPT 4 Omni 領軍 - Copilot、Claude、Gemini、36 組 GPT ... 全面探索生成式 AI 的無限可能》旨在帶領讀者深入探索生成式 AI 的世界，揭示這些技術如何改變我們的現實，並探討未來可能的發展方向。本書的內容包含廣泛，從最初的 AI 應用介紹，到具體的技術實現，從智慧生活的轉變，到企業的數位轉型，我們將逐步揭開 GPT 技術的神秘面紗，帶領讀者了解這個新興技術的巨大潛能。

　　在這個資訊爆炸的時代，生成式 AI 不僅僅是一種工具，更是創新與創作的新引擎。無論是教育、企業管理，還是藝術創作，GPT 技術都展示了其深刻的影響力和應用潛力。特別是 ChatGPT 4 Omni 的誕生，為我們帶來了前所未有的機會，使得 AI 不僅能夠理解和生成語言，更能以人性化的方式與我們互動，改變我們看待世界和處理資訊的方式。

　　在這本書中，我們將不僅介紹 ChatGPT 4 的核心技術和應用場景，還將帶領讀者探索更廣泛的 AI 生態系統，包括與之競爭和合作的其他 AI 模型，例如：Claude、Gemini 和 Copilot 等。這些技術的融合與碰撞，不僅為我們展示了未來的無限可能，也揭示了 AI 時代即將到來的挑戰與機遇。

　　本書希望為讀者提供一個全面的指南，無論你是技術專業人士，還是對生成式 AI 充滿好奇的普通讀者，都能夠從中獲得啟發與知識。讓我們一同踏上這段探索生成式 AI 無限可能的旅程，迎接未來的智慧世界。編著本書雖力求完美，但是學經歷不足，謬誤難免，尚祈讀者不吝指正。

洪錦魁「 jiinkwei@me.com 」

2024/08/15

## 讀者資源說明

　　本書籍的 Prompt、實例或部分作品可以在深智公司網站下載，下面是 Prompt 實例畫面：

　　下例是本書實例畫面：

## 臉書粉絲團

　　歡迎加入：王者歸來電腦專業圖書系列

　　歡迎加入：MQTT 與 AIoT 整合應用

　　歡迎加入：iCoding 程式語言讀書會 (Python, Java, C, C++, C#, JavaScript, 大數據, 人工智慧等不限 )，讀者可以不定期獲得本書籍和作者相關訊息。

　　歡迎加入：穩健精實 AI 技術手作坊

# 目錄

## 第 1 章　ChatGPT - 開啟 AI 世界的大門

## 第 2 章　智慧生活的新可能

## 第 3 章　ChatGPT 繪圖 – 開啟心靈畫家的旅程

## 第 4 章　未來已來 - ChatGPT 如何改變我們看世界

## 第 5 章　愛與創作的實驗室 - ChatGPT 的無限可能

## 第 6 章　未來教育新趨勢 - ChatGPT 如何改變學習方式

# 第 8 章 Prompt 魔法咒語

# 第 9 章　ChatGPT App – 智慧對話

# 第 10 章　GPT 機器人 – 畫筆魔術師

## 第 11 章　GPT 機器人 – 數位電影院

## 第 12 章　GPT 機器人 – 閱讀、寫作與簡報

# 第 13 章 GPT 機器人 – 網頁與科學運算

# 第 14 章　自然語言設計 GPT

# 第 15 章 安全理念的 AI - Claude

# 第 16 章 整合 Google 資源的 AI 模型 – Gemini

# 第 17 章　最全方位的 AI 模型 - Copilot

# 第 18 章　ChatGPT 輔助 Python 程式設計

## 第 19 章 Python GPT 助攻股市操作

# 第 20 章　提升 Excel 效率到智慧分析

# 第21章　Data Analyst – 邁向機器學習之路

# 目錄

# 第 1 章
# ChatGPT - 開啟
# AI 世界的大門

ChatGPT 簡單的說就是一個人工智慧互動式聊天機器人，這是多國語言的聊天機器人，可以根據你的「文字」或「檔案」輸入，用自然對話方式輸出「文字」或「圖片」。基本上可以將 ChatGPT 視為知識大寶庫，如何更有效的應用，則取決於使用者的創意，這也是本書的主題。

# 1-1 認識 ChatGPT

## 1-1-1　ChatGPT 是什麼

ChatGPT 是一個基於 GPT 架構的人工智慧語言模型，它能夠理解自然語言，辨識圖片、閱讀檔案，並根據上下文生成相應的高質量回應，類似人類般的溝通互動。目前 ChatGPT 在各行各業都有廣泛的應用，例如：

- 客服中心：可以利用它自動回答用戶查詢，提高服務效率。
- 教育領域：可以作為學生的學習助手，回答問題、提供解答解析。
- 創意寫作：可以生成文章概念、寫作靈感，甚至協助撰寫整篇文章。
- 企業：幫助企業分析數據以及擬定策略。
- 生活：生活大小事，也可以讓他提供建議。

總之，ChatGPT 是一個具有強大語言理解和生成能力的 AI 模型，能夠輕鬆應對各種語言挑戰，並在眾多領域中發揮重要作用。

## 1-1-2　認識 ChatGPT

ChatGPT 是 OpenAI 公司所開發的一系列基於 GPT 的語言生成模型，GPT 的全名是 "Generative Pre-trained Transformer "，目前已經推出了多個不同的版本，包括 GPT-1、GPT-2、GPT-3、GPT-4、GPT-4 Turbo、GPT-4o 等，讀者可以將編號想成是版本。「o」代表 Omni，是一個拉丁語詞根，意指「全能」或「無限」。

> **註** 目前 Openai 公司已經不強調 GPT-4 「Turbo」版，統稱 ChatGPT 4，不用特別稱是「Turbo」。甚至稱之為「Legacy model」( 傳統模型或是舊有模型 )，表示已經被新模型取代了，因為我們付費連線時，使用的伺服器軟體會自動升級。

| 版本 | 發佈時間 | 參數數量 |
|------|----------|----------|
| GPT-1 | 2018 年 | 1 億 1700 萬個參數 |
| GPT-2 | 2019 年 | 15 億個參數 |
| GPT-3 | 2020 年 | 120 億個參數 |
| GPT-3.5 | 2022 年 11 月 30 日 | 1750 億個參數 |
| GPT-4 | 2023 年 3 月 4 日 | 10 萬億個參數 |
| GPT-4 Turbo | 2023 年 11 月 7 日 | 170 萬億個參數 |
| GPT-4o | 2024 年 5 月 11 日 | 未公佈 |
| GPT-4o mini | 2024 年 7 月 18 日 | 未公佈 |

GPT 的英文全名是「Generative Pre-trained Transformer」，如果依照字面翻譯，可以翻譯為生成式預訓練轉換器。整體意義是指，自然語言處理模型，是以 Transformers（一種深度學習模型）架構為基礎進行訓練。GPT 能夠透過閱讀大量的文字，學習到自然語言的結構、語法和語意，然後生成高質量的內文、回答問題、進行翻譯等多種任務。

## 1-2 認識 OpenAI 公司

### 1-2-1 認識 OpenAI 公司

OpenAI 成立於 2015 年 12 月 11 日，由一群知名科技企業家和科學家創立，其中包括了 目前執行長 (CEO)Sam Altman、Tesla CEO Elon Musk、LinkedIn 創辦人 Reid Hoffman、PayPal 共同創辦人 Peter Thiel、OpenAI 首席科學家 Ilya Sutskever 等人，其總部位於美國加州舊金山。

> 註　又是一個輟學的天才，Sam Altman 在密蘇里州聖路易長大，8 歲就會寫程式，在史丹福大學讀了電腦科學 2 年後，和同學中輟學業，然後去創業，目前是 AI 領域最有影響力的 CEO。

OpenAI 的宗旨是推動人工智慧的發展，讓人工智慧的應用更加廣泛和深入，帶來更多的價值和便利，使人類受益。公司一直致力於開發最先進的人工智慧技術，包括自然語言處理、機器學習、機器人技術等等，並將這些技術應用到各個領域，例如醫療保健、教育、金融等等。更重要的是，將研究成果向大眾開放專利，自由合作。

OpenAI 在人工智慧領域取得了許多成就，主要是開發了 3 個產品，分別是：

● ChatGPT：這也是本書標題重點。

● DALL-E 3.0：這是依據自然語言可以生成圖像的 AI 產品，目前此功能已經整合到 ChatGPT 內了。甚至 Microsoft 公司因為投資了 OpenAI 公司，所以此功能也整合到 Copilot。

● Sora：文字生成影片 AI，目前尚未開放使用。

OpenAI 公司最著名的產品，就是他們在 2022 年 11 月 30 日發表了 ChatGPT 的自然語言生成模型，由於在交互式的對話中有非常傑出的表現，已經成為通用型 AI 的典範。

## 1-2-2　OpenAI 公司的未來之星 Sora

OpenAI 的 Sora 是一個先進的文字生成影片的人工智慧模型，能將文字描述轉化為高質量的影片。以下是 Sora 的一些特色：

● 文字到影片生成：Sora 能根據用戶的文字提示生成影片，這些影片可以包含高動態範圍、複雜的相機運動和多個鏡頭。

● 多樣應用：Sora 可應用於娛樂、教育、行銷等多個領域，讓創作者能輕鬆生成內容。例如，可以用於創建社交媒體影片、廣告、產品展示等。

● 細緻的影片生成：Sora 使用類似於 DALL-E 的擴散模型和壓縮技術，能生成高度真實的影片。

● 安全措施：OpenAI 正在與專家合作進行模型的安全測試，以防止生成有害或不適當的內容。

● 現階段的限制：目前，Sora 仍在測試階段，僅限於部分創作者和測試者使用。OpenAI 強調 Sora 在物理規則的模擬上仍有改進空間，例如可能無法正確處理複雜的因果關係和空間細節。

這些特色使 Sora 成為一個強大的工具，為未來的內容創作帶來新的可能性。下列是目前 OpenAI 公司官方網站展示的部分作品：

❑　**無人機拍攝美麗歷史教堂**

一架無人機環繞著一座位於阿馬爾菲海岸岩石露頭上的美麗歷史教堂，展示了這

座歷史悠久且宏偉的建築細節和層疊的道路和露台。畫面中可以看到海浪拍打著下方的岩石，遠處的海岸水域和丘陵景觀一覽無遺。幾個人在露台上行走，享受著壯麗的海景。午後陽光的溫暖光輝為這一場景增添了魔幻和浪漫的氛圍，這一切都被精美的攝影技術捕捉下來，非常壯觀。

Prompt：A drone camera circles around a beautiful historic church built on a rocky outcropping along the Amalfi Coast, the view showcases historic and magnificent architectural details and tiered pathways and patios, waves are seen crashing against the rocks below as the view overlooks the horizon of the coastal waters and hilly landscapes of the Amalfi Coast Italy, several distant people are seen walking and enjoying vistas on patios of the dramatic ocean views, the warm glow of the afternoon sun creates a magical and romantic feeling to the scene, the view is stunning captured with beautiful photography.

❑　嚎叫的狼

一個美麗的剪影動畫展示了一隻狼對著月亮嚎叫，感到孤獨，直到它找到了它的狼群。

A beautiful silhouette animation shows a wolf howling at the moon, feeling lonely, until it finds its pack.

## 1-3 ChatGPT 使用環境

### 1-3-1　免費的 ChatGPT

2024 年 4 月 1 日，OpenAI 公司宣佈，讀者免註冊，仍可以使用 ChatGPT 的功能。讀者可以使用「https://openai.com」進入 OpenAI 公司網站，然後往下捲動視窗進入下列畫面：

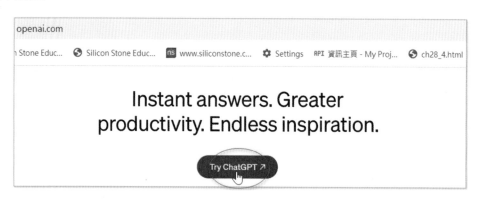

點選 Try ChatGPT 就可以進入 ChatGPT 使用環境。

❑ **未註冊的用戶**

　　沒有註冊仍可，以訪客身份使用 ChatGPT，版本是 4o mini，缺點是無法保存聊天記錄。

❑ **有註冊的免費用戶**

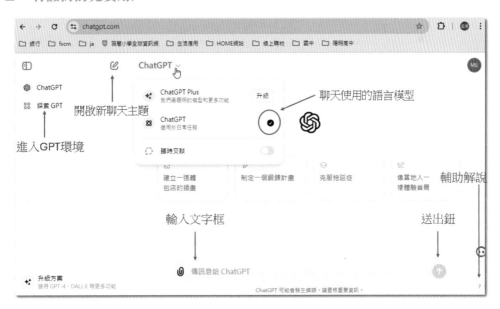

　　註冊使用的 ChatGPT 版本是早期的 ChatGPT 4，然後也可以使用探索 GPT 功能，本書第 10 章起會介紹。上述視窗讀者可以在輸入文字框，輸入聊天文字，完成後可以按送出鈕 图示 ( 如果輸入文字框有輸入文字，此圖示會變為黑色↑ )，就可以得到 ChatGPT 的回應。

　　如果點選 ChatGPT Plus 右邊的升級鈕，可以付費升級。

## 1-3-2　認識 GPT-4o 的使用環境

　　付費升級的用戶，進入 ChatGPT 後，可以用最先進的語言模型 4o 範本，可以看到下列使用環境：

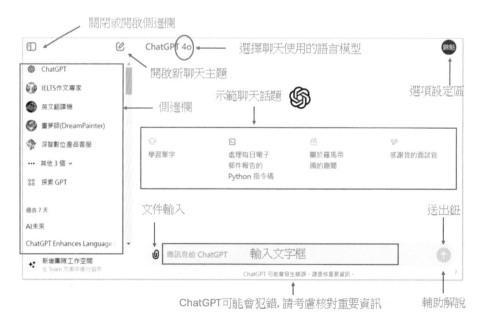

上述視窗除了側邊欄會有聊天記錄主題外，可以看到下列主要欄位：

❏　關閉或開啟側邊欄

點選視窗左上方的 🔲 圖示，可以開啟或是關閉側邊欄。

❏　開啟新聊天主題

一個聊天主題結束，可以點選此新交談圖示 🖉 ，開啟新的聊天主題。

❏　示範聊天問題

可以看到 ChatGPT 的示範聊天提問。

❏　輸入文字框

這是我們與 ChatGPT 聊天，輸入文字區。如果輸入文字很長，可以連續輸入，輸入框的游標會自動換列。若是按「Shift + Enter」鍵，可以強制輸入游標跳到下一列。註：如果輸入大量資料，可以使用複製方式，將資料複製到輸入文字框區。

❏　送出鈕

我們的文字輸入完成，可以點選此 🔳 圖示，或是按 Enter 鍵，將輸入送給 ChatGPT 的語言模型伺服器。

❏　文件輸入

可以用此圖示，將檔案或是圖片傳送給 ChatGPT。

❏　選擇聊天的語言模型

點選 ChatGPT 4 右邊的 ⌄ 圖示，可以選擇聊天的語言模型。

從上述可以看到有下列 3 種語言模型，與一個臨時交談選項：

❏　GPT-4o

　　這是最先進的語言模型，在發表會的直播中，OpenAI 公司展示了 GPT-4o 的多種功能，包括與用戶進行自然對話、提供情感支持、解決數學問題、編寫和理解程式碼以及進行即時語言翻譯。下列功能特色整理，但是直至筆者截稿，部分功能尚未正式開放。

- 跨模式智慧：支援文字、語音和視覺模式，能夠進行即時交流。
- 多語言支援：在 50 種不同的語言中改善了質量和速度。
- 會議秘書：可以參與會議同時紀錄開會內容與摘要，隨時提供查詢。
- 記憶功能：能夠跨對話保持連貫性，記住之前的交流內容與你的習慣，以及提供客製化的回應。
- 網頁瀏覽：可以搜索即時訊息，並在對話中使用這些訊息。
- 數據分析：能夠分析圖表和其他數據，提供答案和見解。
- 情感感知：在對話中能夠感知情緒，並根據情境提供適當的回應。
- 語音交互：支援即時語音對話，並能夠處理中斷和背景噪音。
- 視覺互動：可以查看和分析圖片、照片和文檔，並與用戶進行基於視覺內容的對話。

- 螢幕分享輔助設計程式：能夠由螢幕畫面，幫助用戶理解和編寫程式碼，並提供對應的解釋和建議。

- 即時翻譯：能夠作為即時翻譯器，即時翻譯不同語言之間的對話。

- 自然語言理解：具有強大的自然語言處理能力，能夠理解複雜的問題和指令。

- 生成文字：能夠生成流暢且自然的文字回應，包括故事講述、情感表達等。

- 隱私和安全性：OpenAI 在推出新模型的同時，也在努力解決潛在的安全問題和濫用風險。

❏ **GPT 4o-mini**

這是 OpenAI 公司在 2024 年 7 月 18 日推出，最新、最輕巧的語言模型，目的是取代 ChatGPT 3.5，不論你是免費或是付費用戶皆可以使用此功能。同時未來會將圖片、影片和音訊功能整合到此語言模型。特別是對於使用 ChatGPT API 的程式設計師，這將是一款比 ChatGPT 3.5 API 價格更低廉、功能更強大的語言模型。下列是針對目前幾款通用型 AI，例如：GPT-4o mini、Gemini Flash、Claude Haiku、GPT 3.5 Turbo、GPT-4o 在各項評比的表現圖表。

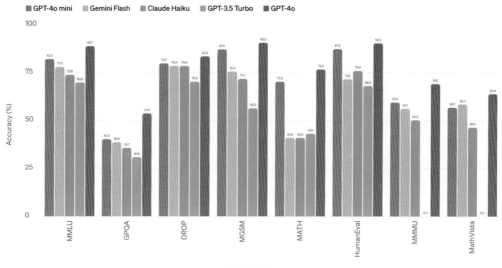

下列是上圖每個評估標準的說明：

● MMLU (Massive Multitask Language Understanding)：測試模型在多任務語言理解方面的表現。

● GPQA (General-Purpose Question Answering)：測試模型在一般問題回答方面的準確率。

● DROP (Discrete Reasoning Over Paragraphs)：測試模型在段落的離散推理能力。

● MGSM (Math Generalization and Symbolic Manipulation)：測試模型在數學推理和符號操作方面的能力。

● MATH：測試模型在數學問題解決上的表現。

● HumanEval：測試模型在代碼生成和執行上的能力。

● MMMU (Multimodal Multitask Understanding)：測試模型在多模態多任務理解上的表現。

● MathVista：測試模型在特定數學領域的問題解決能力。

❏　GPT-4

這是前一代的先進複雜模型，其實就是 Turbo 模型，也是一個強大、有記憶、數據分析、支援生成各式文件，例如：Word、Excel、PDF、圖形 ... 等的功能。

❏　臨時交談

ChatGPT 的「臨時交談」功能是一種允許用戶與 ChatGPT 進行一次性對話的功能，而無需保存對話記錄。這項功能旨在保護用戶的隱私，並為那些不希望留下聊天記錄的用戶提供一個選擇。因為沒有保存對話記錄，這意味著用戶將無法返回以前的對話以供參考或查找訊息。

❏　選項設定區

ChatGPT 視窗右上方可以看到我們登入 ChatGPT 的名稱，按一下，可以看到系列選項。使用 ChatGPT 時可以長期登入，如果不想長期登入，可以執行登出指令。

本章未來會分別說明上述其他指令內容。

❑　OpenAI 公司的聲明

「ChatGPT 可能會發生錯誤，請查核重要資訊」，也就是使用 ChatGPT 時，建議還是需要核對結果資訊。

❑　說明圖示

視窗右下方是 ⑦ 圖示，我們可以稱此為說明圖示，點選此圖示可以看到下面實例畫面。

這個實例畫面的項目如下：

● 說明與常見問題：點選可以開新的瀏覽器頁面顯示常見的問題與解答。

● 版本說明：點選可以開啟新的瀏覽器頁面，列出版本更新表，以及所更新的內容。

● 條款與政策：點選可開啟新的瀏覽器頁面，顯示使用 ChatGPT 的條款。

● 鍵盤與快捷鍵：是顯示使用 ChatGPT 的快捷鍵，可以參考下表。

## 1-3-3 我的方案

如果你已經購買升級 ChatGPT Plus 計畫，請先點視窗右上方的帳號，然後再點選我的方案，請參考下方左圖。可以看到下列我們的購買方案，請點選管理我的訂閱，請參考下方右圖。

近期許多網站皆有刷卡付費機制，刷卡付費使用網站內容，這是應該被鼓勵的行

為。但是許多人對於這類機制最大的疑問是，未來不想使用時，是否容易取消付費，所以這一節特別說明取消使用時，是否很容易取消付費。上述點選「管理我的訂閱」超連結可以進入管理我的訂單訊息。

上述往下捲動視窗，可以看到訂閱 ChatGPT Plus 的續訂日期和刷卡訊息，點選「返回到 OpenAI, LLC」可以返回 ChatGPT 聊天環境。如果往下捲動可以看到個人帳單地址與帳單記錄。對讀者而言最重要的是取消計畫鈕，未來不想使用只要按此鈕即可。

## 1-4 ChatGPT 初體驗

### 1-4-1 第一次與 ChatGPT 的聊天

第一次與 ChatGPT 聊天，請參考下圖在文字框，輸入你的聊天內容。

上述請按 Enter，可以將輸入傳給 ChatGPT。或是按右邊的發送訊息圖示 ↑，將輸入傳給 ChatGPT。讀者可能看到下列結果。

使用 ChatGPT 時，必須知道，ChatGPT 可能會在不同時間點，或是不同人，使用不同的文字回應內容。上述 ChatGPT 回應下方有 5 個圖示：

- Read Alout 圖示：語音播放圖示，點選可以聽到 ChatGPT 用語音回應輸出的內容。
- 複製圖示：可以複製 ChatGPT 的輸出到剪貼簿。
- 重新生成圖示：如果你對於 ChatGPT 的內容不滿意，可以點選此圖示，ChatGPT 會重新產新的內容。
- 回應不佳圖示：如果覺得回應有問題，可以按此向 OpenAI 公司反應，此時有下列選項：

- 變更模型圖示：滑鼠游標移至此圖示，可以顯示目前的語言模型，4o，你可以點選此圖示，然後選擇不同的語言模型。

ChatGPT 4o 進步了，從回應可以發現，ChatGPT 4o 已經改良了，先前版本新聊天時用簡體中文回應的問題。

新聊天的第一次使用時，會產生一個聊天標題，此標題內容會依據你第一次輸入內容，ChatGPT 自行生成聊天標題。美中不足的是，此標題仍是簡體中文，不過相信 OpenAI 公司會對此做改良，也許讀者使用 ChatGPT 時已經改良完成。

特別提醒，即使是使用 ChatGPT 4o 語言模型，與 ChatGPT 聊天過程，即使輸入是用繁體中文，回答偶而也會有簡體中文出現，可參考下列畫面：

> 請用300個字創作「老人與忠狗」的故事, 然後以故事情節生成一幅16:9的圖像

⑨ 老人与忠狗的故事

在一个宁静的小村庄里，住着一位年迈的老人和他的忠狗"阿黄"。老人名叫李伯，是村里最德高望重的长者。阿黄是李伯多年前从街上救回来的流浪狗，自那以后，阿黄便一直陪伴在李伯左右。

## 1-4-2 從繁體中文看 ChatGPT 的缺點和原因

下列是 ChatGPT 訓練資料時所使用語言的比例，可以看到繁體中文僅佔 0.05%，簡體中文有 16.2%，這也是若不特別註明 ChatGPT 經常是使用簡體中文回答的原因。

**Languages**

The pie chart shows the distribution of languages in training data.

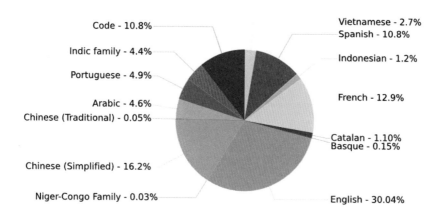

Code - 10.8%
Indic family - 4.4%
Portuguese - 4.9%
Arabic - 4.6%
Chinese (Traditional) - 0.05%
Chinese (Simplified) - 16.2%
Niger-Congo Family - 0.03%
Vietnamese - 2.7%
Spanish - 10.8%
Indonesian - 1.2%
French - 12.9%
Catalan - 1.10%
Basque - 0.15%
English - 30.04%

其實這也代表 OpenAI 公司台灣籍員工太少，繁體中文未被重視，只期待年輕學生加油，有機會應該要去美國進修，和全球頂尖學生學習，增加競爭力，也是增加台灣軟體的競爭力。

## 1-4-3　繁體中文與台灣用語

在使用 ChatGPT 期間，如果發生 ChatGPT 用簡體中文回應，我們可以輸入下列 2 個 Prompt 之一，要求用繁體中文回應：

● 「請用繁體中文回應」：繁體中文包含台灣、香港、澳門是用繁體中文。當要求用繁體中文來回答，語法和用詞大致上跟簡體中文差不多，但某些詞彙的使用可能會有點不同

● 「請用繁體中文台灣用語回應」或是「台灣用語回應」：如果增加台灣用語，不只是用繁體字來寫，還包括了一些特別是在台灣地區常用的詞彙、說法和文化背景。例如：在台灣，日常用語和表達方式可能會跟大陸或其他使用中文的地區有點差異，ChatGPT 會盡量用台灣人常用的詞彙和說法來回答。

簡單來說，「繁體中文」主要是指寫法，而「台灣用語」則包含了地區文化和說話的習慣。

## 1-4-4　留意「繁體皮、簡體骨」的內容

若是請 ChatGPT 是用「繁體中文」回答了，有時我們會看到語意還是簡體語法的繁體中文，或是說「繁體皮、簡體骨的中文」。對於不熟悉簡體中文的讀者，可能讀取內容會有些吃力。下列幾個紅色繁體文字，是簡體語意的字，讀者需自行替換調整成右邊文字，才是我們平常所使用的語意。

| | | |
|---|---|---|
| 智能：智慧 | 信息：資訊或訊息 | 硬件：硬體 |
| 軟件：軟體 | 文本：本文 | 示例：實例 |
| 模板：模組 | 通向：邁向 | 通過：透過 |
| 內存：記憶體 | 內置：內建 | 循環：迴圈 |
| 調用：呼叫 | 基於：以 xx 為基礎 | |

ChatGPT 持續進步中，不僅是回應內容，「繁體皮、簡體骨」的文字也在改進中，可參考下列實例。

**實例 1**：輸入「請用 100 個字描述「AI 文字 – 聊天機器人」，下列是早期 ChatGP-4 的版本輸出。

錦魁　請用100個字描述「AI文字 - 聊天機器人」

聊天機器人是AI領域的一個應用，通過自然語言處理（NLP）技術，理解和回應人類語言。基於深度學習、神經網絡和大量文本數據訓練，機器人能夠生成有意義的回應。聊天機器人應用於客服、教育、創意寫作等領域，提高效率，節省時間。隨著技術進步，例如GPT系列模型，聊天機器人的語言理解和生成能力不斷提升，為人類和AI之間的互動提供了全新的可能。

從上述看到，「通過」需改為「透過」、「文本」需改為「本文」、「基於深度學習、神經網絡」需改為「以深度學習、神經網絡為基礎」。下列是 ChatGPT 4o 的回應。

請用100個字描述「AI文字 - 聊天機器人」

AI文字聊天機器人是一種基於人工智慧技術的應用程序，通過自然語言處理（NLP）與用戶進行互動。這些聊天機器人可以理解和生成人類語言，模擬對話，回答問題，提供建議，並執行各種任務。它們廣泛應用於客服、自動化應用、娛樂和教育等領域，旨在提高效率、增強用戶體驗，並提供全天候服務。隨著技術的進步，AI聊天機器人的功能和智能水平不斷提升，逐漸成為日常生活中不可或缺的工具。

## 1-5 「記憶已更新」訊息

筆者輸入「請用繁體中文和我聊天」。

請用繁體中文和我聊天

📖 記憶已更新

好的，有什麼我可以幫助你的嗎？

上述出現「記憶已更新」訊息，這是 ChatGPT 的新功能，這是一個有用的指標，表示 ChatGPT 正積極學習並適應使用者的輸入。未來 ChatGPT 和我們對話時，就不會再出現簡體中文回應。

**註** 大部分情況不會再有簡體中文的問題，不過偶爾也會在回應的文字段落中看到簡體中文。

此持續的記憶更新過程可讓模型隨著時間推移提供更個人化且引人入勝的對話。在 ChatGPT 中，「記憶已更新」訊息會出現於以下情況：

- 使用者提供新資訊時：如果使用者明確告知 ChatGPT 新資訊，例如姓名、興趣或偏好，模型會將此資訊儲存在其記憶中並顯示「記憶已更新」訊息。

- 使用者提出需要上下文資訊的問題時：如果使用者提出需要模型存取和處理先前對話中資訊的問題，模型會更新其記憶以反映此新資訊並顯示「記憶已更新」訊息。

- 使用者提供回饋時：如果使用者對模型的回應提供回饋，例如指出回應是否有幫助或資訊量充足，模型會利用此回饋來改善對使用者偏好的理解並更新其記憶。

滑鼠游標指向「記憶已更新」可以看到更新的內容。

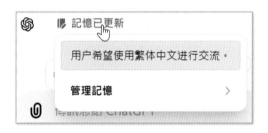

如果進入「管理記憶」，可以看到 ChatGPT 與你聊天所有記憶的內容。

遺憾的是目前此記憶功能，是轉成簡體中文做紀錄。

# 1-6 管理 ChatGPT 聊天記錄

使用 ChatGPT 久了以後，在側邊欄位會有許多聊天記錄標題。建議一個主題使用一個新的聊天記錄，方便未來可以依據聊天標題尋找聊天內容。

註 1：早期 ChatGPT 宣稱可以記得和我們的聊天內容，但是只限於可以記得同一個聊天標題的內容，這是因為 ChatGPT 在設計聊天時，每次我們問 ChatGPT 問題，系統會將這段聊天標題的所有往來聊天內容回傳 ChatGPT 伺服器 (Server)，ChatGPT 伺服器會由往來的內容再做回應。

註 2：前一小節筆者介紹了「記憶已更新」內容，屬於記憶已更新的內容，ChatGPT 皆會記住。

## 1-6-1　建立新的聊天記錄

如果一段聊天結束，想要啟動新的聊天，可以點選新聊天 ✑ 圖示。

## 1-6-2　編輯聊天標題

第一次使用 ChatGPT 時，ChatGPT 會依據你輸入聊天內容自行為標題命名。為了方便管理自己和 ChatGPT 的聊天，可以為聊天加上有意義的標題，未來類似的聊天，可以回到此標題的聊天中重新交談。如果你覺得標題不符想法，可以點選此標題右邊的 •••，然後執行「重新命名」可以為標題重新命名。

### 1-6-3　刪除特定聊天主題

使用 ChatGPT 久了會產生許多聊天主題，如果想刪除特定聊天主題，請參考上圖，然後執行「刪除」指令。

當出現「刪除交談？」聊天方塊時，按刪除鈕，就可以刪除此聊天標題。

## 1-7　設定聊天主題背景

聊天主題背景有 System( 系統介面 )、Dark( 深色介面 ) 和 Light( 亮色介面 ) 等 3 種模式，在一般選項下，點選「主題」右邊，「系統」右邊的 ∨ 圖示，看到聊天背景選項。其實真實的說只有 2 種介面，因為預設系統本身是淺色介面。

請點選視窗右上方帳號，再執行設定，可以進入設定對話方塊。

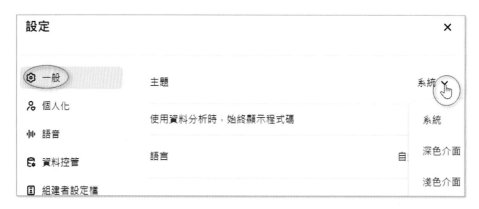

如果選擇深色介面，未來聊天背景就變為暗黑底色，如下所示：

筆者習慣使用淺色介面，據說許多工程師喜歡深色介面。

## 1-8 ChatGPT 聊天連結分享

ChatGPT 會用超連結儲存每一個聊天標題，這個功能可以協助你分享聊天內容給需要的人。例如：如果你是學校老師，可以將與 ChatGPT 對話的知識交流過程超連結，提供給學生學習。視窗右上方用戶縮寫左邊，可以看到分享交談 ⬆ 圖示，如下所示：

請點選分享交談 ⬆ 圖示，可以看到分享交談的公開連結對話方塊：

上述請點選建立連結鈕，可以看到下列對話方塊。

你可以設定此連結是否可以在網路上搜尋，或是複製連結、將此連結放在社交媒體。

## 1-9 封存聊天記錄

目前 OpenAI 公司說明聊天記錄會儲存 30 天，我們可以將聊天記錄儲存，下列將分成 2 個小節說明。

### 1-9-1　封存聊天記錄

封存的意義是保存聊天記錄，假設我們要保存特定聊天記錄，請點選聊天標題右邊的 ⋯ 圖示，再執行封存指令。

聊天記錄保存後，側邊欄會看不到此聊天記錄，下一節會說明復原聊天記錄。

## 1-9-2 解除已封存的交談

請點選視窗右上方帳號，再執行設定，可以進入設定對話方塊。

請選擇一般選項，然後點選已封存交談右邊的管理鈕，會出現已封存的交談對話方塊。

請點選取消封存對話圖示，可以復原此聊天記錄在側邊欄。

# 1-10 備份聊天主題

## 1-10-1 儲存成網頁檔案

我們可以將聊天主題完整內容儲存成網頁檔案，首先顯示要儲存的聊天主題，將滑鼠游標移到 ChatGPT 聊天主題頁面，按一下滑鼠右鍵，會出現快顯功能表。

請執行另存新檔，會出現另存新檔對話方塊，此例用「早安」當作的檔案名稱，如下所示：

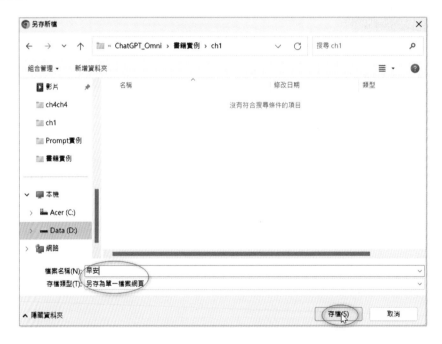

上述請按存檔鈕，未來可以在指定資料夾看到所存的檔案。

　　上述點選開啟「早安」網頁檔案，可以用瀏覽器開啟此檔案，網頁內容就是我們的聊天內容。

## 1-10-2　儲存成 PDF

　　我們可以將聊天主題特定內容或是當下瀏覽頁面儲存成 PDF 檔案，首先顯示要儲存的聊天主題頁面，將滑鼠游標移到 ChatGPT 聊天主題頁面，按一下滑鼠右鍵，會出現快顯功能表。

　　請執行列印，出現列印對話方塊，目的地欄位請選擇另存為 PDF。

　　上述請點選儲存鈕，會出現另存新檔對話方塊，檔案類型請選擇所有檔案，例如：輸入「good_morning.pdf」，就可以將當下頁面儲存成 PDF 檔案，執行結果可以參考 ch1 資料夾內容。註：僅是當下頁面，不是整個聊天記錄。

# 1-10-3　「匯出」聊天記錄

　　這個功能，主要是將聊天標題內容的完整記錄用電子郵件方式輸出，執行備份。首先請點選用戶名稱，執行設定，開啟設定對話方塊。請點選資料控管，再執行匯出資料右邊的匯出鈕。

　　請點選匯出鈕，可以看到下列對話方塊。

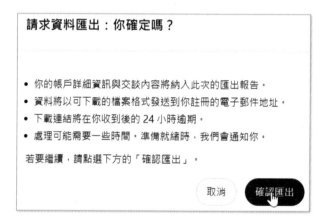

　　請點選確認匯出鈕。

　　⊘ 已成功匯出資料。你很快會收到一封含有你的資料的電子郵件。

　　請檢查註冊的電子郵件，可以收到 OpenAI 公司寄出對話的超連結，如下所示：

請點選下載資料匯出超連結，可以在瀏覽器看到所連結的下載檔案，你可以下載，然後解壓縮，就可以看到聊天記錄。

# 1-11 ChatGPT 的資料庫日期與網路搜尋

ChatGPT 的資料庫日期隨時會更新，我們可以直接詢問 ChatGPT 最新資料庫日期。

> 你的資料庫日期為何
>
> 我的資料庫更新到2023年10月，因此在此日期之前的資訊較為詳盡和準確。如果有最新的資訊需求，我可以使用瀏覽工具進行即時查詢。

如果詢問 ChatGPT 比較新的問題，ChatGPT 會自動搜尋網頁回應。

> 請告訴我大谷翔平在美國MLB的全壘打數量
>
> 已搜尋 4 個網站
>
> 截至2024年7月，Shohei Ohtani在美國職棒大聯盟（MLB）已經累積了200支全壘打 (MLB.com) (StatMuse)。他在MLB的職業生涯中表現出色，不僅作為打者擁有強大的攻擊力，還作為投手展示了頂級的投球技巧。他的全能表現使他成為現代棒球中最引人注目的球員之一。

當有搜尋網站時，ChatGPT 同時會列出所生成的資料是由網站取得。

# 1-12 使用 ChatGPT 必須知道的情況

❑ 繼續回答 Continue generating

如果要回答的問題太長，ChatGPT 無法一次回答，回應會中斷，這時可以按螢幕下方的繼續生成鈕，繼續回答。

它們的冒險故事散發著星星的光輝，感動著星際生命。每一次的宇宙之旅，都讓七星的星光更加燦爛，成為宇宙中最璀璨的存在。

在宇宙之旅的歲月中，七星見證了星際文明的興衰，見證

▶▶ 繼續生成

❑ 中止回答 Stop generating

如果回答感覺不是很好，或是 ChatGPT 會過度的回答問題，在回答過程可以點選輸入框右邊的中止鈕，中止回答。

📎 傳訊息給 ChatGPT　　　　　　　　　　　　　

❑ 同樣的問題有多個答案

同樣的問題問 ChatGPT，可能會產生不一樣的結果，所以讀者用和筆者一樣的問題，也可能獲得不一樣的結果。

❑ 可能會有輸出錯誤

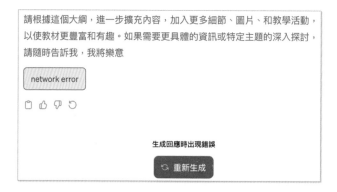

這時需要按重新生成鈕。

❏ **AI 幻覺**

與 ChatGPT 聊天時，偶爾會有不實資訊，我們稱此為「AI 幻覺 (AI hallucinations」，可以參考下列實例。

**實例 1**：您輸入「請列出台灣最暢銷的電腦書籍」。

> ⑨ 已搜尋 5 個網站
>
> 根據博客來和金石堂的資料，以下是台灣近期最暢銷的一些電腦書籍：
>
> 1. 《**原子習慣：細微改變帶來巨大成就的實證法則**》 - 詹姆斯·克利爾著，這本書講述了如何通過細微的習慣改變來達成重大成就。
>
> 2. 《**持續買進：資料科學家的投資終極解答，存錢及致富的實證方法**》 - 尼克·馬朱利著，探討了資料科學在投資中的應用。
>
> 3. 《**更新粒線體，根治慢性病**》 陳俊旭著，探討了健康和科學方面的最新研究。

上述所列的資訊是錯誤的，因為不是電腦書，我們稱此為「AI 幻覺」，這也是為何在 ChatGPT 輸入框下方，可以看到「ChatGPT 可能會出錯。請考慮核對重要資訊」。

# 1-13 筆者使用 ChatGPT 的心得

經過一年多的使用，筆者深刻體會 ChatGPT 是一個精通多國語言、上知天文、下知地理的活字典。目前台灣許多大型公司有使用客服機器人，但是功能有限，如果套上 ChatGPT，則未來發展將更為符合需求。除此，ChatGPT 也可以和你做真心的朋友，回應你的心情故事。

ChatGPT 經過約一年多的開放，筆者感受到 ChatGPT 的幾個進步象徵如下：

● 速度越來越快

● 回應也越來越聰明

● 可以回應更長的答案而不中斷

- ChatGPT 本身可以說是通用型的機器人，自從發表了 GPT 後，GPT 可稱機器人。已經走向個人化的 GPT 機器人，或是稱個人 AI 小助理方向發展，第 10 章起會做說明。

簡單的說，ChatGPT 的功能是取決於你的創意，本書所述內容，僅是 ChatGPT 功能的一小部分。

## 1-14 OpenAI 公司的記者會

2024 年 5 月 14 日的 ChatGPT 4 Omni 發表會，內容語音影片可以在 OpenAI 的官方網頁取得與下載。不過讀者也可以在 YouTube 上，搜尋「ChatGPT 4o」取得連線網址，獲得內容。註：下列影片取材自官網。

這次發表會整個時間約 26 分鐘，各時段內容如下：

[00:00:18] ~ [00:07:19]

主持人開場歡迎大家，並介紹今天將要討論的三個主題：無償提供產品、桌面版本的發布以及新旗艦模型 GPT-4o 的推出。強調了使 AI 工具廣泛可用且易於使用的重要性，提到了去除註冊流程和推出桌面應用的便利性，並對 UI 進行了更新以使體驗更加自然和直觀。

　　介紹了 GPT-4o，它提供了 GPT-4 級別的智慧，並且比以往的模型更快、更強大，支持文字、視覺和聲音的能力。強調了 GPT-4o 在使用者體驗方面的進步，特別是在即時對話、情感感知和多任務處理方面的改進。提到了開放 AI 與政府、媒體、娛樂和紅色警衛等多方合作，以確保技術的安全使用。

　　宣布了 GPT-4o 將逐步推出給所有用戶，包括免費用戶，並且對 API 的改進，使其更快、更便宜、限制更高。

[00:07:21] ~ [00:17:51]

　　進一步解釋了 GPT-4o 如何使 AI 工具更加普及，並且在 50 種不同語言中提高了質量和速度。展示了 GPT-4o 的語音功能，包括即時對話和情感語音的變化，以及對於視覺內容的理解和分析能力。透過與 GPT-4o 互動的即時展示，展示了如何解決數學問題、進行程式設計問題解答，以及如何進行即時語言翻譯。展示了如何使用 GPT-4o 來生成和解釋天氣數據的圖表，並且展示了 GPT-4o 如何根據人臉表情識別情感。

[00:17:53] ~ [00:24:05]

　　展示了 GPT-4o 如何幫助用戶學習和理解線性方程式，並且解釋了線性方程式在日常生活中的應用。進行了更複雜的程式設計任務展示，包括氣象數據的處理和可視化，並且展示了 GPT-4o 如何提供程式碼和圖表的描述。

　　回應了觀眾的問題，進行了英語和義大利語之間的即時翻譯展示，並且討論了 GPT-4o 如何根據人臉表情判斷情緒。

[00:24:07] ~ [00:26:13]

　　展示了 GPT-4o 如何根據用戶的自拍照片判斷情緒，並且進行了互動對話。總結了 GPT-4o 的功能和今天展示的即時展示，強調了技術的魔法感，同時也強調了去神秘化技術，讓用戶能夠親自體驗。

　　宣布了即將推出的新功能和產品，並感謝了開發 AI 團隊和 Nvidia 團隊的支持，最後感謝所有參與者的參與。

# 第 2 章
# 智慧生活的新可能

# 2-1　AI 時代的 Prompt 工程

## 2-1-1　Prompt 是什麼

AI 時代，與聊天機器人對話，我們的輸入稱「Prompt」，可以翻譯為「提示或題詞」。與 ChatGPT 聊天過程，使用者是用輸入框發送訊息，所以也可以稱在輸入框輸入的文字是 Prompt。

> 🔗 發送訊息給 ChatGPT...（我們在此的輸入稱Prompt）

AI 時代我們會接觸「生成圖片、音樂、影片、簡報 … 等」軟體，這些輸入的文字也是稱 Prompt。

## 2-1-2　Prompt 定義

「Prompt」通常指用戶提供給 AI 的指令或輸入，這些輸入可以是文字、問題、命令或者描述，目的是引導 AI 進行特定的回應或創造出特定的輸出。

- ChatGPT 聊天機器人：一個 Prompt 可能是一個問題、請求或話題，例如「請解釋量子物理學」或「談談你對未來科技的看法」。
- 圖像生成機器人：Prompt 則是一個詳細的描述，用來指導 AI 創建一幅圖像。這種描述包括場景的細節、物體、情緒、顏色、風格等，例如：一個穿著中世紀盔甲的騎士站在火山邊緣。
- 音樂生成機器人：Prompt 需要有關鍵元素，幫助 AI 理解你的創作意圖和風格偏好，例如：音樂類型與風格、情感或分為、節奏和節拍、樂器或持續時間。

總的來說，Prompt 是用戶與 AI 互動時的輸入，它定義了用戶希望從 AI 系統中得到的訊息或創造的類型。這些輸入需要足夠具體和清晰，以便 AI 能夠準確的理解和響應。

## 2-1-3　Prompt 的語法原則

雖然有許多 Prompt 的語法規則的網站，不過建議初學者，不必一下子看太多這類文件，讓自然的聊天互動變的複雜與困難，第 7 章會更完整說明 Prompt。我們可以從不斷地互動中體會學習，以下是初學者可以依循的方向。

- 明確性：Prompt 應該清楚且明確地表達你的要求或問題，避免含糊或過於泛泛的表述。

- 具體性：提供具體的細節可以幫助 AI 更準確地理解你的請求。例如：如果你想生成一幅圖像，包括關於場景、物體、顏色和風格的具體描述。

- 簡潔性：盡量保持 Prompt 簡潔，避免不必要的冗詞或複雜的句子結構。

- 上下文相關：如果你的請求與特定的上下文或背景相關，確保在 Prompt 中包括這些訊息。

- 語法正確：雖然許多先進的 AI 系統能夠處理某些語言上的不規範，或是錯字，但使用正確的語法可以提高溝通的清晰度和效率。

您可以直接以平常交談的方式提問或發出請求，這裡有一些例子說明如何使用自然語言來與 ChatGPT 互動：

**實例 1**：「詢問資訊」時，您輸入「請告訴我愛因斯坦的相對論是什麼？」。

**實例 2**：「進行翻譯」時，您輸入「怎麼用日語說「早安」？」。

**實例 3**：「求解問題」時，您輸入「如果一個蘋果的價格是 2 元，5 個蘋果的價格是多少？」。

**實例 4**：「創作請求」時，您輸入「請為我寫一首關於春天的詩。」。

**實例 5**：「獲取建議」時，您輸入「我想學習程式設計，應該從哪門語言開始？」。

**實例 6**：「指定格式或細節」時，您輸入「請用條列方式列出健康飲食的好處。」。

您只需根據您的需要或問題，以自然的方式表達您的請求即可。ChatGPT 會根據您提供的指令或問題內容，給出相應的回答或完成指定的任務。

## 2-1-4　Prompt 的結構

簡單的說使用 Prompt 時，也可以將 Prompt 結構分成 2 個部分。

- 指示部分：指示生成式 AI 執行的任務。例如：可以指示生成一個故事、翻譯一段文字、或寫一首詩。

- 限制部分：限制生成式 AI 的輸出或格式。例如：可以限制生成式 AI 的文字長度、或指定生成式 AI 使用的語言、或是依照指定格式輸出。

使用 ChatGPT 最常用的「限制部分」文字是，我們指示用 100 個字輸出特定訊息。

## 2-1-5　Prompt 的應用

Prompt 可以用於各種應用：

● 生成創意內容：Prompt 可以用來生成故事、詩歌、程式碼、音樂等創意內容。

● 翻譯語言：Prompt 可以用來翻譯文字或語音。

● 回答問題：Pormpt 可以用來回答開放式問題。

● 生成摘要：Prompt 可以用來生成文字摘要。

## 2-1-6　模糊到清晰的 Prompt 實例

前面敘述我們知道，輸入 Prompt 時，必須明確，給予足夠的資料，ChatGPT 才可以快速、完整的給我們資料，下列是簡單的觀念。

**實例 1**：您輸入「請寫一篇七言絕句」。

> 夜深人靜月光柔，
> 柳影婆娑映水流。
> 星稀風起添涼意，
> 心隨夢遠渡輕舟。

上述 Prompt 是模糊的，因為 ChatGPT 只知道你要它做一首七言絕句，只能模糊地做一首七言絕句。

**實例 2**：您輸入「請寫一篇七言絕句，內容是敘述我是明志科技大學畢業」。

> 明志學府築夢鄉，
> 寒窗苦讀志氣揚。
> 今日功成書再展，
> 青雲直上續輝煌。

ChatGPT 的七言絕句表達了明志科技大學畢業生的辛勤努力和對未來的希望。詩句優美，情感真摯，充分展現了學子的奮鬥精神和成就感。整體結構緊湊，語言流暢，富有韻律，讓人感受到畢業生在學術上的堅持與未來追求的信心。

**實例 3**：您輸入「請寫一篇七言絕句，內容是敘述我從明志科技大學畢業 40 年了，明天要回明志科技大學演講，心情是激動與緊張的」。

> 明志四十春秋過，
> 明朝再返講壇多。
> 心潮澎湃難言盡，
> 激動緊張夢中和。

上述 Prompt 增加了畢業年限，同時敘述了心情。ChatGPT 的七言絕句以優美的詞句表達了畢業四十年後重返明志科技大學演講者的心情。詩中展現了對母校的深厚情感和即將登壇的激動與緊張。用詞精煉，情感真摯，成功地捕捉到了演講者內心的複雜情緒，給人留下深刻的印象。

我們要將與 ChatGPT 聊天視為與一般人聊天，如果可以給明確的詢問，ChatGPT 就可以針對你的詢問回應，這樣就會有一個美好的會話體驗。另外，ChatGPT 雖然是 AI 智慧的結晶，與他聊天必須注意，不要有不雅文句、辱罵、種族歧視的句子，同時 ChatGPT 仍在不斷學習中，它也像人類一樣會出錯，我們也可以給予正確訊息，相信 ChatGPT 會越來越強大。

## 2-1-7 輸出格式的 Prompt

與 ChatGPT 聊天時，ChatGPT 會有預設格式輸出，如果你覺得輸出格式不是你想要的，可以指定下列輸出格式。

- 簡短與直接：如果希望獲得簡短且直接的答案，可以指示提供簡潔的回應，直接回答問題的核心部分。
- 詳細與全面：如果需要更全面的資訊，可以要求提供詳細的解釋或背景資訊。
- 數字 ( 或圓點 ) 條列式：對於需要多個項目或步驟的答案，可以指示使用列表或條目格式來組織資訊。
- 問與答格式：如果您喜歡問答形式，可以要求將資訊組織成問題和相應答案的形式。
- 使用範例或案例研究：如果需要，可以要求提供實例或案例研究來說明某個觀點或概念。

- 引用來源：如果需要引用來源訊息，可以要求在回答中包含這些資訊。
- 特定的數據或圖表格式：對於需要數據或統計資訊的回答，可以指定希望數據以表格、圖表或其他特定格式呈現。
- 限定字數或長度：如果有特定的長度或字數限制，也可以明確指出。

**實例 1**：您輸入「請用 100 個字描述 AI 發展的歷史」。

 人工智慧（AI）的發展歷史可追溯至20世紀50年代，當時艾倫·圖靈提出圖靈測試，標誌著AI概念的誕生。1956年達特茅斯會議正式確立了AI研究領域。60年代，AI研究進展迅速，開發了早期的自動定理證明和遊戲程式。70至80年代，專家系統興起，應用於醫療和金融。90年代至2000年代，機器學習和神經網絡技術蓬勃發展，促進了語音識別和圖像識別的突破。進入21世紀，深度學習和大數據進一步推動AI技術在各行各業的廣泛應用。

**實例 2**：您輸入「請用 100 個字描述 AI 發展的歷史，請用數字條列方式輸出」。

1. **1950年代**：艾倫·圖靈提出圖靈測試，AI概念誕生。
2. **1956年**：達特茅斯會議確立AI研究領域。
3. **1960-1970年代**：早期AI研究進展，包括自動定理證明和遊戲程式。
4. **1980年代**：專家系統興起，應用於醫療和金融領域。
5. **1990-2000年代**：機器學習和神經網絡技術蓬勃發展，語音和圖像識別取得突破。
6. **21世紀**：深度學習和大數據推動AI在各行各業的廣泛應用。

**實例 3**：您輸入「請用 100 個字描述 AI 發展的歷史，請用圓點條列方式輸出」。

- **1950年代**：艾倫·圖靈提出圖靈測試，AI概念誕生。
- **1956年**：達特茅斯會議確立AI研究領域。
- **1960-1970年代**：早期AI研究進展，包括自動定理證明和遊戲程式。
- **1980年代**：專家系統興起，應用於醫療和金融領域。
- **1990-2000年代**：機器學習和神經網絡技術蓬勃發展，語音和圖像識別取得突破。
- **21世紀**：深度學習和大數據推動AI在各行各業的廣泛應用。

**實例 4**：您輸入「請用 100 個字描述 AI 發展的歷史，請用表格方式輸出」。

| 時期 | 發展歷史 |
| --- | --- |
| 1950年代 | 艾倫·圖靈提出圖靈測試，AI概念誕生。 |
| 1956年 | 達特茅斯會議確立AI研究領域。 |
| 1960-1970年代 | 早期AI研究進展，包括自動定理證明和遊戲程式。 |
| 1980年代 | 專家系統興起，應用於醫療和金融領域。 |
| 1990-2000年代 | 機器學習和神經網絡技術蓬勃發展，語音和圖像識別突破。 |
| 21世紀 | 深度學習和大數據推動AI在各行各業的廣泛應用。 |

## 2-1-8　使用引號「」

在與 ChatGPT 的對話中，輸入內容的「主題」適當引用上引號 (「) 和下引號 (」)，可以讓表達更清楚，可以參考下列實例。

**實例 1**：您輸入『請用 100 個字描述「AI 發展的歷史」，請用圓點條列方式輸出，回答時引用來源』。

已搜尋 6 個網站

- **1950年代**：艾倫·圖靈提出圖靈測試，AI概念誕生 (Our World in Data)。
- **1956年**：達特茅斯會議確立AI研究領域 (Coursera)。
- **1960-1970年代**：AI初期發展，包括ELIZA等早期聊天機器人 (Calls9)。
- **1980年代**：專家系統興起，隨後經歷第二次AI寒冬 (DATAVERSITY)。
- **1990年代**：機...... M Deep Blue擊敗國際象棋冠軍 (DATAVERSITY) (University of Washington)。

  courses.cs.washington.edu
- **2000年代**：生成對抗網絡（GANs）和深度學習推動AI發展 (DATAVERSITY)。
- **2010年代**：AI在圖像和語音識別等領域取得重大突破 (Calls9)。
- **2020年代**：生成AI（如GPT-3）開創新篇章 (DATAVERSITY) (University of Washington)。

這個實例特別要求回答時引用來源，結果 ChatGPT 對於每一筆輸出，皆用藍色的超連結註明引用的來源。

# 2-2 ChatGPT 記憶重置

在同一個聊天主題的聊天過程，ChatGPT 可以記住與我們的聊天內容，它的原理是當我們輸入「內容」，按 Enter 鍵或是發送訊息圖示時，其實是將該聊天「內容」與同一個聊天主題「先前往來對話記錄」一併傳給 ChatGPT 後台的伺服器。這樣 ChatGPT 就可以根據上下文的關係，回答內容，讓我們有錯覺以為 ChatGPT 有記憶能力。下列將分成 3 個小節做測試解釋。

## 2-2-1　依據程度回應我們

若是我們沒有提醒 ChatGPT，ChatGPT 會用一般方式與我們對話。

**實例 1**：您輸入『請解釋「相對論」』。

> ⑨　相對論是一種由阿爾伯特·愛因斯坦在20世紀初提出的理論，它包含兩個主要部分：狹義相對論和廣義相對論。
>
> **狹義相對論**
>
> **狹義相對論**於1905年由愛因斯坦提出，主要包括兩個基本假設：
>
> 1. **光速不變原理**：在任何慣性參考系中，真空中的光速是恒定的，不依賴於光源或觀察者的運動。
>
> • • •

「相對論」是一門深奧的學問，不容易懂，當我們感覺內容艱深難懂時，可以請求 ChatGPT 使用特定程度的方式回應。

**實例 2**：您輸入『請用小學生可以懂的方式「解釋相對論」』。

> ⑨　相對論是阿爾伯特·愛因斯坦提出的關於時間和空間的新觀點。讓我用一個簡單的比喻來解釋這個複雜的概念。
>
> **狹義相對論**
>
> 想像你在一輛高速行駛的火車上，火車速度非常快，接近光速。愛因斯坦發現，當你移動得非常快時，時間會變得慢下來，這稱為「時間膨脹」。比如，你的手錶會比站在地面上的朋友的手錶走得慢。
>
> • • •

上述我們獲得了 ChatGPT 使用淺顯易懂的方式回答了「相對論」。

## 2-2-2　記憶重置 - reset

所謂的記憶重置是指將先前聊天記錄刪除，所有對話重新開始，記憶重置的指令是 reset。

**實例 1**：您輸入「reset」。

> 🌀　Sure, let's reset. How can I assist you today?

**實例 2**：您輸入『請解釋「相對論」』。

> 🌀　相對論是由阿爾伯特·愛因斯坦在20世紀初提出的一套理論，用於描述時間、空間和重力。相對論分為兩個主要部分：狹義相對論和廣義相對論。
>
> **狹義相對論**
>
> 狹義相對論於1905年由愛因斯坦提出，包含兩個基本假設：
>
> 1. **光速不變原理**：在任何慣性參考系中，真空中的光速是恒定的，且不依賴於光源或觀察者的運動。
>
> 　　　　　　　　•••

因為記憶已經重置了，所以再問一次「相對論」，又恢復用一般方式回答。

## 2-3　表情符號 - Emoji

「Emoji」一詞就是由「繪（E）」表示圖畫，和「文字（moji）」組成的，也可以稱「表情符號」。Emoji 符號是一種小圖標或表情符號，用於在數位通訊中傳達情感、概念或訊息。它們最初在 1990 年代末由日本手機用戶使用，後來隨著智慧手機和社交媒體的普及而在全球範圍內流行起來。Emoji 符號現在包含了各種各樣的圖像，從簡單的表情（如微笑或悲傷的臉）到動物、食物、運動、工作、天氣現象以及各種符號和物品。

Emoji 的使用可以使文字訊息更加生動、有趣，並有助於跨越語言和文化障礙傳達情感和概念。隨著時間的推移，它們不斷發展和擴展，以反映多元化的文化、生活方式和新概念。Emoji 已經成為數位通訊時代中一種重要的溝通工具，被廣泛使用並漸漸

成為文化和語言的一部分。目前 Emoji 是依據 Unicode 標準管理，該標準確保在不同的設備和平台上能夠一致地顯示和使用這些符號。

**實例 1**：您輸入『請用 100 個字描述「漂亮女孩遊火星的故事」，描述內容請適度加上 Emoji 符號』。

> 一位漂亮女孩 👧 乘坐太空船 🚀 來到火星 🪐，她探索紅色的沙丘和神秘的峽谷 🏜️。她遇見了奇特的火星生物 👾，並與它們友好互動 🤝。在火星的夜晚，她欣賞了絢麗的星空 ✨，並夢想著未來的冒險 🌌。女孩的勇敢和好奇心讓她在這段旅程中收穫了無數驚喜和美好回憶 💜。

# 2-4 生活賀詞的應用

在生活中處處有需要說吉祥話的場合，如果成語不太會用，可以使用 ChatGPT 協助我們。這一小節的系列實例，ChatGPT 回應的後半部內容省略。

**實例 1**：您輸入「請列舉新年的賀詞」。

> 以下是一些新年的賀詞，祝福大家在新的一年裡幸福美滿：
>
> 1. **新年快樂**：祝您新年快樂，事事順心，健康平安！
> 2. **心想事成**：願新的一年裡，您所有的願望都能實現！
> 3. **萬事如意**：祝您在新的一年裡萬事如意，吉祥如意！
> 4. **財源滾滾**：希望您在新的一年裡財源滾滾，生意興隆！
> 5. **健康長壽**：願您和您的家人身體健康，長壽安康！

**實例 2**：您輸入「今年是農曆龍年，請列舉賀詞」。

> 今年是農曆龍年，以下是一些適合在龍年期間使用的賀詞：
>
> 1. **龍年大吉**：祝您在龍年裡大吉大利，吉祥如意！
> 2. **龍馬精神**：願您在新的一年裡精力充沛，事事順利！
> 3. **龍騰虎躍**：祝您在龍年裡事業騰飛，生活充滿活力！

讀者可以自行練習下列題詞 (Prompt)：

- 「請列舉中秋節的賀詞」。
- 「請列舉職場升遷的賀詞」。
- 「請列舉生日的賀詞」。
- 「請列舉婚禮的賀詞」。

# 2-5 外語學習

這一節的外語學習是以英文為例說明，讀者可以應用到其他語言。

## 2-5-1 建立英文學習機

讀者可以請 ChatGPT 輸出特定單字與相關的英文單字。

**實例 1：** 您輸入『請翻譯「出國旅遊」為英文，同時輸出相關的英文單字，同時右邊要加註中文翻譯』，註：為了節省篇幅，下列輸出結果沒有完全列印。

翻譯：「出國旅遊」

英文：Travel Abroad

### 相關英文單字及中文翻譯

| 英文單字 | 中文翻譯 |
|---|---|
| Passport | 護照 |
| Visa | 簽證 |
| Luggage | 行李 |
| Customs | 海關 |
| Airport | 機場 |

聊天過程如果需要不斷的輸入上述文字，是一件麻煩的事情。這時我們可以利用訓練 ChatGPT，建立「英文學習機」，未來我們在這個聊天主題輸入單字，ChatGPT 自動輸出相關單字，這樣相當於建立了「英文學習機」，首先點選新聊天 📝 圖示，下列相當於是訓練 ChatGPT 擔任英文學習機的角色。

**實例 2**：您輸入『你可不可以做我的英文學習機，當我輸入「中文」時，你輸出此英文和相關的英文單字，同時右邊要有加註中文翻譯』。

> 🤖　💡 記憶已更新
>
> 明白了，我會依照你的要求來做。你可以開始輸入中文句子或單字。
>
> 例如，請輸入你想要翻譯的中文句子或單字。

上述訓練結束，ChatGPT 自動建立了「英文學習輔助」聊天標題，可以參考下方左圖。下方右圖是將此標題名稱改為「英文學習機」

| 英文學習輔助　　　　　　… | 英文學習機　　　　　　　… |

未來點選「英文學習機」聊天標題，只要輸入中文，ChatGPT 就自動將筆者輸入中文翻譯，同時列出相關含中文註解的英文單字。

**實例 3**：您輸入「人工智慧」。

> 🤖　**人工智慧**
>
> **Artificial Intelligence**
>
> - **Artificial** - 人工的
> - **Intelligence** - 智慧
> - **Machine Learning** - 機器學習
> - **Neural Network** - 神經網路

上述方法非常方便，但是當使用 ChatGPT 久了，會有許多聊天主題，我們無法很快找到「英文學習機」聊天主題。新版的 ChatGPT 有提供建立 GPT 機器人功能，我們可以使用此功能，將「英文學習機」打造成自己的 AI 小助理，未來會做說明。

## 2-5-2　建立英文翻譯機

這一節將使用 ChatGPT 建立英文翻譯機，建立原理和前一小節類似，首先點選新聊天 ✍ 圖示，下列是建立英文翻譯機的實例。

實例 1：您輸入『你現在是「英文翻譯機」，當我輸入「中文」時，你需翻譯成英文』。

> ⑤　好的，我明白了。請輸入中文句子，我會幫你翻譯成英文。

註 如果讀者使用 ChatGPT 時，所出現的聊天標題不是「英文翻譯機」，可以自行將此標題名稱改為「英文翻譯機」。

未來點選「英文翻譯機」聊天標題，只要輸入中文，ChatGPT 就自動將筆者輸入中文翻譯成英文，下列是實例。

實例 2：您輸入「今天天氣很好，是一個適合旅遊天氣」。

> ⑤　The weather is great today; it's a perfect day for traveling.

上述「英文翻譯機」建立完成，未來即使是一整篇文章，ChatGPT 也可以進行翻譯。與前一小節觀念一樣。如果常常使用，建議可以用 GPT 機器人功能。

## 2-5-3　文章潤飾修改

筆者所寫的英文是台灣式的英文，這時也可以請求 ChatGPT 協助潤飾語法、語法檢查或單字錯誤修正，下列是筆者的實例。

實例 1：您輸入「請修改與潤飾下列英文

Mr. Jiin-Kwei Hung has ever studied two courses which I taught Mechanical Drawing and Machine Design. In this period, he has ever assisted me for drawing construction and make a book relative mechanical drawings published smoothly therefore, I have a deep image in him.」。

> ⑤　Mr. Jiin-Kwei Hung has taken two courses with me: Mechanical Drawing and Machine Design. During this time, he assisted me with drawing constructions and contributed to the smooth publication of a book on mechanical drawings. As a result, he has left a strong impression on me.

從上述修改結果，可以看到已經將筆者的台式英文，改造為純美式英文文章了。

## 2-5-4　ChatGPT 翻譯能力評論

ChatGPT 在翻譯能力和品質上與其他翻譯軟體相比，有幾個主要的差異和特點：

❏ **上下文理解能力**

- ChatGPT：由於大量的語言數據和對話模型訓練，ChatGPT 能夠較好地理解上下文和語境，這在處理長本文或需要深層語境理解的翻譯時尤其有用。

- 其他翻譯軟體：傳統的翻譯工具可能在單句或短句翻譯上表現良好，但在處理需要豐富上下文理解的長篇幅本文時，可能不如基於 AI 對話系統的準確。

❏ **語言慣用法和文化差異**

- ChatGPT：能夠在一定程度上識別和適應語言慣用法和文化差異，並嘗試以更自然、地道的方式進行翻譯。

- 其他翻譯軟體：雖然現代的機器翻譯技術（例如：以神經網路為基礎的翻譯系統）已經能夠在很大程度上處理語言慣用法，但在某些特定文化或語境下的翻譯可能仍顯生硬。

❏ **交互式翻譯和澄清**

- ChatGPT：能夠進行交互式的翻譯，即在翻譯過程中可以通過對話進行澄清、修正或詢問更多訊息，以提高翻譯的準確度。

- 其他翻譯軟體：大多數傳統翻譯工具缺乏與用戶的交互能力，通常提供一次性的翻譯，較難根據用戶反饋即時調整翻譯結果。

❏ **創造性和語言生成**

- ChatGPT：由於是基於語言生成模型，ChatGPT 在進行翻譯時能夠展現一定程度的創造性，尤其是在需要改寫或重新表達某些概念時。

- 其他翻譯軟體：儘管現代翻譯系統也採用了先進的技術，但在創造性表達和語言生成方面可能不如專門設計用於生成本文的模型。

## 2-5-5　優化翻譯 – 文章的格式

告訴 ChatGPT 文章格式，是一種優化翻譯的做法，因為文章的類型可以影響翻譯

時選擇的詞彙、語調、格式以及整體風格。不同類型的文章有不同的特點和要求,以下是一些常見類型及其對翻譯的影響:

❏ **學術論文**

- 特點:精確的術語,嚴謹的結構,客觀的語氣。
- 翻譯要求:必須精確地傳達原文的學術概念和理論,保持原有的專業術語和格式。

❏ **商業文件**

- 特點:專業術語,實際案例,直接且具有說服力的語言。
- 翻譯要求:清晰準確地傳達商業策略和市場分析,保持專業且具有吸引力的商業語調。

❏ **文學作品**

- 特點:豐富的情感,生動的描寫,可能包含隱喻和比喻。
- 翻譯要求:重現原文的文學美和深層含義,保留作者的風格和文化色彩。

❏ **新聞報導**

- 特點:時效性強,訊息明確,語氣客觀。
- 翻譯要求:忠實地反映事實,保持新聞的客觀性和準確性,同時適當調整以適合目標讀者的閱讀習慣。

❏ **技術手冊**

- 特點:詳細的操作指南,專業的技術術語,步驟清晰。
- 翻譯要求:確保技術術語的準確性和操作指南的易懂性,使讀者能夠清楚理解如何使用特定的產品或系統。

❏ **法律文件**

- 特點:嚴格的格式,精確的術語,可能有複雜的句構。
- 翻譯要求:極高的準確性和對法律術語的精確把握,以避免任何可能的誤解或法律後果。

□ 廣告和市場行銷

- 特點：誘人的語言，創意的表達，強調品牌和產品的吸引力。

- 翻譯要求：不僅要準確傳達訊息，還要保留原始廣告的創意和說服力，並考慮文化適應性，以吸引目標市場。

明確文章的類型有助於翻譯者選擇合適的策略和方法，從而提高翻譯的品質和效果，更好地滿足特定類型文本的需求。

我們可以用下列 Prompt 執行翻譯。

請將下列「[ 學術論文 | 商業文件 | 文學作品 | 新聞報導 | 技術手冊 | 法律文件 | 廣告和市場行銷 ]」英文文件，翻譯成「繁體中文台灣用語」。

假設有一段文章英文原文（商業文件實例），ChatGPT 翻譯的特色如下：

"Our company is poised to enter the Asian market, leveraging innovative technologies to meet the growing demand for sustainable solutions. The strategic plan includes partnering with local enterprises to enhance market penetration and customer engagement. We anticipate significant growth in revenue and brand recognition, as our solutions are well-aligned with the region's economic development goals."

- 專業術語的準確翻譯：ChatGPT 會注意到 "poised to enter"、"leveraging"、"sustainable solutions" 等專業術語和商業慣用語，確保這些詞彙被準確且恰當地翻譯，以符合商業文件的正式和專業語境。

- 本地化和文化適應：在提到 "enter the Asian market" 時，ChatGPT 會考慮到目標市場（亞洲市場）的特定文化和商業環境，進行相應的本地化調整，使翻譯更貼近當地讀者的語境和預期。

- 保持商業語調和風格：ChatGPT 會努力保持原文的商業語調，如 "strategic plan"、"partnering with local enterprises"、"enhance market penetration" 等表達，以維持文件的正式和說服力。

- 強調合作和成長潛力：考慮到商業文件常常旨在說服或向股東報告，ChatGPT 會特別強調 "partnering with local enterprises" 和 "anticipate significant growth in revenue and brand recognition" 等句子，突出合作機會和成長潛力。

**實例 1**：您輸入『請將下列「商業文件」英文文件，翻譯成「繁體中文台灣用語」

"Our company is poised to enter the Asian market, leveraging innovative technologies to meet the growing demand for sustainable solutions. The strategic plan includes partnering with local enterprises to enhance market penetration and customer engagement. We anticipate significant growth in revenue and brand recognition, as our solutions are well-aligned with the region's economic development goals."』

> 「我們公司準備進軍亞洲市場，利用創新技術滿足日益增長的可持續解決方案需求。該策略計劃包括與本地企業合作，以加強市場滲透和客戶互動。我們預期在收入和品牌認知度方面將有顯著增長，因為我們的解決方案與該地區的經濟發展目標高度一致。」

## 2-6 連網功能－摘要或翻譯網頁內容

ChatGPT 也具有連網功能，同時可以摘要或是翻譯網頁內容。

**實例 1**：您輸入『請摘要「https://deepwisdom.com.tw」網頁內容』。

> 已搜尋 1 個網站
>
> 深智數位股份有限公司（Deep Wisdom Digital Co., Ltd.）專注於提供各類數位書籍、技術教材及相關資源。他們的產品涵蓋程式設計、網頁開發、大數據、數位生活等多種領域。此外，網站上也有各種推薦課程和資源下載，旨在提升用戶的專業知識和技能。他們還與本地企業合作，以推動市場滲透和客戶互動。
>
> 欲了解更多詳細資訊，請訪問深智數位股份有限公司網站。

上述除了提供摘要結果，還提供超連結，點選可以進入此網站。

**實例 2**：您輸入『請摘要「https://www.mcut.edu.tw/」網址內容』。

 已搜尋 1 個網站

明志科技大學（Ming Chi University of Technology, MCUT）提供多元化的教育與研究機會，涵蓋工程、環境資源、管理暨設計等學院。學校強調創新與實務結合，設有多個研究中心和國際合作計劃。校園活動豐富，並推動永續發展及企業社會責任。詳情請訪問明志科技大學官網。

除了可以摘要中文網頁內容，也可以摘要英文網頁內容，下列實例的網址是 Google 有關 AI 音樂的論文。

**實例 3**：您輸入「請翻譯下列網頁內容

https://google-research.github.io/seanet/musiclm/examples/」。

已搜尋 1 個網站

**MusicLM: 根據文字生成音樂**

我們介紹了 MusicLM，一個能從文字描述（例如「一段舒緩的小提琴旋律，伴隨失真的吉他」）生成高保真音樂的模型。MusicLM 將有條件的音樂生成過程視為層次化的序列到序列建模任務，能以 24kHz 生成持續數分鐘的一致音樂。我們的實驗顯示，MusicLM 在音質和文本描述的符合度上超越了先前系統。此外，我們展示了 MusicLM 可以根據文本和旋律進行調整，並公開釋出由人類專家提供豐富文本描述的 5.5k 音樂文本對數據集。

詳情及更多示例請訪問 MusicLM 網頁。

我們也可以要求 ChatGPT 摘要與翻譯美國新聞網站內容，Prompt 內容如下：

「請摘要下列網頁內容

https://www.usatoday.com/story/tech/news/2024/01/09/walmart-ces-ai-tech/72161108007/」，讀者可以自行測試。

# 第 3 章
# ChatGPT 繪圖 –
# 開啟心靈畫家的旅程

# 3-1　從對話到創作 – 探索 AI 繪圖的起點

ChatGPT 的聊天已經整合了 DALL-E 的繪圖功能，所以我們可以在聊天中要求生成圖像的功能，創作的基本原則如下：

- 語言：可以用中文描述，ChatGPT 會將中文描述翻譯成英文，以符合生成圖像的語言要求，然後傳送給 DALL-E 生成圖像。

- 描述：描述必須是清晰、具體的，以便準確地生成圖像。

- 風格：如果需要模仿特定風格，建議使用描述性語言。所謂的描述性語言是指，例如：如果你想描述梵谷的畫風，你可能會選擇像「生動的」、「筆觸粗獷的」和「色彩鮮豔的」這樣的形容詞。這些詞彙能夠幫助圖像生成工具理解和重現類似梵高畫風的特徵，而不直接複製或侵犯版權。

- 公眾人物和私人形象：對於公眾人物，圖像將模仿其性別和體型，但不會是其真實樣貌的複製。

- 敏感和不當內容：不生成任何不適當、冒犯性或敏感的內容。

- 圖像大小：可以有下列幾種：

   ❏ 1024x1024：這是預設，相當於是生成正方形的圖像。

   ❏ 1792x1024：這也可稱寬幅或稱全景，它的寬高比是 16:9，許多場合皆適合，例如：用在風景、展場、城市風光攝影，可以讓視覺有更廣的視野，創造一個更豐富的敘事場景，更好的沉浸感，讓觀者感覺自己仿佛在場景中。

   ❏ 1024x1792：可稱全身肖像，這個大小可以展示人物的整體外觀，包括服裝、姿勢和與環境的互動，從而提供對人物更全面的了解。

- 數量：並根據用戶要求調整，每次請求預設是生成一幅圖像。

- 創作描述：一幅畫創作完成，也會有作品描述。

了解上述原則，描述心中所想的情境，ChatGPT 就可以完成你想要的圖像，下列幾小節筆者先用自然語言隨心靈描述，以最輕鬆方式生成創作。創作完成後點選圖像右上角的下載 ⬇ 圖示，就可以下載所創作的圖像。

## 3-1-1 我的第一次圖像創作 - 城市夜景的創作

**實例 1**：您輸入「請創作舊金山的夜景」，可參考下方左圖。

每一幅創作圖的下方會有圖像的說明文字，本書省略沒有輸出。

註 生成圖像，如果不滿意可以按圖示 ↻，重新生成。

**實例 2**：「請創作紐約的夜景，天空飄著雪」，可以參考上方右圖。

創作完成後，將滑鼠游標移到右上方的下載 ⬇ 圖示，可以參考下圖。

按一下，就可以下載創作的圖像，本書 ch3 資料夾有本章所有創作的圖像。

## 3-1-2 預設圖像格式

圖像的副檔名是 webp，這是一種由 Google 開發的圖像格式，具有以下特點：

● 壓縮比高：webp 格式的圖像壓縮比比 JPEG 格式高約 25%，比 PNG 格式高約 40%，在保持類似畫質的同時，可以大幅降低圖像檔案大小。

● 支援透明度：webp 格式的圖像支援透明度，可以儲存具有透明背景的圖片。

- 漸進式載入：webp 格式的圖像支援漸進式載入，可以讓使用者在圖片完全載入之前看到部分內容，提升瀏覽體驗。

webp 格式的圖像可以用於以下場合：

- 網頁圖像：webp 格式的圖像可以大幅降低網頁的載入時間，提升使用者體驗。

- 應用程式圖像：webp 格式的圖像可以節省應用程式的儲存空間。

- 行動裝置圖像：webp 格式的圖像可以節省行動裝置的流量。

以下是 webp 格式圖像的一些優缺點：

- 優點：

  □ 壓縮比高，檔案比較小。

  □ 支援透明度。

  □ 支援漸進式載入。

- 缺點：

  □ 相容性較差，部分瀏覽器和應用程式可能不支援。

  □ 編碼和解碼速度較慢。

總體而言，webp 格式是一種優良的圖像格式，具有壓縮比高、支援透明度、支援漸進式載入等優點。隨著時間的推移，webp 格式的相容性將會逐漸提高，未來將有望成為主流的圖像格式之一。

以下是一些 webp 格式圖像的開啟方式：

- 使用支援 webp 格式的瀏覽器：大多數主流瀏覽器，例如 Chrome、Firefox、Edge、Safari 等，都支援 webp 格式圖像。

- 使用支援 webp 格式的影像編輯軟體：大多數主流影像編輯軟體，例如 Photoshop、GIMP、Paint.NET 等，都支援 webp 格式圖像。

- 使用轉換工具將 webp 格式圖像轉換為其他格式：網路上有許多免費的轉換工具，可以將 webp 格式圖像轉換為 JPEG、PNG 等其他格式。例如：iloveimg、Zamzar，或是 Python 程式也可以用 Pillow 模組轉換。

### 3-1-3　生成不同格式的圖像

我們也可以在生成圖像時，告訴 ChatGPT 生成特定格式的圖像。

**實例 1**：您輸入「請用全景，創作在跑道上快速滑行的隱形戰鬥機，戰鬥機材質是碳纖維，要有快速滑行的感覺，請生成 PNG 格式的圖像供我下載」。

這是生成的PNG格式圖像：下載PNG圖像

顯示的圖像下載仍是 webp 格式，但是 ChatGPT 會提供 PNG 圖像供下載。此外，我們拍照常會說全景鏡頭，上述筆者更改圖像為「全景」，這相當於寬高比是 16:9，這時的畫素是 1792 x 1024。經此設定後，ChatGPT 會有記憶，未來不特別指出創作圖像大小，皆會用這個格式生成圖像，下一節會有一系列實例。

註　高清電視或是許多電腦螢幕是使用 16:9。

## 3-2　AI 圖像生成實例解析 - 從零開始創造藝術

### 3-2-1　CES 會場

**實例 1：**您輸入「請生成 2030 年 CES 拉斯維加斯展，會場的畫面」。

## 3-2-2　古羅馬競技場

**實例 1：**您輸入「請繪製古羅馬競技場」。

### 3-2-3　中國詩 - 靜夜思

**實例 1：**您輸入『請用中國的詩，「床前明月光，疑是地上霜。舉頭望明月，低頭思故鄉。」，創作一幅圖像，請用 16:9 比例』。

### 3-2-4　桃花源記 - 水墨畫

**實例 1：**您輸入『請依下列情境，「山有小口，彷彿若有光，便舍船，從口入」，繪製一幅水墨畫，請用 1024 x 1024』，可參考下方左圖。

**實例 2**：您輸入『請依下列情境，「忽逢桃花林，夾岸數百步，中無雜樹，芳草鮮美，落英繽紛」，繪製一幅水墨畫』，可以參考上方右圖。

## 3-2-5　一生必遊之地 - 全景繪製

首先筆者輸入「請推薦一生必遊的 5 個景點」，下列是 ChatGPT 的推薦。

> **ChatGPT**
>
> 推薦一生必遊的五個景點，考慮到各種自然美景和文化體驗，這裡是我們的選擇：
>
> 1. **大堡礁（澳洲）**：世界上最大的珊瑚礁系統，擁有豐富的海洋生物，是潛水和浮潛的天堂。
> 2. **馬丘比丘（秘魯）**：這個古老的印加帝國遺址坐落在安第斯山脈之巔，不僅是考古愛好者的聖地，也是遠足愛好者的夢想之地。
> 3. **大峽谷（美國）**：位於亞利桑那州，是世界上最壯觀的自然奇觀之一。其壯麗的紅色岩石和深邃的峽谷令人嘆為觀止。
> 4. **威尼斯（意大利）**：這座城市以其運河、橋樑和歷史建築而聞名。乘坐貢多拉船遊覽城市，體驗其獨特的浪漫和歷史。
> 5. **大教堂和宗教節慶的日本京都**：京都不僅以其古老的寺廟和神社聞名，還以其季節性的節日和傳統文化活動著稱，如賞櫻花和賞楓。

也許讀者有機會旅遊上述景點，不過，我們可以透過 ChatGPT 先認識景點。

**實例 1**：您輸入「請用全景繪製大堡礁（澳洲）」。

實例 2：您輸入「請用全景繪製馬丘比丘（秘魯）」。

實例 3：您輸入「請用全景繪製大峽谷（美國）」。

實例 4：您輸入「請用全景繪製威尼斯（意大利）」。

實例 5：您輸入「請用全景繪製大教堂和宗教節慶的日本京都」。

　　最後筆者補充，中國拉撒布達拉宮的夜景，最特別的是走到廣場水池後方，可以看到布達拉宮的倒影。

**實例 6**：您輸入「請用全景繪製中國拉撒布達拉宮的夜景，同時廣場前有布達拉宮的倒影」。

## 3-3　即時互動與調整 - AI 助力下的繪畫新體驗

我們也可以與 ChatGPT 用互動方式繪圖，可以參考下列對話實例。

**實例 1**：您輸入「請繪製奧地利哈爾斯塔特的風景，傍晚，天空飄著雪」，請參考下方左圖。

**實例 2**：您輸入「請使用上述圖片，增加繪製湖泊上有 3 隻天鵝」，可參考上方右圖。

　　ChatGPT 在奧地利哈爾斯塔特的圖像上成功添加了 3 隻天鵝，效果令人驚嘆。天鵝優雅地浮游於湖面，增添了圖像的寧靜和詩意。背景中的雪景和村莊燈光完美融合，使整體畫面更加和諧。這一創作展示了 ChatGPT 在圖像生成和細節處理上的卓越能力，確實讓人驚艷。

# 3-4　生成文字與圖像的完美結合

　　DALL-E 3 開始，生成的圖案可以含有文字，生成含文字的圖片具有廣泛的應用範圍，主要包括以下幾個領域：

- 廣告與行銷：在廣告牌、海報、網絡廣告、社交媒體貼文和宣傳資料中，文字與圖片的結合可以有效傳達廣告訊息，吸引目標受眾。

- 教育與培訓：教學資料、課程海報或說明性圖表中的文字可以幫助解釋和補充視覺訊息，提高學習效果。

- 社交媒體：在社交媒體上，圖片配文字是一種流行的內容格式，用於表達情感、分享想法或傳播訊息。

- 企業報告與呈現：商業呈現、年報或訊息圖表中結合文字和圖片可以清晰地傳遞複雜的商業訊息和數據。

- 新聞與出版：在新聞報導、雜誌文章、書籍封面和電子出版物中，圖文結合可以增強敘事效果和視覺吸引力。

- 個人用途：例如，創建個性化的賀卡、邀請函或紀念品。

- 網站與應用設計：在網站和應用界面設計中，圖文結合可用於創建吸引人的用戶界面和提升用戶體驗。

- 藝術創作：在數位藝術、攝影和圖形設計中，文字和圖像的結合可以用來表達藝術家的創意和觀點。

　　如果說這個功能有缺點，是生成比較複雜的文字時，單字會拼錯，可以參考下列實例。

實例 1：您輸入「創建一幅專為書籍 'ChatGPT Omni' 設計的海報。海報中央突出展示書名 'ChatGPT Omni'，使用現代且引人注目的字體，字樣在視覺上應該非常突出。背景設計應反映高科技和創新的主題，可以使用數字或程式碼圖案的抽象設計。在書名下方簡短地介紹書籍，例如 ' 市面上最全面的 ChatGPT 指南 '，字體清晰但不搶眼。整個海報的色調應該是專業而現代的，可能包含藍色、灰色或黑色的元素，以與技術主題相協調。海報的整體風格應該是清晰、專業且吸引人，適合吸引技術愛好者和專業人士的注意。」，可以參考下方左圖。

實例 2：您輸入「這個風格我喜歡 , 請改為 1024 x 1024」，結果可以參考上方右圖。

坦白說是很好的設計，可惜單字還是拼錯，下列是筆者改成用英文與 ChatGPT 聊天，採用英文後，可以有比較好的結果。下列實例 3 的輸入是實例 1 輸入的中翻英。

實 例 3： 您 輸 入「Create a poster specifically designed for the book 'ChatGPT Omni'. The poster should prominently feature the book title 'ChatGPT Omni' in the center, using a modern and eye-catching font, and the title should be very visually prominent. The background design should reflect a high-tech and innovative theme, possibly using abstract designs of digital or code patterns. Briefly introduce the book below the title, such as 'The most comprehensive guide to ChatGPT on the market', in a clear yet unobtrusive font. The overall color scheme of the poster should be professional and modern, potentially including elements of blue, grey, or black to align with the technology theme. The overall style of the poster should be clear, professional, and appealing, suitable for attracting the attention of tech enthusiasts and professionals.」，結果可以參考下方左圖。

**實例 4**：您輸入「"ChatGPT Omni" made a typo, please correct it.」，結果可以參考上方右圖。

## 3-5　深入探索 AI 繪圖語法 - 打造你的專屬風格

前面章節筆者使用輕鬆、閒聊方式生成圖片，比較正式的語法應該如下：

主角　　　描述　　　風格　　　大小
1024x1024

● 主角：可以是人物、動物、場景、物體等，如果要更進一步需要敘述，可以分成下列個別說明：

　❏ 人物：年齡、性別 … 等。

❑ 場景：地點、環境 … 等。

❑ 動物：年齡、形狀、大小或是顏色。

● 描述：敘述主角的細節，例如：所在地點 ( 室內、森林、太空中、火星 … )、季節、節日 ( 新年、中秋節、聖誕節 … )、時間 ( 早上、中午、傍晚、晚上 )、動作、天氣 ( 下雨、下雪、晴天、極光 )、鏡頭 (3-1-9 節說明 ) … 等。

● 風格：日本動漫、浮世繪、梵谷、3D 卡通、迪士尼、皮克斯、水彩、水墨畫、素描、剪紙風格、科幻 … 等。

● 大小：寬高比是預設 1024x1024，或 1792x1024 或 1024x1792。

## 3-5-1　正式語法實例

一幅畫一定會有一個主角、描述、風格與大小，如果描述不全，則使用預設值，所以發揮創意完整描述很重要。在 ChatGPT 互動式聊天繪圖過程，由於 ChatGPT 會記住與我們的聊天，所以描述一幅畫後，如果只是部分風格或描述改變，可以簡短敘述新風格，即可完成與原意相同但是風格改變的畫。

實例 1：您輸入「一個可愛的女孩，在鄉間小路散步，聖誕節， 色鉛筆風格」，結果可以參考下方左圖。

實例 2：您輸入「日本動漫風格」，結果可以參考上方右圖。

實例 3：您輸入「梵谷風格」，結果可以參考下方左圖。

實例 4：您輸入「3D 卡通風格」，結果可以參考上方右圖。

在 AI 繪圖領域，早期可以生成許多藝術家風格的畫作，ChatGPT 目前內容政策是不允許生成現代藝術家風格的圖片。例如：現代的藝術家宮崎駿風格，莫內風格 … 等。如果需要模仿特定風格，建議使用描述性語言。所謂的描述性語言是指，例如：如果你想描述梵谷的畫風，你可能會選擇像「生動的」、「筆觸粗獷的」和「色彩鮮豔的」這樣的形容詞。這些詞彙能夠幫助圖像生成工具理解和重現類似梵谷畫風的特徵，而不直接複製或侵犯版權。

實例 5：您輸入「請用宮崎駿風格創建，16 歲的帥氣男生站在火車站，傍晚，手上拿一本書」。本實例因為與政策不合，所以出現下列訊息。

 對不起，我無法生成這個圖像，因為它不符合我們的內容政策。如果你有其他請求，我很樂意幫助你。

## 3-5-2　ChatGPT 輔助生圖的 Prompt

在使用 ChatGPT 時，我們也可以描述想要的情境，然後請 ChatGPT 協助我們生成 Prompt。

**實例 1**：您輸入「我想要設計一個「帥氣的魔術師，在拉斯維加舞台表演，很酷、炫的魔術」，你可以為此給我 Prompt 的提示嗎」。

> ⑤　當然可以，這是一個適合的提示：
>
> "一位帥氣的魔術師在拉斯維加斯的舞台上表演。舞台燈光炫目，背景是繁華的城市夜景和閃爍的霓虹燈。魔術師穿著時尚的黑色禮服，動作優雅且充滿自信。他正在進行一個令人驚嘆的魔術表演，手中浮現出神秘的光芒和魔法效果。舞台四周的觀眾目瞪口呆，整個場景充滿了魔幻和炫酷的氛圍。"
>
> 這樣的提示應該能夠捕捉到你想要的「酷」與「炫」的效果。

這個實例，ChatGPT 也生成了圖像。

下列是使用 ChatGPT 生成的 Prompt，改為全景，讓 ChatGPT 生成圖像。

**實例 2**：您輸入「請用全景生成，一位帥氣的魔術師在拉斯維加斯的舞台上表演。舞台燈光炫目，背景是繁華的城市夜景和閃爍的霓虹燈。魔術師穿著時尚的黑色禮服，動作優雅且充滿自信。他正在進行一個令人驚嘆的魔術表演，手中浮現出神秘的光芒和魔法效果。舞台四周的觀眾目瞪口呆，整個場景充滿了魔幻和炫酷的氛圍。」。

### 3-5-3　賀詞生成圖像

2-4 節筆者介紹了生活賀詞的應用，祝福的詞語也可以搭配 ChatGPT 生成圖像，可以參考下列實例。

實例 1：您輸入「請生成一張圖片祝福朋友生日快樂」，請參考下方左圖。

實例 2：您輸入「請生成一張圖片祝福 Merry Christmas」，請參考上方右圖。

## 3-5-4　食材規劃

每天面對各類食物，如果不知道如何亨飪，也可以請教 ChatGPT。

**實例 1**：您輸入「我的冰箱有食材，「雞胸肉、番茄、蛋、洋蔥、蒜頭、意大利麵、蘑菇、青椒、牛肉、青菜」，請給我烹飪建議」。註：下列省略部分輸出。

---

你可以用這些食材製作一道美味的意大利麵。以下是兩種不同的烹飪建議：

### 雞胸肉番茄意大利麵

材料：

- 雞胸肉
- 番茄

---

...

---

6. **混合**：將煮好的牛肉和意大利麵加入鍋中，攪拌均勻，使麵條裹上醬汁，調整鹽和胡椒的味道。

7. **上菜**：將意大利麵盛入盤中，即可享用。

這兩道菜既簡單又美味，使用了你冰箱裡的食材。希望你喜歡！

---

...

---

6. **混合**：將煮好的雞胸肉和意大利麵加入鍋中，攪拌均勻，使麵條裹上醬汁，調整鹽和胡椒的味道。

7. **上菜**：將意大利麵盛入盤中，即可享用。

### 牛肉青菜意大利麵

---

有了烹飪建議後，也可以請 ChatGPT 生成圖像。

實例 2：您輸入「請為雞胸肉番茄意大利麵生成圖像」，可以參考下方左圖。

實例 3：您輸入「請為牛肉青菜意大利麵生成圖像」，可以參考上方右圖。

## 3-5-5　旅遊規劃

ChatGPT 也可以為我們規劃旅遊行程，我們只要告知旅遊景點，就可以請 ChatGPT 建議旅遊地點或是天數，我們可以將 ChatGPT 當作旅行社的客服，問到飽。

實例 1：您輸入「2024 年 12 月冬天，我想去冰島旅遊，重點是看極光，請告訴我冰島哪幾個風景點，既可欣賞風景，又可以看到極光」。

**ChatGPT**

2024年12月是觀賞冰島極光的理想時期，由於極夜現象，您將有更多機會看到這壯觀的自然景觀。以下是一些在冰島既能欣賞風景又可能看到極光的景點：

1. **雷克雅末克（Reykjavik）**：冰島的首都並不是最佳的極光觀測地點，因為城市光污染的存在，但在郊區仍有機會看到極光。此外，雷克雅末克周圍有許多美麗的自然風景。

2. **黃金圈（Golden Circle）**：這是冰島最著名的旅遊路線，包括了蓋歇爾間歇泉、辛格維利爾國家公園和黃金瀑布。這些地方白天可以欣賞到壯觀的自然景觀，夜晚則是觀看極光的好地點。

3. **斯奈山半島（Snaefellsnes Peninsula）**：這裡被稱為"冰島的縮影"，因為幾乎包含了冰島所有的自然風貌。斯奈山半島的西部地區，特別是斯奈菲爾斯冰川周圍，是觀賞極光的好地方。

4. **維克（Vik）**：冰島南部的小鎮，以黑沙灘和獨特的岩石形態著稱。這裡的極光景觀獨特迷人。

5. **約庫薩隆冰河湖（Jokulsarlon Glacier Lagoon）**：冰河湖與浮冰是一道獨特的風景，夜晚在這裡觀看極光，您將體驗到難忘的景觀。

6. **阿克雷里（Akureyri）**：位於冰島北部，是觀看極光的另一個絕佳地點，周圍的山脈和

峽灣景觀也非常迷人。

當您計劃觀看極光時，請記住極光的出現受多種因素影響，包括太陽活動、天氣條件和地理位置。建議您關注當地的極光預報，並選擇在光污染較少的地方觀賞。此外，冬季冰島的氣候嚴寒且多變，請做好充分的防寒準備。

祝您在冰島的旅行愉快，希望您能欣賞到美麗的極光！

**實例 2**：您輸入「請為黃金圈（Golden Circle）風景，有極光，生成圖像」，可以參考下方左圖。

**實例 3**：您輸入「請為斯奈山半島（Snaefellsnes Peninsula），有極光，生成圖像」，可以參考上方右圖。

**實例 4**：您輸入「請為約庫薩隆冰河湖（Jokulsarlon Glacier Lagoon），有極光，生成圖像」，可以參考下方左圖。

**實例 5**：您輸入「請為阿克雷里（Akureyri），有極光，生成圖像」，可以參考上方右圖。

　　有了上述景點，讀者可以詢問 ChatGPT，拜訪上述景點的路徑規劃。

# 3-6 創意咖啡館 - AI 藝術靈感的交流空間

## 3-6-1 高雅的創意咖啡館

筆者想在湖邊開一家創意店，此店白天是一間咖啡館，晚上則是酒吧，由此方向或主題，讓 ChatGPT 運用其大規模數據庫和語言模型，為我們創造出獨特且富有吸引力的名稱。期待這種方法能夠產生具有創意、符合用戶需求且富有敘事性的名稱，從而使咖啡店在市場上脫穎而出。

**實例 1**：您輸入「為我的咖啡店想出五個高雅的名字，這家咖啡店晚上會變成酒吧——就像「The Page Turner」那樣。並附上一個簡短的句子解釋它的意思！」。

---

 **ChatGPT**

1. 「日夜咖啡酒館」
   - 含義：這個名字代表著白天是咖啡館、晚上變成酒吧的特性，「日夜」強調從早到晚的轉變，既有咖啡的清新也有酒精的醇厚。
2. 「曉月酒咖」
   - 含義：「曉月」象徵日出到月升的時間變化，代表店裡從早晨提供咖啡到夜晚轉為酒吧的特色，結合了咖啡和酒的元素。
3. 「晨昏酒咖間」
   - 含義：「晨昏」指的是日出和日落，代表著店鋪從白天的咖啡時間到夜晚的酒吧時光，強調了時間上的轉換和兩種不同的氛圍。
4. 「暮光咖酒坊」
   - 含義：「暮光」意味著傍晚時分，象徵著店鋪從白天的咖啡廳演變為夜晚的酒吧，暗示了一天之中的美好時刻和轉變。
5. 「日日夜夜咖啡吧」
   - 含義：這個名字直接表達了店鋪從早到晚的經營理念，「日日夜夜」強調無論白天或夜晚，都能在這裡找到適合的飲品和氛圍。

---

上述 ChatGPT 為咖啡館取了很有創意的名稱，因此，筆者再執行一次了解其他名稱，可以得到下列結果，下列也是非常好的店名創意。

> ⊛ **ChatGPT**
> 1. 「**晨夜雅韻**」
>    - 含義：這個名字代表著從早晨的咖啡到夜晚的酒吧，「晨夜」強調日夜的轉換，而「雅韻」則暗示著無論是咖啡時光還是酒吧時刻，都充滿著優雅和韻味。
> 2. 「**日暮琴酒**」
>    - 含義：「日暮」象徵著咖啡店日間的溫暖陽光轉變為酒吧夜晚的微醺氛圍，而「琴酒」則意味著店中不僅有美酒，也有悠揚的音樂，營造出一種文藝氣息。
> 3. 「**墨香酒語**」
>    - 含義：這個名字中的「墨香」代表著咖啡的香氣，而「酒語」則是夜晚酒吧的輕鬆對話，象徵著從文學般的咖啡時光到愜意的夜晚閒聊。
> 4. 「**琥珀曦月**」
>    - 含義：「琥珀」指的是咖啡的色澤，「曦月」則代表日出和月升，暗示著店鋪從清晨到深夜的美好時光，兼具清新與浪漫。
> 5. 「**詩意時光**」
>    - 含義：這個名字強調無論是日間的咖啡時刻還是夜晚的酒吧時光，都充滿了詩意和創意，營造出一種文藝復興般的氛圍。

　　ChatGPT 對咖啡店命名的協助展現了其獨特的創造力和深厚的語言理解能力，透過用戶提供的主題，它能夠生成符合需求且具有故事性的名稱，這種方法不僅提供了創意豐富的選擇，而且還幫助咖啡店在市場中獨樹一幟，吸引顧客。

**註**　「The Page Turner」在字面上的意思是「翻頁者」或「譜頁翻轉者」。這個詞常用於音樂領域，特別是在古典音樂演奏中，指的是在演奏過程中幫助演奏者翻譜的人。這個角色對於確保流暢的演奏至關重要，尤其是在演奏長篇大作時。

　　然而從比喻的角度來看，「**The Page Turner**」也可以指引起劇烈轉變或新章節開始的事件或經歷。比如在生活中的一個轉折點，或是一個引人入勝、令人難以放下的故事。

　　在提到的情境中，將咖啡店命名意境使用「**The Page Turner**」，這是暗示場所不僅僅是一個日常的休憩空間，還是一個在日間和夜晚呈現不同面貌、帶來新體驗和故

事的地方。白天它是一個咖啡館，而到了晚上則轉變成一個酒吧，就像生活中的一頁被翻過，展現出新的篇章。

## 3-6-2 創意咖啡館的外觀圖像

實例 1：您輸入『請為「日夜咖啡酒館」創作戶外看的全景外觀圖像』。

實例 2：您輸入『請為「日夜咖啡酒館」創作戶外看的全景外觀圖像，這個咖啡館座落在湖邊』。

　　這幅咖啡店的圖像展現了優雅和現代感的完美融合，它精心呈現了從日間咖啡館到夜晚酒吧的轉變，透過細膩的燈光和佈局設計，營造出一種溫馨而邀請的氛圍，整體而言，這幅圖像不僅抓住了場所的獨特性，也成功地傳達了其雙重功能的魅力。

# 第 4 章

# 未來已來 - ChatGPT
# 如何改變我們看世界

　　在當今數位時代，資料分析與處理變得前所未有的重要，AI 視覺與智慧應運而生。這一創新技術賦予了 ChatGPT 閱讀和理解多種文件格式的能力，包括文字、Office 文檔、PDF 等。無論是進行文件摘要、關鍵字提取，還是數據分析和視覺化，AI 視覺與智慧都能提供高效、準確的支持。這不僅提升了資料處理的效率，還為用戶提供了深度的洞察和分析能力。隨著技術的不斷進步，AI 視覺與智慧將成為各行各業不可或缺的助手，協助用戶在資訊時代中更好地掌握和應用知識。

## 4-1　上傳文件的類別

　　最新版的 ChatGPT 輸入框左邊有 🔗 圖示，我們可以點選這個圖示上傳文件給 ChatGPT，目前最多一次可以上傳 10 個文件，每個文件限制在 100MB。ChatGPT 可以認知上傳的圖像，以及智慧分析文字或數據檔案。

ChatGPT 上傳下列類型的文件：

● 文字文件：「.txt」、「.csv」等。

● 微軟 Office 文件：「.docx」、「.xlsx」、「.pptx」等。

● PDF 文件：「.pdf」。

● 圖像文件：「.jpg」、「.png」、「.gif」等。

● 程式碼文件：「.py」、「.js」、「.html」等。註：有關程式設計細節將在第 18 章解說。

　　上傳文件後，我們可以請求 ChatGPT 回答相關問題，例如：進行內文摘要、數據分析、或是進行圖像識別等操作。

## 4-2　閱讀與分析文字文件

　　ChatGPT 可以針對我們上傳的文字文件「.txt」或是「.csv」，「.csv」文件可稱是數據文件，未來做數據分析會進一步解析，這一節將針對「.txt」文件說明。

### 4-2-1　ChatGPT 如何分析「.txt」文件

ChatGPT 可以對文字文件，執行下列分析。

- ❑ **文字內容分析**
  - 內文摘要：提供文件的主要內容摘要。
  - 關鍵字提取：從文件中提取主要關鍵字或關鍵短語。
  - 主題建模：分析文件中的主要主題。

- ❑ **情感分析**
  - 評估內文的情感傾向（正面、中性、負面）。

- ❑ **詞頻分析**
  - 計算文件中各個詞語的出現頻率。
  - 生成詞雲來視覺化詞頻分佈。

- ❑ **內文分類**
  - 根據內容將文件歸類到特定的類別中。

- ❑ **命名實體識別（NER）**
  - 識別並標註內文中的人名、地名、組織名等實體。

- ❑ **語法和拼寫檢查**
  - 檢查並糾正內文中的語法和拼寫錯誤。

- ❑ **翻譯**
  - 將內文翻譯成其他語言。

- ❑ **內文相似度分析**
  - 將文件與其他文件進行比較，評估其相似度。

- ❑ **文件合併與分割**
  - 將文件合併或分割。

- ❑ **讀者易讀性評估**
  - 評估文件的易讀性指數，確定其適合的讀者群體。

## 4-2-2　摘要與情感分析 .txt 檔案內容

這一節將使用下列 MissionImpossible.txt 檔案做分析。

**實例 1**：請先上傳 MissionImpossible.txt，然後，您輸入「請摘要內容」。

上述點選圖示 ↑，可以得到下列結果。

**實例 2**：您輸入「看了你敘述的摘要內容，有沒有建議我是否去看這場電影」。

> ⑤　根據提供的摘要內容，《不可能的任務》是一部由湯姆克魯斯主演的精彩電影，故事緊張刺激且無冷場，廣受好評，值得一看。
>
> 　　建議你去觀看這部電影，特別是如果你喜歡動作片和緊湊的劇情。這部電影的高評價和湯姆克魯斯的精彩表現會讓你有一個愉快的觀影體驗。

**實例 3**：您輸入「這篇文章總共有多少個字」。

> **檢視分析**
>
> ⑤　這篇文章總共有30個字。🖱 ← 點選可以看到計算字數的Python程式碼

**實例 4**：您輸入「請將這篇文章翻譯成英文」。

> ⑤　湯姆克魯斯主演的不可能的任務, 內容精彩沒有冷場, 非常推薦。
>
> **Translation:**
>
> "Mission: Impossible," starring Tom Cruise, is exciting and never has a dull moment. Highly recommended.

## 4-2-3　文件合併

　　ChatGPT 由於最多可以上傳 5 個文件，所以最多可以有 5 個文件合併。下列是 2 個文件合併的實例，「夜思 .txt」和「相思 .txt」檔案內容分別如下。

> 📄　夜思
>
> 檔案　　編輯　　檢視
>
> 詩名：夜思
> 作者：李白
>
> 床前明月光，疑是地上霜。
> 舉頭望明月，低頭思故鄉。

> 📄　相思
>
> 檔案　　編輯　　檢視
>
> 詩名：相思
> 作者：王維
>
> 紅豆生南國，春來發幾枝？
> 願君多采擷，此物最相思。

實例 1：請先上傳「夜思 .txt」和「相思 .txt」，然後，您輸入「請合併 2 個上傳的 txt 文件，同時提供合併後的下載連結」。

上述點選超連結，可以下載合併後的文件。

## 4-3 摘要與解析 Office 文件

### 4-3-1　ChatGPT 如何分析 Office 文件

ChatGPT 可以對 Office 文件，執行下列分析。

❑ **Word 文件 (.docx)**

- 文件內容分析

  ❑ 文件摘要：提供文件的主要內容摘要。

  ❑ 關鍵字提取：提取文件中的主要關鍵字或短語。

  ❑ 主題建模：分析文件中的主要主題。

- 情感分析

  ❑ 分析文件的情感傾向（正面、中性、負面）。

- 詞頻分析

  ❑ 計算文件中各個詞語的出現頻率，並生成詞雲。

- 命名實體識別（NER）

  ❑ 識別並標註文件中的人名、地名、組織名等實體。

- 語法和拼寫檢查

  ❑ 檢查並糾正文件中的語法和拼寫錯誤。

- 翻譯

  ❑ 將文件翻譯成其他語言。

- 文件相似度分析

  ❑ 比較文件與其他文件的相似度。

❑ **Excel 文件 (.xlsx)**

- 數據分析

  ❑ 數據清洗：處理缺失值、重複值等問題。

  ❑ 數據可視化：生成各種圖表（折線圖、柱狀圖、餅圖等）。

  ❑ 統計分析：計算均值、中位數、標準差等統計指標。

  ❑ 樞紐分析：創建樞紐表和樞紐圖。

- 預測和建模

  ❑ 趨勢分析：識別數據中的趨勢和模式。

  ❑ 預測模型：根據數據建立簡單的預測模型。

- 數據分組和過濾

  ❏ 根據特定條件分組和過濾數據。

- 數據透視

  ❏ 深入分析數據的內部關係和結構。

- 函數應用

  ❏ 應用和介紹各種 Excel 函數，如 VLOOKUP、SUMIF、AVERAGE 等。

❏ **PowerPoint 文件** (.pptx)

- 內容分析

  ❏ 文件摘要：提取幻燈片的主要內容。

  ❏ 關鍵字提取：提取主要的關鍵字和短語。

- 情感分析

  ❏ 分析幻燈片中文字的情感傾向。

- 設計建議

  ❏ 提供幻燈片設計和布局的改進建議。

- 幻燈片轉錄

  ❏ 將幻燈片的內容轉錄為文字格式。

## 4-3-2　摘要與分析「.docx」文件

這一節將分析 Python_marketing.docx，此 Word 檔案部分內容如下：

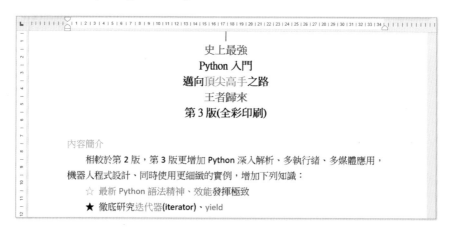

實例 1：請先上傳 Python_marketing.docx，然後，您輸入「請描述這文件的內容重點」。

> 請描述這文件的內容重點
>
> 文件重點摘要：
>
> 這篇文章介紹了《史上最強 Python 入門：邁向頂尖高手之路》第三版的內容和特色。相較於第二版，第三版增加了許多新內容，包括：
>
> 1. 深入解析：
>
>    - 最新 Python 語法、迭代器（iterator）、yield。
>    - 2D 和 3D 動畫、多媒體應用、機器人程式設計。
>
> ...
>
> 6. 實用案例：
>
>    - 文件管理、自動化操作、數據分析、網路應用、影像處理、人工智慧。
>    - 提供詳細的函數索引，方便讀者隨時查閱。
>
> 這本書被認為是目前市面上講解最完整且實用的 Python 入門書籍，適合想要深入學習 Python 並應用於各個領域的讀者。

## 4-3-3 摘要與分析「.xlsx」文件

在 ch4 資料夾有 spa.xlsx 文件，內容如下：

|  | A | B | C | D | E | F |
|---|---|---|---|---|---|---|
| 1 | | | | | | |
| 2 | | 天空SPA客戶資料 | | | | |
| 3 | | 姓名 | 性別 | 身高 | 身份 | |
| 4 | | 洪冰儒 | 男 | 170 | 會員 | |
| 5 | | 洪雨星 | 男 | 165 | 會員 | |
| 6 | | 洪星宇 | 男 | 171 | 非會員 | |
| 7 | | 洪冰雨 | 女 | 162 | 會員 | |
| 8 | | 郭孟華 | 女 | 165 | 會員 | |
| 9 | | 陳新華 | 男 | 178 | 會員 | |
| 10 | | 謝冰 | 女 | 166 | 會員 | |

**實例 1**：請先上傳 spa.xlsx，然後，您輸入「請說明上傳的文件, 女性會員有幾人」。

上述點選圖示 ⬆ 後，原先 Excel 檔案會被開啟，同時也會輸出女性會員的數量。

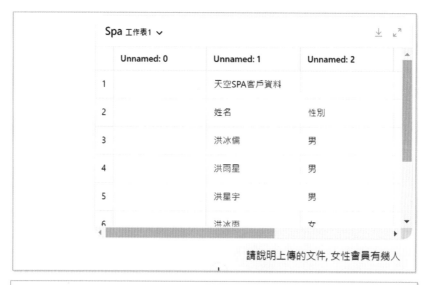

## 4-3-4　摘要與分析「.pptx」文件

在 ch4 資料夾有「AI 助攻 .pptx」文件，內容如下：

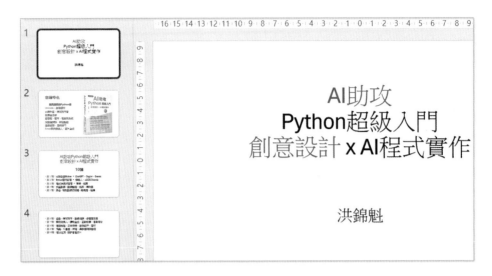

實例 1：請先上傳「AI 助攻 .pptx」，然後您輸入「請對上傳的簡報做摘要說明」。

AI助攻.pptx
簡報

請對上傳的簡報做摘要說明

這份簡報的主要內容是介紹一本名為《AI助攻Python超級入門：創意設計 x AI程式實作》的書籍，作者是洪錦魁。以下是簡報的摘要：

## 書籍特色

- **創意的Python書**：融合了Unicode、影像藝術等元素。
- **多元的應用**：包括火箭升空、時間旅行者、故事生成器、圖書館、超市、電影院系統等。
- **AI技術實作**：涉及消費者評論、新聞監控、選舉造勢、足球踢門、Emoji聊天機器人和圖片生成。

---

### AI助攻Python超級入門的十講

1. **AI助攻學Python**：介紹ChatGPT、Copilot、Gemini等工具。
2. **Python藝術創意**：涵蓋機器人、ASCII/Unicode藝術。
3. **程式決策的智慧**：涉及情緒分析和推薦系統。
4. **大型數據應用**：數據監控、投票系統和購物車功能。
5. **集合的高效數據處理**：雞尾酒配方和抽獎系統。
6. **函數應用**：時間旅行、數據偵探和多語言字典。
7. **讀取與寫入**：詩歌生成、互動故事和自動備份系統。
8. **濾鏡和影像創作**：二維條碼、影像藝術。
9. **網絡爬蟲**：12星座分析、新聞監控和輿論匯總。
10. **破冰之旅**：設計自己的AI。

---

上述得到 ChatGPT 正確分析了簡報檔案的內容。

## 4-4　閱讀與分析 PDF 文件

### 4-4-1　ChatGPT 如何分析「.pdf」文件

ChatGPT 可以對 PDF 文件，執行 4-2-1 節所述分析文字文件的功能外，還可以進行下列分析工作：

❑ **數據提取和分析**

- 表格數據提取：提取 PDF 中的表格數據，並轉換為可分析的格式（如 Excel）。
- 數據清洗和處理：處理和清洗提取的數據，並進行統計分析或可視化。

❑ **圖像和圖表處理**

- 圖像識別：識別和提取 PDF 中的圖像和圖表。
- 圖表數據提取：從 PDF 中的圖表中提取數據。

❑ 文字轉錄

● 轉錄為可編輯文件：將 PDF 中的文字轉錄為可編輯的文字格式（如 Word 或 txt 文件）。

❑ 結構和格式分析

● 頁面結構識別：識別 PDF 的頁面結構（如標題、段落、列表等）。

● 格式轉換：將 PDF 轉換為其他格式（如 Word、HTML 等）。

## 4-4-2 讀取與分析 PDF 文件

ChatGPT 也可以讀取與分析 PDF 文件，下列是 store.pdf 檔案內容。

---

深智賣場工作表

深智賣場有 50 個員工，今天有 3 位請病假，2 位請事假。

---

**實例 1**：請先上傳 store.pdf，然後，您輸入「請參考 PDF 內容，然後回答今天有幾個員工上班」。

store.pdf
PDF

請參考PDF內容, 然後回答今天有幾位員工上班

根據上傳的PDF文件內容，深智賣場有50個員工，今天有3位請病假，2位請事假。因此，今天有 **45位員工** 上班。

上述 ChatGPT 的回應完全正確。

## 4-4-3 PDF 文件合併

ChatGPT 由於最多可以上傳 10 個文件，所以最多可以有 10 個文件合併。下列是 2 個文件合併的實例，「夜思 .pdf」和「相思 .pdf」檔案內容分別如下。

**實例 1**：請先上傳「夜思 .pdf」和「相思 .pdf」，然後您輸入「請合併 2 個 PDF 內容」。

下載後可以看到一個 PDF 合併的文件有 2 頁的結果。

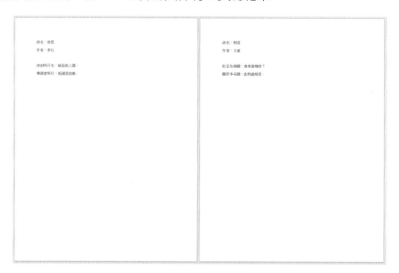

## 4-4-4　PDF 檔案轉成「.txt」文件

**實例 1**：請先上傳「合併詩詞 .pdf」，然後您輸入「請將上傳的 PDF 檔案轉成 .txt 文件」。

上述實例筆者下載檔案後，開啟後有亂碼，讀者可以參考 ch4 資料夾的「合併詩詞 .txt」。因此將此現象告訴 ChatGPT，得到下列回應。

> 為何我轉換的結果出現亂碼
>
> 轉換結果出現亂碼可能是由於字體或編碼問題。讓我們嘗試使用另一個PDF文本提取庫來確保結果的正確性。
>
> 我將使用 `pdfplumber` 庫來重新提取文本，並生成新的 `.txt` 文件。讓我們重新嘗試一次。
>
> 已重新轉換PDF文件為TXT文件，你可以在這裡下載轉換後的文件。 [>-]

現在下載與開啟檔案後，讀者可以參考 ch4 資料夾的「合併詩詞 new.txt」。可以得到正確的文字文件了。

# 4-5 閱讀與分析圖像文件

當上傳「.jpg」、「.png」或「.gif」文件後，ChatGPT 可以進行以下幾種分析：

❏ **圖像內容識別**

- 識別和描述圖像中的物體、人物、場景等。
- 為圖像中的元素提供標籤或分類。
- 為圖像建立創意文字、詩、詞等。

❏ **顏色分析**

- 識別圖像中主要的顏色和顏色分布。
- 分析顏色的搭配和視覺影響。

❏ **風格和藝術分析**

- 識別圖像的藝術風格或流派（如印象派、現代主義等）。
- 分析圖像的藝術特點和美學價值。

❏　**面部識別和表情分析（僅限不涉及隱私和敏感內容）**

- 識別圖像中人物的面部特徵。
- 分析人物的表情和情緒。

❏　**圖像品質評價**

- 評估圖像的清晰度、曝光、對比度等技術參數。
- 提供改善圖像質量的建議。

❏　**圖像比較**

- 比較兩張或多張圖像的相似性和差異。
- 識別圖像中的重複或相關元素。

❏　**文字識別（OCR）**

- 從圖像中識別和提取文字。
- 轉換圖像中的文字為可編輯的文字格式。

這些分析可以應用於各種場景，例如藝術作品分析、社交媒體內容分析、廣告設計評估等。

## 4-5-1　分析圖像

這一節是測試 ChatGPT 分析圖像的能力，檔案 wheat_field.png 內容如下：

實例 1：請先上傳 wheat_field.png，然後，您輸入「請分析這張圖像的內容，同時告訴我圖像的風格」。

> 請分析這張圖像的內容, 同時告訴我圖像的風格

點選右邊的 ↑ 圖示，可以得到下列結果。

　這張圖像展示了一個美麗的農村景色，畫面中有一片金黃的麥田，遠處可以看到一些農舍和教堂。天空呈現出令人驚嘆的漩渦狀雲彩，整個場景被夕陽的光輝所覆蓋，顯得非常溫暖和和諧。

圖像的風格明顯受到了荷蘭畫家文森特·梵高（Vincent van Gogh）的影響，特別是他的名作《星夜》（The Starry Night）。這種風格以粗獷的筆觸和鮮豔的色彩著稱，常常呈現出強烈的情感和動感。天空中的漩渦狀雲彩和星星的表現手法非常類似於梵高的繪畫風格，使整個畫面充滿了藝術氣息和夢幻感。

## 4-5-2　文字識別

實例 1：請先上傳 speech.jpg，然後，您輸入「請告訴我這張圖像的內容」。

請告訴我這張圖片的內容

　這張圖片是一個關於「ChatGPT 4 Turbo + API 適向開發機器人程式」的活動宣傳圖。以下是圖片中的內容：

**活動資訊**

- 主辦：MQTT + 深智
- 日期：1月21日
- 時間：19:30 ~ 21:30
- 主講人：洪錦魁
- 線上連結：博客來，1月21日66折

**重點主題**

- ChatGPT Turbo
- ChatGPT App
- GPT-4 外掛
- GPTs
- 開發機器人程式

圖片中還展示了一本書《ChatGPT 4 + API 創新體驗AI世界 開發機器人程式》，封面上有機器人與電腦屏幕互動的圖像，強調了這本書的內容與AI及機器人開發相關。

ChatGPT 4o 識別圖像文字與數字能力真的很強，獲得完全正確分析結果。

## 4-5-3　表情分析

目前 ChatGPT 對圖像人物的表情分析能力也很強，可參考下列實例。

**實例 1**：請先上傳 hung.png，然後您輸入「請做這張圖像的表情分析」。

請做這張圖像的表情分析

對於這張圖像，這位男子站在一個戶外的背景前，背景可能是山區或森林。由於我無法識別個人或具體面部特徵，我可以提供的分析如下：

1. **表情**：這位男子的面部表情顯得比較中性，可能是輕微的微笑，沒有明顯的情感流露，給人一種平靜或自然的感覺。

2. **姿態**：他站立姿勢自然，手臂放鬆，顯示出放鬆和舒適的狀態。

3. **背景**：背景中的自然景觀如樹木和山脈，表明這可能是在戶外活動或旅遊的場景。

這是基於圖像的描述和背景分析，希望對你有幫助。如果需要更詳細的分析，請提供更多具體的信息或需求。

從上述可以看到，整個表情、姿態與背景的描述非常正確。

## 4-5-4　兩張圖像的比較

有 2 張圖像如下：

church_day.jpg

church_night.jpg

**實例 1**：請分別上傳 church_day.jpg 和 church_night.jpg，然後您輸入「請說明這 2 張圖像的差異」。

---

請說明這 2 張圖像的差異

這兩張圖片展示了同一座教堂，但在不同的時間拍攝，因此有以下差異：

1. **時間**：

- 第一張圖像是在白天拍攝的，天空晴朗，陽光明媚。
- 第二張圖像是在夜晚拍攝的，天空黑暗，教堂被燈光照亮。

2. **光線**：

- 白天的光線自然，整個教堂和周圍環境都被充分照亮。
- 夜晚的光線來自人工照明，燈光使教堂顯得更加突出和壯觀，但周圍的環境相對較暗。

---

3. 顏色：

- 白天的顏色自然，天空藍色，教堂的細節和色彩清晰可見。
- 夜晚的顏色主要依靠燈光，教堂的色彩更為鮮明和戲劇化，而周圍的細節和顏色相對模糊。

4. 人群：

- 白天的圖片中，人群活動頻繁，顯示出忙碌和生機勃勃的場景。
- 夜晚的圖片中，人群相對較少，整體氣氛較為安靜和平和。

這些差異主要是由光線和時間的不同引起的，使得同一座教堂在兩個時間點展現出不同的美感和氛圍。

## 4-5-5 圖像評論

**實例 1**：對圖像做藝術評價分析，請先上傳 priest.jpg，然後您輸入「請對這張圖做評論」。

請對這張圖做評論

這張圖展示了一座戶外雕像，三位人物雕像站立在圓形基座上。以下是對這張圖的評論：

**圖像描述**

- **雕像**：三位人物雕像穿著長袍，手中持有不同的物品，可能是宗教相關的象徵物。這些雕像的姿態和表情嚴肅，顯示出一種莊嚴和神聖的氛圍。

- **背景**：背景是一片綠色的草地和樹木，遠處還可以看到藍天和白雲，顯示出這是一個晴朗的天氣。背景的自然景色與雕像形成了鮮明的對比，突出雕像的主題。

- **光線**：光線從側面照射過來，使得雕像的一部分處於陰影中，另一部分被陽光照亮，增加了雕像的立體感和戲劇性。

**評論**

- **藝術性**：這座雕像作品以其細膩的細節和嚴肅的表情給人留下深刻的印象。雕像的設計和製作顯示了藝術家的高超技藝和對宗教主題的深刻理解。

- **氛圍**：整個雕像群體營造出一種莊嚴和神聖的氛圍，讓人聯想到宗教儀式或歷史人物。這種氛圍與背景的自然景色相得益彰，使觀者感受到一種寧靜和平和的心境。

- **構圖**：照片的構圖簡潔明了，以雕像為中心，背景的自然景色作為襯托。這種構圖方式有效地突出雕像的主題，使觀者的注意力集中在雕像上。

**總結**

這張照片成功地展示了戶外雕像的藝術性和宗教氛圍，通過巧妙的光線和構圖，使得雕像顯得格外突出和引人注目。背景的自然景色進一步增強了照片的視覺效果，使整體畫面既莊嚴又和諧。

## 4-5-6　圖像意境與詩詞創作

這一節將依據圖像創作一首七言絕句，請參考下列實例。

實例 1：請先上傳 fisher.jpg，然後，您輸入「請為這張圖作一首七言絕句」。

請為這張圖做一首七言絕句

孤舟蓑笠映斜陽，
煙霧繞林水茫茫。
江畔漁翁閒垂釣，
波光倒影映蒼蒼。 ↓

## 4-5-7 圖像生成故事

這一節將依據圖像創作一個故事，檔案 girl_country_road.jpg 內容如下：

實例 1：請先上傳 girl_country_road.jpg，然後，您輸入「請為這張圖創作一個 100 個字的故事」。

請為這張圖創作一個100個字的故事

點選右邊的 ⬆ 圖示，可以得到下列結果。

小女孩莉莉亞穿著厚厚的冬衣，踏上了覆滿白雪的小路。夕陽的餘暉映照在她周圍，整個村莊如夢如幻。每走一步，莉莉亞都能聽到遠處傳來的笑聲和音樂聲，那是村民們在準備聖誕節慶祝活動。沿著閃爍的燈光，她一路走到了村中心，看到了一棵巨大的聖誕樹，樹下堆滿了禮物。莉莉亞心中充滿了期待，她知道這個聖誕節將會是她最難忘的一次。

## 4-5-8　圖像風格轉變

4-5-1 節已經用了 wheat_meat.png，這一節則對此圖像做風格轉變，請處理成「晚上，天空有極光」。

請將圖像轉成晚上, 天空有極光

# 第 5 章
# 愛與創作的實驗室 -
# ChatGPT 的無限可能

　　詩、詞、文藝與小說，坦白說對非文學系的筆者而言，是非常生疏，這一章將探討 ChatGPT 在這方面的能力。筆者是學電腦科學，文筆比較弱，本章除了讓 ChatGPT 帶我們寫約會信，同時筆者也教導讓 ChatGPT 做我們的交友顧問。

## 5-1　詢問 ChatGPT 對「詩、詞、曲」的基本認識

**實例 1**：您輸入「你認識中國的詩嗎」。

> 我對中國詩歌有一些了解。中國詩歌歷史悠久，具有豐富的文化內涵和藝術價值。從古代的《詩經》到唐詩、宋詞，再到現代詩，中國詩歌展現了不同時代的風貌和詩人的情感。如果你有特定的詩或詩人想要了解，我可以提供更多的資訊。

　　從上述回答可以確定 ChatGPT 認識中國詩歌，同時可以隨時了解中國最經典的詩歌。

**實例 2**：您輸入「你知道現代詩嗎」。

> 知道一些現代詩。中國的現代詩興起於20世紀初，受西方現代主義影響，與古典詩歌相比，更加強調個人情感的表達和形式的自由。以下是一些著名的中國現代詩人及其作品：
>
> 1. **徐志摩**：他的詩風浪漫，代表作有《再別康橋》。
> 2. **戴望舒**：被稱為「雨巷詩人」，代表作有《雨巷》。
> 3. **艾青**：以其深刻的社會關懷著稱，代表作有《大堰河—我的保姆》。
> 4. **北島**：朦朧詩派的代表人物之一，代表作有《回答》。
> 5. **舒婷**：也是朦朧詩派的詩人，代表作有《致橡樹》。
>
> 如果你有特定的詩人或作品想要了解更多，或者需要一些現代詩的推薦，我可以幫助你。

　　用同樣的觀念，讀者可以輸入下列題詞實例：

- 您輸入「你知道中國的詞嗎」。
- 您輸入「你知道中國的曲嗎」。

　　沒想到 ChatGPT 已經被訓練到可以精通中國文學的 AI，其對詩、詞、曲的理解和鑑賞能力令人驚嘆。讀者可以透過 ChatGPT 深入挖掘這些古典文學作品的豐富內涵，洞察詞句背後的情感與哲理。其實 ChatGPT 對韻律和節奏的掌握精準，能夠欣賞並評析各種風格和時期的作品。透過 ChatGPT 的解讀，古老的詩詞曲不僅歷久彌新，更顯得生動而充滿現代感。這樣的 AI 才華與學識，不僅是科技學術成就，更是文化傳承的重要橋梁。

實例 3：您輸入「ChatGPT 對中國的詩、詞、曲了解的很棒，請依此意境，繪製一幅16:9 的圖像」。

　　ChatGPT 巧妙捕捉中國詩、詞、曲的意境，將古典文學化為圖像之藝術，展現出對中華文化深刻理解與創意，讓文字的魅力生動地呈現於眼前。

## 5-2 七言絕句

　　這一節將帶領讀者認識 ChatGPT 對七言絕句的理解和運用，它能夠迅速掌握這種古典詩歌形式的精髓，從平仄聲韻到意境布局，無一不精。ChatGPT 在創作七言絕句時，能夠巧妙地結合傳統與現代，使每句詩都充滿生命力與情感深度。它的詩作既能體現出古典美學的韻味，又能與當代讀者的情感產生共鳴。這不僅是技術的突破，更是對人類文化遺產的一種全新詮釋和致敬。

## 5-2-1　了解 ChatGPT 對七言絕句的知識

實例 1：您輸入「你知道七言絕句」。

> 知道的，七言絕句是一種中國古典詩歌的形式，每首詩由四句組成，每句七個
> 字，結構簡潔而音韻和諧。以下是幾首著名的七言絕句例子：
>
> **李白的《送孟浩然之廣陵》**
>
> 故人西辭黃鶴樓，
> 煙花三月下揚州。
> 孤帆遠影碧空盡，
> 唯見長江天際流。

...

> **王昌齡的《出塞》**
>
> 秦時明月漢時關，
> 萬里長征人未還。
> 但使龍城飛將在，
> 不教胡馬度陰山。
>
> 七言絕句以其簡練的形式和深刻的意境著稱，是中國詩歌中非常受歡迎的一種體
> 裁。如果你有其他需要了解的內容或問題，請告訴我。

　　ChatGPT 對七言絕句的介紹簡潔明了，並舉出了李白、杜牧和王昌齡的著名作品。其回應展示了七言絕句的基本特點和結構，同時也點出了其在中國詩歌中的重要地位，訊息豐富且易於理解。

## 5-2-2　ChatGPT 做一首七言絕句

實例 1：您輸入「請隨意編一首七言絕句」。

> **秋夜思**
>
> 秋風拂葉夜微涼，
> 明月高懸照四方。
> 萬里思鄉情未盡，
> 夢中故里入夢鄉。

### 5-2-3　請 ChatGPT 依情境做一首七言絕句

**實例 1**：您輸入「斜陽餘暉，坐在湖邊，想念 20 年前的女友，請依此情境做一首七言絕句，同時繪製一幅 16:9 的圖像」。

**七言絕句**

湖邊斜陽映餘暉，
獨坐思君二十回。
往事如煙隨風逝，
心中舊夢不成灰。

這幅圖像展示了一個人在湖邊夕陽下的寧靜景象，希望你會喜歡。如果有任何需要修改的地方，請告訴我。

　　ChatGPT 憑藉詩詞之靈感，巧妙繪製圖像，將文字情懷化為視覺之美，彷彿筆墨跨越時空，展現深邃創造力與藝術魅力。

## 5-3 五言絕句

### 5-3-1 了解 ChatGPT 對五言絕句的知識

**實例 1**：您輸入「你知道五言絕句」。

> 知道的，五言絕句是一種中國古典詩歌的形式，每首詩由四句組成，每句五個
> 字，結構簡練而意境深遠。五言絕句與七言絕句相似，只是每句的字數不同。以
> 下是幾首著名的五言絕句：
>
> **王之渙的《登鸛雀樓》**
>
> 白日依山盡，
> 黃河入海流。
> 欲窮千里目，
> 更上一層樓。
>
> **王維的《相思》**
>
> 紅豆生南國，
> 春來發幾枝。
> 願君多采擷，
> 此物最相思。　　　　　　　↓

**實例 2**：您輸入「你知道王維的相思，如果知道請告訴我詩的原文，然後為這首詩創作一幅 16:9 的畫作」。

> 知道的，王維的《相思》是一首著名的五言絕句。以下是這首詩的原文：
>
> **相思**
>
> 紅豆生南國，
> 春來發幾枝。
> 願君多采擷，
> 此物最相思。
>
> 我會根據這首詩的意境為你創作一幅畫。

　　這幅畫展示了根據王維《相思》詩意創作的場景，表達了春日紅豆樹開花、象徵相思之情的意境。

## 5-3-2　ChatGPT 做一首五言絕句

**實例 1**：您輸入「請隨意創作一首五言絕句，請同時為這首詩創作一幅 16:9 的畫作」。

> ⊛　**五言絕句**
>
> **夏夜荷塘**
>
> 皎月映荷塘，
> 蛙聲伴夜長。
> 微風拂柳岸，
> 幽夢入荷香。
>
> 我會根據這首詩的意境為你創作一幅畫。

這幅畫展示了根據五言絕句《夏夜荷塘》的意境創作的夏夜荷塘場景，表達了夜晚荷塘的寧靜和自然之美。

# 5-4 現代詩

## 5-4-1　隨意生成的現代詩

**實例 1**：您輸入「請隨意生成一首現代詩」。

**失落的記憶**

在城市的角落，
一片樹葉悄然飄落，
像是時光的記憶，
在風中輕輕搖曳。

霓虹燈閃爍，
人群匆匆而過，
誰的笑容，誰的淚水，
在這夜色中交織。

我們曾在這裡，

分享夢想和希望，

如今，只剩回憶，

隨風消散在過往。

夜深了，

城市仍在喧囂，

而我，站在這裡，

尋找那失落的記憶。

**實例 2**：您輸入「請依據上述情境創作一幅 16:9 的畫作」。

　　這幅畫展示了根據現代詩《失落的記憶》創作的城市夜景，表達了在繁忙城市中的孤獨和懷舊情感。

**實例 3**：您輸入「請解釋上述現代詩《失落的記憶》的意境」。

現代詩《失落的記憶》描繪了一個人在繁忙城市中的孤獨和懷舊情感。詩中的意境可以分為以下幾個方面來解釋：

1. **城市的角落與飄落的樹葉：**

   - 詩的開頭提到"一片樹葉悄然飄落"，這象徵著時光的流逝和記憶的消散。這一場景設定在城市的角落，暗示著人們在繁忙的生活中容易忽略的一些細微而重要的事情。

2. **霓虹燈與匆匆的人群：**

   - 霓虹燈的閃爍和人群的匆匆而過，象徵著現代城市的繁忙和快節奏。這種環境下，個人的情感和記憶常常被忽視或遺忘。

3. **回憶與夢想：**

   - 詩中提到"我們曾在這裡，分享夢想和希望"，這表達了詩人對過去美好時光的懷念。然而，如今只剩下回憶，隨風消散在過往，這反映了詩人對現實生活中失落的感嘆。

4. **夜深的喧囂與尋找記憶：**

   - 夜深時，城市仍然喧囂，這強調了現代生活中持續的壓力和忙碌。詩人站在這樣的環境中，尋找那些已經失落的記憶，這表達了一種孤獨和無奈的情感。

總體來說，這首詩通過描繪繁忙城市中的細節，反映了個人在現代生活中的孤獨、懷舊和對過去美好時光的追憶。詩中的意境充滿了思念和失落的情感，令人深思。

ChatGPT 的能力令人印象深刻，它不僅精通現代詩歌，更能巧妙地捕捉和表現詩中的意境。透過智能和細膩的文字創作，展現了對詩歌深刻的理解和欣賞，同時它還能將這些詩意轉化為美麗的圖像，完美地結合了文學與視覺藝術。在 ChatGPT 的世界裡，文字和圖像相互融合，創造出一個既豐富又多彩的藝術空間。

## 5-4-2 現代詩創作

下列是描述心境，讓 ChatGPT 創作一首現代詩。

**實例 1**：您輸入「我的學生時代是在明志工專度過，這是一所半工半讀的學校，學校畢業 40 年了，我懷念當時的同學，請做一首現代詩形容我現在的心境」。

> 🌀 **回首明志**
>
> 四十年光陰如流水，
> 明志工專的歲月，
> 在記憶中漸漸清晰。
> 那是我們年輕的夢，
> 半工半讀的堅毅。

...

> 明志工專的同學們，
> 無論你們身在何方，
> 願我們的情誼，
> 依舊如初，
> 在回憶中永不褪色。

**實例 2**：您輸入「請依據上述情境創作一幅 16:9 的畫作」。

　　這幅畫展示了對明志工專學生時代的懷念場景，表達了對四十年前同學和歲月的深情回憶。

## 5-5 小說撰寫

　　筆者測試發現 ChatGPT 也會寫小說，它會創作豐富的人物塑造、緊湊的敘事節奏，和深入的主題探討。同時也融入哲學和心理學元素，讓故事層次更加豐富。

### 5-5-1　外太空旅行的冒險故事

實例 1：您輸入「請用 300 個字描述外太空旅行的冒險故事，然後以故事情節生成一幅 16:9 的圖像」。

> ⑥　**外太空旅行的冒險故事**
>
> 在不遠的未來，地球上最勇敢的探險家們組成了一支名為「星際征途」的探險隊。他們駕駛著最新研製的太空船「光速號」，踏上了一段前所未有的外太空旅行。他們的目標是探索遙遠的銀河系，尋找適合人類居住的新行星。

> …

> 這是一段充滿奇遇和驚險的外太空冒險故事，也是人類與外星文明之間友誼的見證。
>
> 我會根據這個故事為你創作一幅畫。

　　坦白說寫得真好，整個過程有科技、也有冒險。這兩幅畫展示了外太空旅行的冒險故事場景，其中包括先進的太空船「光速號」、壯麗的星雲和隕石帶、神秘的藍色星球以及人類探險家與友好的外星人互動的畫面。

## 5-5-2 老人與忠狗的故事

**實例 1**：您輸入「請用 300 個字描述老人與忠狗的故事，然後以故事情節生成一幅 16:9 的圖像」。

> ### ⊛ 老人與忠狗的故事
>
> 在一個寧靜的小村莊裡，住著一位年邁的老人和他的忠狗「阿黃」。老人名叫李伯，是村裡最德高望重的長者。阿黃是李伯多年前從街上救回來的流浪狗，自那以後，阿黃便一直陪伴在李伯左右。
>
> 每天清晨，李伯和阿黃都會一起到村後的山林裡散步。李伯喜歡在林間小道上拾取落葉，用來製作精美的手工藝品，而阿黃則會在一旁歡快地跑動，有時還會叼來一些樹枝逗李伯開心。
>
> 有一天，李伯突然在林間小道上昏倒，無法動彈。阿黃見狀，立刻飛奔回村，拼命地叫喚，吸引了村民的注意。在阿黃的引導下，村民們迅速趕到李伯所在的地方，將他送往醫院。幸運的是，李伯得到了及時的治療，最終康復了。村民們對阿黃的機智和忠誠讚不絕口，李伯更是感激不已，從此他們的羈絆更加深厚。
>
> 這段故事展示了忠狗阿黃對李伯的無私陪伴與救助，突顯了動物與人類之間深厚的情感。
>
> ↓

上述故事生動鮮明，同時注重細節與情感的描繪。圖像創作則有捕捉故事的精髓，展示了老人李伯與忠狗阿黃之間深厚情感的感人場景，以獨特的視覺藝術呈現，展現出故事情節的魅力與深度。

## 5-6 規劃與創作一部小說

人類在規劃一部著作時，可能會先有故事標題、大綱，才有故事，我們也可以依此步驟讓 ChatGPT 協助完成。

### 5-6-1　規劃故事名稱

實例 1：您輸入「我想寫一本書，內容是到北斗七星旅遊的故事，請協助構思 5 個書籍名稱」。

ⓢ　💡 記憶已更新

當然，以下是五個關於到北斗七星旅遊故事的書籍名稱：

1. 《星際奇遇：北斗七星之旅》

2. 《穿越星海：探索北斗七星的奇幻之旅》

3. 《北斗探險：星辰之路》

4. 《星際漫遊：發現北斗七星的秘密》

5. 《星空之旅：與北斗七星的邂逅》

這些名稱希望能幫助你激發靈感，讓你的書籍更具吸引力。如果你有任何具體的要求或需要進一步的幫助，隨時告訴我。

從上述我們獲得了 ChatGPT 規劃的故事名稱。

### 5-6-2　規劃章節大綱

實例 1：您輸入『感謝給我書籍名稱的靈感，我決定使用「穿越星海：探索北斗七星的奇幻之旅」當作書籍名稱，請為這個故事規劃 5 個章節標題，然後以書籍名稱生成一幅 16:9 的圖像」。

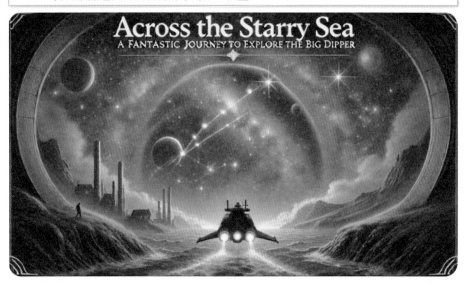

這幅畫展示了書籍《穿越星海：探索北斗七星的奇幻之旅》的封面，描繪了一艘未來感十足的飛船穿越星際之門，探索廣袤星空和北斗七星的奇景。

## 5-6-3　規劃章節內容

前一小節已經有 5 個章節了，接下來我們可以依據整本故事內容多寡，規劃每個章節的內容。例如：假設要規劃 5000 個字的小說，這時可以規劃每個章節有 1000 個字，可以參考下列實例。

**實例 1**：您輸入『請用 1000 個字描述「1. 啟程：神秘的召喚」的內容，然後依據內容生成一幅 16:9 的圖像』。

### 1. 啟程：神秘的召喚

故事開始於地球上的一個普通日子。在這個現代化的都市中，科技已經深深融入人們的日常生活，但對於大多數人來說，星空依然遙不可及。主角李華是一名年輕的天文學家，他在一所著名的大學擔任研究員，專門研究星系和宇宙的奧秘。儘管工作繁忙，他始終保持著對星空的熱愛，經常在夜晚仰望天空，尋找著未知的答案。

一天夜裡，李華正在自家的陽台上觀測星空，突然，他的望遠鏡捕捉到了一道奇異的光芒，這道光芒來自北斗七星中的天樞。這一異象引起了他的強烈興趣，並

...

　　這幅畫展示了章節「啟程：神秘的召喚」的場景，描繪了一名年輕的天文學家李華在陽台上通過望遠鏡觀測北斗七星的情景。神秘的光芒從星座中發出，預示著宇宙中的某種訊息。背景中展示了高科技飛船「光速號」正準備進行星際旅行。

## 5-6-4　為故事寫序

**實例 1**：您輸入『請為上述故事「穿越星海：探索北斗七星的奇幻之旅」寫一個 300 個字的序』。

序

在浩瀚無垠的宇宙中，星辰閃爍，無數的未知等待著勇敢者的探索。《穿越星海：探索北斗七星的奇幻之旅》是一段關於冒險、友誼和未知探索的動人故事。主角李華，一名年輕的天文學家，因一次偶然的發現，踏上了一段前所未有的星際旅程。

...

這本書不僅是一個關於探索和發現的故事，更是一曲關於人類精神、友誼和勇氣的讚歌。在這個動蕩的時代，讓我們跟隨李華和他的夥伴們，一起穿越星海，探索那片神秘而美麗的星空，尋找屬於我們的答案和未來。

願這段奇幻之旅，能激發你內心深處的夢想和勇氣，無論前路多麼未知，都能勇敢前行。

# 5-7　約會信件撰寫

## 5-7-1　沙士比亞詩句的邀約信

實例 1：您輸入「請寫一封 300 個字邀約漂亮女孩看 Mission Impossible 電影的信件，信件內容須有 Emoji 符號, 莎士比亞的詩句。」

邀約信

親愛的[女孩的名字]，

🎁 🌸 我希望這封信能為你帶來一絲微笑和驚喜。莎士比亞曾寫道：「愛是沒有疆界的，它跨越時間和空間。」🕊 在這個忙碌的世界裡，我們常常被生活的壓力所掩蓋，但有時候，簡單的快樂能讓我們重新找回生活的美好。

這週末，我想邀請你一起去看《不可能的任務》新電影 🎬。我知道你也是這系列電影的粉絲，湯姆·克魯斯的驚險動作和精彩的劇情總是讓人屏息期待。我們可以享受爆米花的美味，並在大銀幕前一起感受心跳加速的刺激時刻。

電影結束後，我們還可以去附近的咖啡館喝杯咖啡 ☕ ，聊聊電影，分享彼此的感受。希望這個提議能讓你心動 💜 。

期待你的回覆，無論你的答案是什麼，我都會很高興。讓我們一起創造一些美好的回憶吧 🌸 。

祝你每天都充滿陽光和歡笑 ☀ 😊 。

最真誠的，
[你的名字]

這封邀約信充滿浪漫與激情，邀請一位女士共享《不可能的任務》電影之夜。融合莎士比亞詩句與 Emoji，信中表達了對美好時光的期待，並傳達了一場充滿驚喜與歡笑的夜晚的邀請，當然讀者也可以要求信中增加七言絕句或是新詩。

**實例 2**：您輸入「請用 16:9 的圖像，生成一張邀約看 Mission Impossible 電影的邀請函，請思考電影畫面當背景，同時有一朵花」

## 5-7-2　邀約信 – 共同的冒險

**實例 1**：您輸入「請寫一首新詩，此新詩的意境是邀約漂亮女孩看 Mission Impossible」。

> ⑤  **共同的冒險**
>
> 在這繁忙的都市,
> 燈火璀璨如星,
> 我想邀你,共度一段驚險的旅程,
> 在大銀幕前,與湯姆·克魯斯一同奔馳。
>
> 《不可能的任務》,
> 動作和驚喜交織,

...

> 這一刻,我只想說,
> 與你一起,任何不可能的任務,
> 都會變得可能。
>
> 希望這首詩能夠傳達你對這次邀約的感受。

**實例 2**:您輸入「請依照共同的冒險新詩內容,生成 16:9 的圖像」。

### 5-7-3　用一首五言 ( 七言 ) 絕句取代一封信

**實例 1**：下方左圖是，您輸入「請寫一首七言絕句，此詩的意境是邀約漂亮女孩看電影」。

⑤ **電影之邀**

燈影閃爍映雙眸，
銀幕情深夢中留。
願與佳人共此夜，
笑聲輕拂星空游。

⑤ **影院之邀**

夜幕映雙眸，
銀屏夢境留。
願邀佳人共，
笑語伴星遊。

**實例 2**：上方右圖是，您輸入「請寫一首五言絕句，此詩的意境是邀約漂亮女孩看電影」。

## 5-8　交友顧問

ChatGPT 也可以作為你的交友顧問，提供以下幫助：

- **撰寫吸引人的個人介紹**：幫助你撰寫一個有趣且真實的個人簡介，吸引潛在的朋友或伴侶。
- **聊天技巧**：提供開場白和對話技巧，幫助你在聊天中保持有趣和自信。
- **約會建議**：提供約會的活動建議和禮儀，幫助你準備和度過一個愉快的約會。
- **處理問題**：解答你在交友過程中遇到的困難或疑問，提供實用的建議。

例如：讀者可以使用下列題詞，讓 ChatGPT 協助你：

- 實例 1：輸入「群體生活，如何展現魅力，獲得別人的好感」。
- 實例 2：輸入「如何知道她對自己有好感」。
- 實例 3：輸入「如何邀請她第一次約會」。
- 實例 4：輸入「第一次約會應該注意事項」。
- 實例 5：輸入「請協助約會地點的行程安排」。
- 實例 6：輸入「約會結束後，送一首七言絕句給女友」。

# 第 6 章
# 未來教育新趨勢 - ChatGPT 如何改變學習方式

ChatGPT 的興起，也帶給全球教育界的正反論述，這一章重點是應該如何用此 AI 工具，讓老師獲得更好的教學成效，學生可以有效率的愛上學習。

ChatGPT 於教育領域中能夠提供個性化學習支持，根據學生的需求和學習進度調整教學內容。它可即時解答學生的疑問，幫助他們克服學習障礙。此外，作為語言學習工具，它能提供即時對話練習，增進語言能力。ChatGPT 還能激發學生的創意思維和解決問題的能力，並可作為教師的輔助工具，提供教學資源和策略，從而提高教學質量和學習效率。

## 6-1　ChatGPT 在教育的應用

ChatGPT 可以在教育領域中發揮多種作用：

- 輔助教學：ChatGPT 可以作為教師的輔助工具，提供關於特定主題的詳細資訊，解釋複雜的概念，或提供不同學科的學習資源。

- 差異化學習：它可以根據學生的學習進度和興趣定制教學內容，幫助他們以自己的節奏學習。

- 語言學習：對於學習新語言的學生，ChatGPT 可以作為練習對話的工具，幫助他們提高語言技能。

- 作業輔導和解答疑問：學生可以使用 ChatGPT 來幫助解決作業問題，或者對學習中遇到的疑難問題進行詢問。

- 撰寫和編輯輔助：它可以幫助學生改進他們的寫作技能，提供文法和結構上的建議。

- 創意思維和解決問題：ChatGPT 可以激發創意思維，提供不同的觀點和解決問題的方法。

- 評估和反饋：教師可以使用 ChatGPT 來創建和評估練習題，並提供即時反饋。

- 促進互動學習：它可以促進學生之間的討論和合作學習，特別是在線上學習環境中。

總之，ChatGPT 在教育領域提供了多種可能性，從直接的學習支持到促進創意和批判性思維，都有助於豐富和增強學習體驗。然而，需要注意的是，它應該被視為一種輔助工具，而不是教育過程中的唯一資源。

## 6-2　學生應用 ChatGPT

　　學生應用 ChatGPT，最大的特色是可以獲得即時的答案。不過筆者測試，如果碰上複雜的問題，還是需要檢查，因為 ChatGPT 仍會出錯。下列是學生可以應用的領域：

- 當作百科全書：我們可以隨時請教 ChatGPT 獲得知識。
- 作文大綱：一篇作文題目，可以讓 ChatGPT 告知重點。
- 更改文章內容：我們也可以將所寫的文章讓 ChatGPT 批閱與修改。
- 撰寫報告：直接告知主題，讓 ChatGPT 代勞撰寫。
- 摘要文件：給予大量資料，讓 ChatGPT 撰寫摘要。
- 撰寫讀書心得：直接給予內容，讓 ChatGPT 撰寫讀書心得。
- 請求學習建議：各類知識的學習建議，皆可以請教 ChatGPT。

### 6-2-1　ChatGPT 其實是一個百科全書

**實例 1**：您輸入『**請用** 100 個字描述「諾貝爾獎的緣由」』。

> 諾貝爾獎由瑞典化學家阿爾弗雷德·諾貝爾創立。諾貝爾在他1895年的遺囑中指示將其財產設立基金，用於獎勵在物理、化學、生理或醫學、文學及和平領域做出傑出貢獻的人士。這一決定源於他對科學、文學和和平事業的熱愛，希望鼓勵人類進步和世界和平。

　　下列是讀者可以練習的題詞：

**實例 2**：您輸入『請用 300 個字介紹「中國歷史的春秋戰國時代」』

實例 3：您輸入『請用 300 個字介紹「美國南北戰爭的緣由」』。

實例 4：您輸入『請用 300 個字介紹「奧林匹克運動會的緣由」』。

實例 5：您輸入『請用 300 個字介紹「如何申請美國著名大學」』。

### 6-2-2　作文大綱或內容撰寫

　　學生寫作文的學習目的多元且重要，主要包括：

1. 提高語言能力：透過寫作，學生能夠練習和掌握語言結構、詞彙和語法，有助於提高書面表達能力。

2. 培養思考能力：寫作文要求學生思考主題、組織思路並表達觀點，有助於培養邏輯思考和批判性思維能力。

3. 增強溝通技巧：學生透過寫作文學習如何清晰、有條理地表達自己的想法和感受，有助於增強未來人際溝通的能力。

4. 促進創造力發展：透過寫敘事、描寫、想像等不同類型的作文，學生可以展現自己的創造力和想像力。

5. 認識自我和社會：寫作文能讓學生反思自我、觀察社會，培養自主學習和社會責任感。

6. 加強學科整合：寫作文常涉及多學科知識，有助於學生整合不同學科的知識和技能，促進全面發展。

總而言之，寫作文不僅是語言學習的重要手段，也是培養學生綜合素養的有效途徑。有一年大學指考作文是「在人際互動中找到自己」，筆者讓 ChatGPT 寫出大綱建議，這是非常好的大綱建議，已經不輸給高中國文老師了。

**實例 1**：您輸入『請協助作文題目「在人際互動中找到自己」的大綱』。

---

⑨　**作文題目：「在人際互動中找到自己」大綱**

**一、引言**

1. **開場引言**：簡述現代社會中的人際互動對個人成長的重要性。

2. **論點陳述**：在與他人交往的過程中，我們可以發現和了解自己的真正特質和價值。

**二、自我探索的開始**

1. **早期階段**：描述個人在家庭、學校等環境中的早期人際互動經歷。

…

---

2. **自我反思與成長**：通過持續的自我反思，逐漸形成穩定的自我認同。

- **例子**：定期進行自我評估和目標設定，追求自我實現。

**六、結論**

1. **總結論點**：在人際互動中，我們不僅能夠認識他人，還能夠更深刻地了解和認識自己。

2. **展望未來**：展望未來，強調在人際互動中持續成長和自我發現的重要性，鼓勵不斷探索和完善自我。

---

**實例 2：**您輸入『請寫一篇 600 個字「在人際互動中找到自己」的作文』。

> ⑤ **在人際互動中找到自己**
>
> 在現代社會中，人際互動無處不在。無論是在家庭、學校，還是在職場，人際關係都扮演著舉足輕重的角色。正是在這些互動中，我們逐漸發現、了解並完善自我，找到真正的自己。
>
> **自我探索的開始**
>
> 自我探索通常從早期的人際互動開始。家庭是我們最初的社會環境，父母、兄弟姐妹的互動對我們的性格和價值觀有深遠的影響。在家庭中，我們學會了基本的

...

> 估，設立目標並追求自我實現。這樣，我們才能在不斷變化的環境中保持自我，並不斷完善自我。
>
> **結論**
>
> 在人際互動中，我們不僅能夠認識他人，更能深刻地了解和認識自己。這些互動為我們提供了寶貴的經驗和反思機會，使我們能夠在挑戰中成長，在合作中發現自我。無論是早期的家庭影響，還是後來的朋友、同儕和職場互動，都在我們的成長過程中扮演著不可或缺的角色。通過這些人際互動，我們最終能夠找到真正的自己，並在生活中實現自我價值。

上述 ChatGPT 所寫的文章深入探討了人際互動對自我認知的影響。它透過具體實例和深刻洞察，生動地描繪了如何在不同關係中發現自我。文章語言流暢，觀點明晰，有效地傳達了人際交往對個人成長的重要性。

## 6-2-3 報告與大綱的撰寫

學生階段通常需要繳交的報告包括以下幾種：

- 研究報告：這是最常見的報告類型，要求學生就某個特定主題進行研究，並撰寫關於他們發現的報告。

- 實驗報告：在科學和工程課程中，學生可能需要撰寫實驗報告，描述他們進行的實驗、方法、結果和結論。

- 書面作業：這是一種普遍的報告，通常要求學生就某個主題或問題進行分析和討論。

- 案例研究報告：在商業和法律課程中，學生可能需要分析特定的案例研究並撰寫報告。

- 檢討報告：這類報告要求學生檢討他們的學習經驗、實習或特定活動。

每種報告都有其特定的格式和要求，學生需要根據課程要求和老師的指示來撰寫，這些都可以請 ChatGPT 協助。

**實例 1**：您輸入『我想寫一篇「AI 的未來」請給大綱建議』。

---

⊛　**報告題目：「AI的未來」大綱**

**一、引言**

1. **開場引言**：簡述人工智能（AI）的定義及其在現代社會中的重要性和影響。

2. **研究目的**：介紹報告的主要目標，即探討AI未來的發展趨勢、技術突破、應用前景以及面臨的挑戰。

3. **論點概述**：概述報告的主要論點，包括技術進步、行業影響、倫理和社會挑戰等。

**二、AI的現狀與技術基礎**

…

**六、結論與展望**

1. **總結論點**：重申AI未來的潛力和影響，強調技術進步帶來的機遇和挑戰。

2. **未來展望**：展望AI技術和應用的未來發展方向，呼籲負責任的AI開發和使用。

3. **建議與對策**：提出針對AI技術發展和應用的建議和對策，以促進AI的健康和可持續發展。

---

讀者可以針對大綱，請求 ChatGPT 撰寫報告內容，下列是 ChatGPT 所寫「引言」的內容實例。

**實例 2**：您輸入『請撰寫「AI 的未來」報告的「引言」』。

> ⑨ 引言
>
> 隨著科技的迅猛發展，人工智能（AI）已成為現代社會中不可或缺的一部分。從智能手機中的語音助手，到醫療領域的疾病診斷系統，AI技術正以前所未有的速度改變著我們的生活方式和工作模式。這些技術不僅提高了效率，還開創了許多新的可能性。然而，隨著AI應用的日益廣泛，其未來發展也引發了廣泛的關注和討論。

...

> 提出如何應對這些挑戰的建議和對策。
>
> 通過本報告，我們希望能夠提供對AI未來發展的全面認識，幫助讀者理解這一技術革命帶來的機遇與挑戰，並促進AI技術的負責任開發和應用，實現其潛力，造福全人類。

讀者可以繼續讓 ChatGPT 協助寫其他大綱內容，就可以成為一篇完整的報告。或是讀者可能會碰上的場合：

● 演講稿撰寫：讓 ChatGPT 完成演講內容撰寫。

● 辯論比賽：讓 ChatGPT 完成正反方的主要論述，同時模擬對方提問與因應之道。

## 6-3 論文摘要

ChatGPT 提供摘要論文的幾個優點包括：

● 時間節省：ChatGPT 能快速提供論文的核心內容，幫助使用者節省閱讀和理解全文所需的時間。

● 易於理解：它將複雜的學術內容轉化為更易於理解的語言，使非專業讀者也能快速掌握要點。

● 關鍵訊息快速掌握：專注於提煉論文的關鍵觀點和結論，幫助使用者快速了解論文的核心。

● 多語言支持：能夠以多種語言提供摘要，滿足不同語言使用者的需求。

● 靈活性：根據用戶的具體需求，可以調整摘要的長度和深度。

這些優點使 ChatGPT 成為一個有效的工具，幫助用戶快速獲取和理解論文內容。

## 6-3-1　複製論文撰寫摘要

ChatGPT 可以連網路摘要文章，可以參考實例 1。

有時候碰上著作權法問題，ChatGPT 無法翻譯網路上文章，我們也可以用最傳統方式，將文章複製到 ChatGPT 輸入框，然後請求翻譯或是摘要文章。

AI 時代，AI 音樂也是一個重要的主題，Google 公司雖未有商業化的產品，但是也沒有在此領域缺席，Google 公司有發表一篇 MusicLM:Generating Music From Text(MusicLM：用文字產生音樂 )。

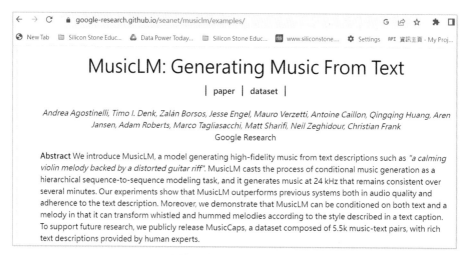

上述內容取材自下列網址
https://google-research.github.io/seanet/musiclm/examples/

**實例 1**：您輸入「請幫我閱讀下列網路文章，然後寫中文摘要

https://google-research.github.io/seanet/musiclm/examples/」。

> 已搜尋 1 個網站
>
> Google Research的MusicLM是一個能夠從文本描述生成高保真音樂的模型。該模型將條件音樂生成視為一種層次序列到序列的建模任務，生成的音樂在24 kHz的音質下可以持續幾分鐘。MusicLM在音質和對文本描述的遵從性上超越了先前的系統，並能根據文本描述轉化哼唱或口哨旋律。為支持未來研究，MusicLM公開了一個包含5,500個音樂文本對的數據集MusicCaps。
>
> 更多詳情和示例請參閱MusicLM頁面。

## 6-3-2　摘要著名網址論文

有些著名論文存放在網站，我們也可以直接摘要，ChatGPT 會啟動搜尋，然後將摘要結果回傳。

**實例 1**：您輸入「請摘要 MusicLM 文章」，由於 MusicLM 已經是網路上著名文章，可以得到下列結果。

> ⑤　MusicLM是由Google Research開發的一個基於文本描述生成高保真音樂的模型。它將音樂生成視為層次序列到序列的建模任務，可以生成長達幾分鐘的24 kHz高質量音樂。該模型在音質和文本描述的準確性上超越了先前的系統，還能將哼唱或口哨旋律轉化為音樂。MusicLM還公開了一個包含5,500個音樂文本對的數據集MusicCaps，支持未來研究。詳情和示例請參見MusicLM頁面。

由於 MusicLM 是英文，我們可能得到 ChatGPT 用英文回應，這時可以要求用繁體中文回應即可。

## 6-3-3　世界名著摘要

世界名著已經輸入 ChatGPT，被訓練成為 ChatGPT 資料庫的一部分了，所以我們可以依照自己的需求，摘要所需要長度或是深度的內容。

**實例 1**：您輸入『請用 150 個字摘要中國文學「紅樓夢」』。

> ⑤　《紅樓夢》是中國古典文學四大名著之一，由清代作家曹雪芹創作，講述了貴族家族賈家的興衰故事。小說通過賈寶玉、林黛玉、薛寶釵三人的愛情糾葛，展現了封建社會的矛盾和腐敗。全書人物眾多，情節曲折，語言細膩，被譽為中國古典小說的巔峰之作。《紅樓夢》不僅是一部愛情悲劇，還是一部深刻的社會風俗畫卷，反映了封建貴族家庭的興衰。

讀者可以自行練習下列實例：

**實例 2**：您輸入『請用 300 個字摘要「咆哮山莊」』。

**實例 3**：您輸入『請用 300 個字摘要「老人與海」』。

**實例 4**：您輸入『請用 300 個字摘要「戰爭與和平」』。

**實例 5**：您輸入『請用 300 個字摘要「唐吉訶德」』。

# 6-4 留學考試

TOEFL( 托福 ) 或 IELTS( 雅思 ) 是當今留學，最重要的英文能力評測工具，這一節將以 TOEFL 為基礎做敘述，讀者可以將 TOEFL 改為 IELTS 詢問 ChatGPT 即可。

## 6-4-1　TOEFL/IELTS/GRE 單字

我們可以讓 ChatGPT 列出留學考試常見的英文單字。

**實例 1**：您輸入「請列出 TOEFL 考試最常出現的 100 個英文單字，請同時右邊有中文註解」。

> 當然，以下是TOEFL考試中最常出現的100個英文單字及其中文註解：
>
> 1. Abandon - 放棄
> 2. Abundant - 豐富的
> 3. Access - 進入
>
> ...

當然，讀者也可以將上述 TOEFL 改為 IELTS 或 GRE，就可以獲得 IELTS 常見的單字。也可以將 100 改為更多，就可以讓 ChatGPT 列出更多單字。

## 6-4-2　TOEFL/IELTS 英文聽力句型

**實例 1**：您輸入「請列出 10 題 TOEFL 常考的，英文聽力句型，每一句下方要有中文解釋」。

> 當然，以下是10題TOEFL常考的英文聽力句型，每句下方有中文解釋：
>
> 1. Could you please clarify what you mean by that?
>    - 你能澄清一下你的意思嗎？
> 2. What is the main idea of the lecture?
>    - 這個講座的主要內容是什麼？
>
> ...

上述句型非常貼切正式考題，以及未來留學可能出現的情境，同樣讀者可以將 TOEFL 改為 IELTS。

### 6-4-3 TOEFL/IELTS 的作文

IETLS 作文分數是 1 ~ 9 分之間，我們可以用聊天方式問 IETLS( 或 TOEFL) 可能的作文題目，假設 IETLS 的作文題目如下：

Do you agree or disagree with the following statement? It is better for children to grow up in the countryside than in a big city. Use specific reasons and examples to support your answer.

( 您是否同意以下觀點？孩子在鄉村成長比在大城市成長更好。請用具體理由和例子支持您的答案。)

如果我們想利用 ChatGPT 當作補習班老師，輔導我們作文得高分，每次皆在輸入框設定學習條件，會比較麻煩。不過 ChatGPT Turbo/Omni 上市後，最重要的功能之一就是設計個人專屬機器人 GPT，未來 14-2 節筆者會用實例介紹這個部份。

## 6-5 ChatGPT 輔助應徵工作

每一位學生畢業後，進入職場是必然的，這一節將探討用 ChatGPT 輔助應徵工作，可以分成以下幾個步驟：

- 明確目標職位和行業：首先明確您想要應徵的職位類型和行業，ChatGPT 可以協助您理解特定職位的要求，從而更好地定位您的履歷。

- 收集、組織與分析過往的經歷：利用 ChatGPT 整理過往工作經驗、教育背景、技能和成就等訊息。您可以向 ChatGPT 詢問如何有效地展示這些訊息以匹配職位要求。

- 撰寫和優化履歷內容：請求 ChatGPT 提供撰寫各部分履歷的建議，如個人簡介、工作經歷描述、教育經歷等。ChatGPT 可以幫助您用專業和吸引人的語言來表達這些訊息。

- 針對性強化：根據目標職位的特定要求，ChatGPT 可以協助您強化履歷中的某些部分。例如，如果應聘技術職位，可以加強技術技能和相關項目經驗的描述。

● 模擬面試問答：在準備履歷的同時，可以使用 ChatGPT 來模擬面試中可能出現的問題，幫助您準備如何根據履歷內容回答面試問題。

## 6-5-1　認識目標職業和行業

本節將舉 2 個目標職業，讓 ChatGPT 分析這些職業所需技能，從分析結果我們可以確知，ChatGPT 的確可以讓我們認識目標職業所需的知識。

**實例 1**：您輸入「請說明網頁前端工程師所需要的知識背景」。

> 網頁前端工程師需要具備以下知識背景：
>
> 1. **HTML**：掌握HTML標籤、結構和語義化，構建網頁的基本結構。
> 2. **CSS**：熟悉CSS樣式、佈局模型、Flexbox和Grid，設計美觀的頁面。
> 3. **JavaScript**：精通JavaScript語法、DOM操作、事件處理和AJAX，實現動態交互。
> 4. **前端框架和庫**：如React、Vue或Angular，提高開發效率和代碼組織。
> 5. **版本控制系統**：如Git，進行代碼管理和團隊協作。
> 6. **響應式設計**：使用媒體查詢和自適應技術，確保頁面在不同設備上的兼容性。
> 7. **瀏覽器兼容性**：了解不同瀏覽器的差異，進行兼容性測試和優化。
> 8. **工具和工作流程**：如Webpack、Babel、npm，提升開發和部署效率。
>
> 具備上述知識背景有助於成為一名合格的前端工程師。

**實例 2**：您輸入「請說明行銷人員需要的知識背景」。

> 行銷人員需要具備以下知識背景：
>
> 1. **市場調查與分析**：了解市場趨勢、競爭對手和目標客戶，進行市場調查和數據分析。

…

> 9. **創意思維**：具備創意思維，能夠設計創新行銷方案，吸引目標受眾。
>
> 具備這些知識背景有助於行銷人員在競爭激烈的市場中脫穎而出，推動企業成功。

　　上述內容全面而精簡地概述了行銷人員所需的核心知識和技能，從市場研究、策略規劃到數位行銷和品牌管理，涵蓋了行銷領域的關鍵方面。同時，也強調了社交媒體管理、廣告推廣、溝通談判以及客戶關係管理的重要性，並提到了創新思維和項目管理能力的必要性。這些知識點不僅幫助行銷人員適應當前市場，也為未來的變化做好準備。

## 6-5-2　收集、組織與分析過往的經歷

　　建議可以將個人過往的經歷告訴 ChatGPT，讓 ChatGPT 分析與組織這些歷練。

**實例 1**：您輸入「我 TOEFL 有考 96 分，目前有 Silicon Stone Education 的攝影國際證照，做過 2 年國內業務，負責 20 個業務點，懂陌生開發，了解 SEO 知識，懂 Excel、Photoshop、Canvas，我想應徵行銷人員，請給我在履歷撰寫方面的建議」。

　　　📋 記憶已更新

### 履歷撰寫建議

**基本信息**

- **姓名、聯絡方式**
- **TOEFL成績**：突出你的英語能力，特別是TOEFL 96分。
- **攝影國際證照**：Silicon Stone Education的攝影國際證照。

…

### 重點提示

- **量化成果**：在描述工作經歷時，用具體數字展示你的成就，如提高了多少業績、新增了多少客戶。
- **突出相關經驗**：強調你在SEO和數位行銷方面的知識，以及Excel和Photoshop等工具的使用經驗。
- **簡潔明瞭**：保持履歷結構清晰，重點突出，避免冗長。

　　從 ChatGPT 回應履歷撰寫建議，可以看到專注於突出個人多元技能、行銷經驗、技術能力，並強調教育背景和專業證照，格式整潔，確保履歷針對性強且易於閱讀。

### 6-5-3　協助撰寫履歷表

每一位學生畢業後，撰寫履歷表進入職場，撰寫履歷表是必經歷程，我們可以借助 ChatGPT 完成履歷撰寫。如果無法給予完整的學經歷，ChatGPT 只能依據大眾化格式產生履歷，為了要有一個符合自己特色的履歷，建議給予完整的資料，下列是實例：

**實例 1**：您輸入「我的其他資訊如下，請協助我撰寫應徵行銷工作的履歷

姓名：洪星宇

學歷：明志科技大學經營管理系 , University of Mississippi MBA」。

---

記憶已更新

**洪星宇的行銷工作應徵履歷**

**聯絡資訊**

- **姓名**：洪星宇
- **電話**：你的電話號碼
- **電子郵件**：你的電子郵箱

---

**職業目標**

希望在行銷領域發展，運用已有的技能和經驗，推動企業成功，提升品牌影響

…

---

**專業技能與成就**

- **市場調查與分析**：在職期間進行了多次市場調查，分析競爭對手和目標客戶，並成功應用於業務策略中。
- **品牌管理**：參與公司品牌管理項目，提升品牌知名度和美譽度。
- **數據驅動決策**：利用Excel進行數據分析，為業務決策提供支持。

---

**總結**

具備豐富的業務開發和行銷經驗，熟悉數位行銷和SEO策略，擁有優秀的英語能力和多種技術技能。期待在貴公司發揮所長，推動行銷活動的成功。

ChatGPT 寫的這份履歷清晰突出了教育背景、豐富的業務經驗和相關技能,並有效展示了專業成就和多元能力,適合行銷職位申請。

## 6-5-4 針對性強化

儘管 ChatGPT 協助我們撰寫履歷,但是我們也必須坦白面對自己的弱項,所以可以將所應徵的職位告知 ChatGPT,同時讓 ChatGPT 分析弱項與指出需要加強的部分。

**實例 1**:您輸入「我應徵的這份工作是國際級企業的行銷,有跨國業務的可能,針對我的履歷請指出缺點和說明我要加強的部分」。

> 針對國際級企業的行銷工作申請,以下是你的履歷的幾個缺點和需要加強的部分:
>
> **缺點**
>
> 1. **跨國經驗的描述不足:**
>
>    - 目前的履歷沒有強調你在跨國業務或國際合作方面的經驗。這對於應徵有跨國業務可能性的國際級企業非常重要。
>
> 2. **專案成果的具體性:**

…

> **加強部分**
>
> 1. **強調跨國經驗:**
>
>    - 如果你曾參與過任何國際項目或與外國客戶合作,請詳細描述這些經驗,強調你在國際市場中的適應能力和成功案例。
>
> 2. **增加具體數據和細節:**

…

> **專業技能與成就**
>
> - **市場調查與分析**：在職期間進行了多次市場調查，分析競爭對手和目標客戶，並成功應用於業務策略中。
> - **品牌管理**：參與公司品牌管理項目，提升品牌知名度和美譽度。
> - **數據驅動決策**：利用Excel進行數據分析，為業務決策提供支持。
> - **國際合作**：成功與多個國際客戶建立合作，提升國際市場業績20%。
>
> 這些改進將使你的履歷更具吸引力，展示你在行銷領域的全面能力和國際經驗。

　　上述 ChatGPT 對於加強國際經驗和跨文化溝通的描述，凸顯領導能力和具體業績，使履歷更適合國際行銷職位，顯示適應跨國業務的潛力。我們看到了 ChatGPT 不僅指出履歷的弱點，同時也列出改進方式，這對讀者應徵工作時非常有幫助。

## 6-5-5　請告知我可能會被考的問題與給我解答

**實例 1**：您輸入「請告知我應徵國際級企業的行銷，可能會被考的問題，同時給我解答建議」。

> 當你應徵國際級企業的行銷職位時，可能會被考的問題包括以下幾個方面。以下是一些常見問題及解答建議：
>
> **問題1：請介紹一下你自己。**
>
> 建議回答：
>
> - 簡要介紹你的教育背景（明志科技大學經營管理系學士、University of Mississippi MBA）。
> - 提及你的工作經歷（2年國內業務經驗，負責20個業務點，懂陌生開發）。
> - 強調你的技能（SEO知識、數位行銷、Excel、Photoshop、Canvas）。
> - 說明你為什麼對該職位感興趣，以及你能為公司帶來什麼價值。
>
> **問題2：你曾經如何成功推動某個行銷活動？**

...

問題6：你如何運用數據分析來提升行銷效果？

建議回答：

- 描述你使用數據分析的經驗和工具（如Excel）。

- 解釋你如何從數據中獲取洞察並制定策略。

- 提供具體案例展示數據分析帶來的成果。

- 強調數據驅動決策的好處。

這些問題和建議回答將幫助你在應徵國際級企業的行銷職位時表現得更加自信和專業。記得在面試中突出你的國際視野和多元文化適應能力。

## 6-5-6 職場面試應該注意事項

**實例 1**：您輸入「請告訴我職場面試應該注意的事項」。

在職場面試中，應該注意以下幾個事項：

### 面試前

1. 準備工作：

- 研究公司背景、產品和文化。

- 熟悉應徵職位的職責和要求。

- 準備好可能被問到的問題及答案。

2. 材料準備：

…

**面試中**

3. 儀表和舉止：

- 穿著得體，顯得專業。
- 保持良好的姿態和眼神接觸。
- 有禮貌地打招呼和道別。

4. 回答問題：

- 回答問題時，保持簡潔明瞭。

...

**面試後**

6. 跟進：

- 面試後發送感謝信，表達對面試機會的感激。
- 簡要重申對該職位的興趣和自己的優勢。

...

**其他**

8. 時間管理：

- 準時到達面試地點，給人留下守時的印象。

透過準備和注意這些細節，你能夠在面試中表現出最佳狀態，增加成功的機會。

ChatGPT 對職場面試的建議非常全面，涵蓋了面試前的準備、面試中的注意事項以及面試後的跟進。回應清晰、實用，強調了儀表、禮貌、自信和誠實，並提供了具體的行動步驟，有助於應聘者提升面試表現。

## 6-6 教學應用 ChatGPT

教師可以用多種方式應用 ChatGPT 來豐富教學過程和提高教學效果：

- 輔助教學內容準備：使用 ChatGPT 來生成或獲取有關課程主題的訊息、實例和問題，豐富教學內容。

- 作業和評估輔助：利用 ChatGPT 協助設計作業題目、實驗和項目，甚至可以用來創建和評改練習題。

- 語言學習工具：在教授外語時，用 ChatGPT 進行對話練習，提高學生的語言理解和表達能力，ChapGPT App 有提供語音輸入功能。

- 啟發批判性思維：透過 ChatGPT 提出的問題和討論，激發學生的批判性思維和創造性思考。

- 個性化學習體驗：根據學生的個別需求和學習速度，使用 ChatGPT 提供個性化的學習建議和輔導。

- 課後輔導和資源：為學生提供 ChatGPT 為輔助工具，幫助他們在課後解答疑問和進行自我學習。

- 教學法創新：探索利用 ChatGPT 進行互動式學習、遊戲化學習等新型教學方法。

- 專業發展：教師自己也可以利用 ChatGPT 進行專業知識的更新和擴展。

總之，ChatGPT 可以作為一種強大的工具，幫助教師提升教學質量和效率，同時為學生提供更豐富、更互動的學習體驗。

## 6-6-1　準備教學內容

實例 1：您輸入「請準備 3 頁網路行銷的教學大綱」。

網路行銷教學大綱

第一頁：網路行銷概述與基本概念

一、網路行銷的定義

- 什麼是網路行銷？
- 網路行銷與傳統行銷的區別。

二、網路行銷的重要性

...

---

**第二頁：網路行銷工具與技術**

**一、SEO（搜索引擎優化）**

- 關鍵詞研究與選擇

- 站內優化與站外優化

- 內容創建與優化

- 反向鏈接策略

**二、SEM（搜索引擎行銷）**

...

---

**第三頁：網路行銷數據分析與未來趨勢**

**一、數據分析在網路行銷中的作用**

- 數據收集與處理

- 主要分析工具（Google Analytics, SEMrush等）

- 關鍵績效指標（KPI）的設定與分析

**二、數據驅動行銷決策**

...

---

## 6-6-2　準備問卷調查

**實例 1**：您輸入『請準備「網路行銷」的問卷，共 5 題，以了解學生接收的程度』。

---

🌀　**網路行銷問卷**

**問卷目標**

瞭解學生對網路行銷課程內容的理解和接收程度。

**問題1**

您對網路行銷的基本概念（如SEO、SEM、社交媒體行銷等）了解程度如何？

- A. 非常了解

- B. 了解一些

- C. 了解很少

- D. 完全不了解

---

...

> **問題5**
>
> 您對數據分析在網路行銷中的作用和主要分析工具（如Google Analytics）的使用程度如何？
>
> - A. 非常熟練
> - B. 有一些經驗
> - C. 經驗不足
> - D. 完全沒有經驗

ChatGPT 的回應清晰地列出了網路行銷教學問卷，涵蓋了基本概念、工具技術、數據分析和未來趨勢等重要內容。問卷設計合理，能夠有效評估學生對課程內容的掌握程度。回應內容結構清晰，實用性強，對於教學設計和學生評估提供了具體且實用的建議。

## 6-6-3 協助準備附有解答的考題

**實例 1**：您輸入『請協助出 3 題是非題，3 題選擇題，請同時附上解答，了解學生對於「網路行銷」的學習狀況』。

> ⑤ **是非題**
>
> 1. **SEO（搜索引擎優化）主要目的是提高網站在搜索引擎結果中的排名。**
>
>    - 是 (正確)
>    - 否
>
> 2. **SEM（搜索引擎行銷）只包括付費廣告，不涉及免費的搜索引擎優化。**

...

選擇題

1. 以下哪一項是SEO的核心策略之一？

- A. 投放Google Ads廣告
- B. 關鍵詞研究與選擇 (正確)
- C. 發送電子郵件
- D. 創建社交媒體帳戶

2. 在SEM中，哪一個工具最常用於管理和投放廣告？

…

3. 哪一項不是社交媒體行銷的主要目標？

- A. 提升品牌知名度
- B. 增加網站流量
- C. 提高搜索引擎排名 (正確)
- D. 促進產品銷售

　　上述筆者要 ChatGPT 各出 3 題是非題與選擇題，這些題目精準涵蓋了網路行銷的核心概念，既有基礎知識的測試，也有實際應用的考察。同時題目設計合理，適合評估學生對網路行銷知識的掌握程度。教師應用時，可以多出一些題目。

## 6-6-4　ChatGPT 啟發你的思維

　　我們在思考問題時，是會有局限性的，不斷的與 ChatGPT 聊天可以擴充我們的思維。ChatGPT 可以透過多種方式啟發和加強批判性思維：

- 提供不同觀點：ChatGPT 可以提出或解釋某一問題的多種觀點或立場，幫助用戶從不同角度思考，激發深入討論和思考。

- 挑戰現有想法：透過提問或提出反對意見，ChatGPT 可以挑戰用戶的先入為主的觀念，促使他們重新評估和分析自己的立場。

- 引導批判性問題：ChatGPT 可以引導用戶提出批判性問題，例如詢問證據的來源、質疑邏輯假設或探討不同情境下的後果。

- 模擬複雜情景：透過創建複雜的假設性情景，ChatGPT 可以讓用戶進行批判性分析，考慮多方面的因素和可能的結果。

- 提供資源和訊息：當用戶尋求關於特定主題的資訊時，ChatGPT 可以提供多元的資源，鼓勵用戶進行深入研究和獨立思考。

- 分析和評估論據：ChatGPT 可以幫助分析論據的結構，指出其中的邏輯漏洞或弱點，促進用戶對證據有效性的理解。

- 反思和自省：透過問答，ChatGPT 可以引導用戶反思自己的想法和假設，增進自我認識和批判性自省。

❑ 案例 1 – 程式設計

- 筆者問題：筆者可能是台灣第一個撰寫 HTML 設計網頁的作者，熟悉 HTML、CSS 和 JavaScript 執行網頁設計，可是網頁前端工程師真的只要學會用這些工具嗎？

- ChatGPT：6-5-1 節實例 1，詢問 ChatGPT 所得到的答案，同時列出了 React、Angular、Vue.js 等流行的前端框架，這些都是最新但是筆者不熟悉的工具。

坦白說，ChatGPT 真的擴充了筆者的思維。甚至筆者也熟悉程式設計，但是筆者也發現，ChatGPT 設計程式所用的邏輯，常常是超乎意料，而 ChatGPT 代表的就是矽谷頂尖工程師的思維。

❑ 案例 2 - 全球暖化主題

- 用戶問題：「全球暖化真的是由人類活動造成的嗎？」

- ChatGPT：關於全球暖化的原因，科學共識認為人類活動，特別是溫室氣體的排放，是主要原因之一。但要全面理解這個問題，我們需要考慮自然因素和人為因素的相互作用。你認為目前哪些人類活動對全球暖化的影響最大？

客觀評論：ChatGPT 回應首先確認了一個廣泛接受的科學觀點，然後引導用戶進一步思考和討論，而不是僅僅接受這一觀點。這樣的回應鼓勵用戶探索更深層次的問題，如人類活動的具體影響，並促使他們進行獨立思考。

- 用戶跟進問題：那麼，減少溫室氣體排放真的能有效減緩全球暖化嗎？

- ChatGPT：減少溫室氣體排放被認為是減緩全球暖化的重要手段之一。但同時，

也有必要考慮其他因素，比如能源效率、再生能源的利用，以及適應氣候變化的策略。你認為除了減排之外，還有哪些方法可以對抗全球暖化？

客觀評論：這個回應再次提供了訊息的同時，也提出了進一步的問題，促使用戶思考全球暖化問題的其他方面。這種策略有助於培養用戶的批判性思維，使他們不僅關注單一解決方案，而是從多角度考慮問題。

## 6-6-5　ChatGPT 協助課後輔導

ChatGPT 可以用多種方式執行課後輔導和提供學習資源，幫助學生鞏固課堂所學知識並進一步深入學習，以下是一些具體的應用方法：

- 回答學科相關問題：學生可以向 ChatGPT 提問特定學科的問題，無論是數學問題的解法、科學概念的解釋，還是文學作品的分析，ChatGPT 都能提供詳細的回答和解釋。

- 輔助作業完成：對於作業中的疑難問題，ChatGPT 可以提供指導和提示。它可以幫助學生理解題目要求，提供解題思路，或者展示類似問題的解決方法。

- 提供學習資源：ChatGPT 可以推薦相關的學習資源，如教學影片、學術文章、網路課程和練習題等，幫助學生深入理解某個主題或準備考試。

- 語言學習輔助：對於學習外語的學生，ChatGPT 可以提供語言練習，包括詞彙、語法、會話等，幫助學生提高語言水平。

- 論文和報告寫作指導：ChatGPT 可以協助學生進行學術寫作，包括提供結構建議、寫作風格指導，甚至幫助校對和編輯。

- 激發興趣和探索新知：對於學生感興趣的主題，ChatGPT 可以提供更多相關資訊，激勵學生探索新領域和深化興趣。

另外，教師可以將與 ChatGPT 互動的知識連結提供給學生，讓學生可以在課後瀏覽學習。

# 第 7 章
# AI 驅動的企業轉型

ChatGPT 可以在多個方面為企業提供價值，以下是一些主要應用領域：

● 銷售和行銷輔助：掌握流行主題，找出 SEO 關鍵字，透過生成吸引人的產品描述、行銷文案或即時回答潛在客戶的詢問。

● 內容創作：ChatGPT 可以用於生成各種內容，包括 FB( 或 IG) 文章、新聞稿、社交媒體貼文等，幫助企業節省時間並保持一致的內容產出。

● 市場調查和分析：透過分析客戶對話和反饋，ChatGPT 可以幫助企業獲得見解，優化產品和服務。

● 行政文件：ChatGPT 可以用於生成各種內容，包括員工手冊、企業公告、法律文件等

● 客戶服務和支援：ChatGPT 可以用於自動回答常見問題、解決問題或提供即時支援，從而提高客戶滿意度並減輕人工客服的負擔。

● 語言翻譯和本地化：企業可以利用 ChatGPT 進行快速翻譯和文化本地化，以滿足不同地區和語言的市場需求。

● 員工在職訓練：ChatGPT 可以作為一個學習工具，幫助員工學習新技能或了解公司政策和流程。

總之，ChatGPT 能夠幫助企業提高效率、降低成本、增強客戶互動，並在許多不同的業務場景中發揮價值。因為篇幅限制，這一章重點是講解行銷與行政文件的應用。

## 7-1 ChatGPT 掌握流行主題與關鍵字

過去公司小編可能需要到網路或社群媒體搜尋流行主題與關鍵字，現在可以將此工作交給 ChatGPT。

### 7-1-1 掌握流行主題

一位合格的行銷人員需要了解流行的主題，主要原因有以下幾點：

● 洞察目標市場：流行的主題通常反映了目標市場的興趣、需求和行為趨勢。了解這些流行主題有助於行銷人員更好地洞察目標受眾，並制定更有效的行銷策略。

- 創建相關內容：行銷人員可以利用流行主題來創建更具吸引力和相關性的內容，這種內容更有可能引起受眾的興趣，提高參與度和互動。

- 即時性行銷（Real-Time Marketing）：了解當下的熱點話題，行銷人員可以迅速反應，利用這些話題進行即時性行銷，從而提高品牌的曝光度和參與度。

- 預測未來趨勢：透過分析流行主題的發展，行銷人員可以預測未來的市場趨勢，提前調整行銷策略，抓住市場機會。

- 提升品牌相關性：利用流行主題，行銷人員可以使品牌更加貼近當前的文化和社會趨勢，從而提升品牌的相關性和吸引力。

- 社交媒體行銷：在社交媒體上，流行主題往往迅速傳播。行銷人員透過參與這些話題，可以提高品牌在社交媒體上的可見度和影響力。

- 危機管理：了解流行主題還可以幫助行銷人員即時識別和管理可能的危機，如負面話題或公關事件，從而保護品牌形象。

總之，了解流行主題不僅能幫助行銷人員制定更有效的行銷策略，也能使他們能夠更快速地適應市場的變化，並在競爭激烈的市場中保持優勢。

**實例1**：您輸入『請用台灣用語，列出「AI產業」、20 - 50 歲上班族最相關的 10 個話題』。

---

以下是與「AI產業」及20-50歲上班族最相關的10個話題：

1. **人工智慧在職場的應用**

   - 如何利用AI提升工作效率、優化流程及增加產值。

2. **AI技術培訓及技能提升**

   - 參與AI相關的培訓課程、線上學習資源及證照考試，以提升競爭力。

…

10. **AI軟體與工具選擇**

   - 介紹不同的AI軟體及工具，如何選擇適合的方案來提升工作效能。

---

行銷的時候話題內增加數字，可以讓整篇文章更具有說服力。

實例 2：您輸入「請增加數字說明」。

> ⑤　好的，以下是加上數字說明的「AI產業」及20-50歲上班族最相關的10個話題：
>
> **1. 人工智慧在職場的應用**
>
> - 如何利用AI提升工作效率、優化流程及增加產值。例如，根據調查，使用AI技術的公司平均可以提高20%的工作效率。

…

> **10. AI軟體與工具選擇**
>
> - 介紹不同的AI軟體及工具，如何選擇適合的方案來提升工作效能。例如，市場上有超過500種AI工具可以幫助企業提高工作效率。

下列是讀者可以練習的題詞：

**實例 3**：您輸入『請用數字列出「美容養顏」、20 - 50 歲女性上班族最相關的 10 個話題』

**實例 4**：您輸入『請用數字列出「美容養顏」、20 - 50 歲男性上班族最相關的 10 個話題』。

**實例 5**：您輸入『請用數字列出「職業災害」、20 - 50 歲上班族最相關的 10 個話題』。

**實例 6**：您輸入『請用數字列出「保健養生」、50 - 65 歲男性上班族最相關的 10 個話題』。

## 7-1-2　SEO 關鍵字

對於行銷人員來說，SEO（Search Engine Optimization，搜尋引擎最佳化）關鍵字非常重要，主要原因包括：

- 提高網站能見度：透過優化關鍵字，使網站在搜尋引擎（如 Google）的排名提升，增加潛在客戶的訪問機率。

- 吸引目標客群：選擇與目標市場相關的關鍵字，可以吸引特定的受眾群，增加產品或服務的曝光率。

- 提升網站流量質量：好的關鍵字不只增加流量，更重要的是提升流量的質量，吸引真正對產品或服務有興趣的訪客。

- 競爭優勢：使用有效的 SEO 關鍵字策略可以在競爭激烈的市場中脫穎而出，尤其對於小型企業或新創公司而言，這是一種成本效益高的行銷方式。

- 增加品牌認知：當網站在搜尋結果中排名較高時，品牌曝光度提升，有助於建立品牌知名度和信任度。

- 改善用戶體驗：為了提高 SEO 排名，行銷人員會優化網站的內容和結構，這同時也改善了用戶的瀏覽體驗。

- 長期效益：與付費廣告相比，SEO 是一種長期策略。一旦網站的 SEO 優化做得好，就能持續帶來流量和業務機會。

總之，SEO 關鍵字對行銷人員來說是一項重要的技能，對於推動網站流量、提升品牌能見度和實現銷售目標都至關重要，我們也可以將這項工作交給 ChatGPT 執行。

實例 1：您輸入「請用台灣用語，列出 10 個手機有關的關鍵字」。

> 以下是10個與手機有關的關鍵字，使用台灣用語：
>
> 1. 智慧型手機
> 2. 行動網路
> 3. 相機畫素
> 4. 指紋辨識
> 5. 臉部解鎖
> 6. 無線充電
> 7. 行動支付
> 8. 螢幕解析度
> 9. 續航力
> 10. 作業系統

# 7-2　ChatGPT 行銷應用

行銷對企業的重要性可以從多個角度來看：

- 品牌建立和識別：行銷幫助企業建立和維護品牌形象，強大的品牌可以增加客戶的信任，提升產品或服務的識別度，並在競爭激烈的市場中脫穎而出。

- 市場溝通：行銷是企業與目標市場之間溝通的橋樑，透過行銷活動，企業能夠傳達其產品或服務的價值主張，並了解消費者的需求和偏好。

- 促進銷售：有效的行銷策略可以直接增加銷售量，透過吸引新客戶和留住現有客戶，企業能夠提升其收入和市場份額。

- 市場研究和洞察：行銷涉及市場研究，幫助企業獲得有關目標市場、消費者行為、競爭對手等的重要資訊，這些資訊對於制定有效的業務策略至關重要。

- 建立客戶關係：行銷不僅僅是推廣產品或服務，還包括建立和維護與客戶的長期關係，忠誠的客戶群體是企業成功的關鍵因素之一。

- 差異化和定位：在競爭激烈的市場中，行銷幫助企業透過獨特的賣點來差異化自己，有效的定位策略使得企業能夠在目標市場中脫穎而出。

- 創新驅動：行銷也是驅動產品和服務創新的重要因素，透過與市場的互動，企業可以識別新的機會，並根據客戶的反饋和需求進行創新。

總之，行銷對於企業的成功至關重要，它不僅有助於增加銷售和利潤，還能建立品牌價值，並在長期內保持企業的競爭力。這一節將講解應用 ChatGPT 撰寫與規劃行銷文案，以及設計廣告腳本。

## 7-2-1　撰寫行銷文案

如果我們沒有給予詳細的產品資料，所產生的文案是一般性的行銷文案。建議要求 ChatGPT 寫行銷文案時，最好提供產品特色、功能、優點，甚至用實際例子，越詳細越好。

**實例 1**：一個推銷衛星手機的行銷文案，您輸入『請協助撰寫推銷「衛星手機」的行銷文案』。

以下是一篇推銷「衛星手機」的行銷文案：

## 突破界限，與世界無縫連接 —— 衛星手機

您是否曾經在偏遠地區或海上旅行時，因為沒有信號而感到不安？現在，您不必再擔心！我們自豪地推出最新的衛星手機，讓您無論身在何處，都能與世界保持連接。

**產品亮點：**

- **全球覆蓋**：無論是在沙漠、深山還是海洋，我們的衛星手機都能提供穩定的通訊服務，確保您隨時隨地都能保持聯絡。

- **高性能電池**：超長續航力，讓您↓需擔心電量問題，隨時隨地保持聯繫。

- **堅固耐用**：設計堅固、防水防塵，適合各種極端環境，是戶外探險、航海和救援的最佳夥伴。

- **簡便操作**：人性化介面設計，讓您輕鬆上手，無需繁複設定，即可快速使用。

**適用對象：**

- **戶外探險者**：不論是登山、露營還是極地探險，衛星手機都能成為您的安全保障。

- **海上航行者**：即使遠離陸地，也能隨時與家人和朋友保持聯繫，讓航行更加安心。

- **應急救援**：在緊急情況下，快速求助和通訊是救命的關鍵，衛星手機是您的最佳選擇。

**特惠活動：**

為了讓更多人體驗到衛星手機的強大功能，我們推出限時特惠活動！即日起至月底，購買衛星手機即可享受**8折優惠**，還有機會獲得免費配件大禮包！

**客戶見證：**

「自從有了這款衛星手機，我在進行極地探險時再也不擔心失聯問題，讓我更專注於挑戰自我。」—— 探險家 王先生

「在海上航行時，這款衛星手機讓我隨時能與家人通話，讓他們也感到安心。」
—— 船長 李女士

**立即行動：**

不要再讓通訊問題成為您冒險和工作的障礙，立即購買衛星手機，享受無界限的自由通訊！請訪問我們的官網或撥打客服熱線了解更多資訊。

衛星手機，讓世界無縫連接，讓安全觸手可及！

**官網:** www.satellitephone.com
**客服熱線:** 0800-123-456

期待您的加入，與我們一起探索無界限的世界！

　　雖然是通用的行銷文案，仍具有廣泛吸引力。這篇行銷文案全面且有吸引力，清晰地展示了衛星手機的特點和優勢。針對不同使用者需求，強調了全球覆蓋、高性能電池、堅固耐用等優點，並提供限時特惠和客戶見證，增加了信任度和購買意願。結尾部分包含官網和客服資訊，方便客戶進一步了解和購買。整體而言，這篇文案有效地推銷了產品，具備很高的實用價值。

　　下列是筆者增加「衛星手機特色」，同時說明是推廣「太陽牌衛星手機」，所產生的文案。

**實例 2**：您輸入『請撰寫銷售「太陽牌衛星手機」的行銷文案，「太陽牌衛星手機」具有「太陽能充電、9600 萬畫素解析度、全球無死角、耐摔、耐熱、耐寒」特色』。

---

### 太陽牌衛星手機 —— 探索無限，無懼環境

您是否在尋找一款能夠真正應對各種極端環境的手機？太陽牌衛星手機完美結合了尖端科技與極致耐用性，讓您無論身處何地，都能享受無與倫比的通訊體驗。

**產品特色：**

- **太陽能充電**：無論是炎炎烈日下還是陰雲密布的日子，只需有光即可為手機充電，讓您永遠不必擔心電量不足。

- **9600萬畫素解析度**：高清攝影功能，捕捉每一個細節，讓您的回憶更加生動鮮明。

- **全球無死角通訊**：無論您在地球的任何角落，太陽牌衛星手機都能提供穩定、清晰的通訊服務，真正實現全球無死角。

- **耐摔耐用**：專為極端環境設計，具備強大抗衝擊能力，即使從高處摔落，也能完好無損。　　　　　　↓

---

- **耐熱耐寒**：能夠在高溫和低溫環境下正常運行，無論沙漠酷暑還是極地嚴寒，太陽牌衛星手機都能陪伴您左右。

**適用對象：**

- **戶外探險者**：挑戰極限的最佳夥伴，無論何時何地都能保持聯繫。

- **遠洋航行者**：即使身處茫茫大海，也能隨時聯絡家人和朋友。

- **應急救援隊**：在緊急情況下提供可靠的通訊保障，成為救援行動的有力助手。

**限時特惠：**

即日起至月底，購買太陽牌衛星手機可享受**特價優惠**，並免費獲得太陽能充電配件，讓您無論在何處都能輕鬆充電。

限時特惠：

即日起至月底，購買太陽牌衛星手機可享受**特價優惠**，並免費獲得太陽能充電配件，讓您無論在何處都能輕鬆充電。

客戶見證：

「自從有了太陽牌衛星手機，我的每次探險都變得更加安全和可靠。」—— 探險家 張先生

「在海上航行時，太陽牌衛星手機讓我隨時與家人保持聯繫，讓他們也感到安心。」—— 船長 王女士

立即行動：

不要再讓通訊問題成為您冒險和工作的障礙，立即選擇太陽牌衛星手機，享受無界限的自由通訊！請訪問我們的官網或撥打客服熱線了解更多資訊。

官網: www.sunphonesatellite.com ↓
客服熱線: 0800-123-456

　　這篇行銷文案詳盡且具吸引力，成功突顯了太陽牌衛星手機的獨特賣點，包括太陽能充電、9600 萬畫素解析度和全球無死角通訊等。針對戶外探險者、遠洋航行者和應急救援隊等不同使用者群體，文案有效地強調了手機的耐摔、耐熱、耐寒等特性。限時特惠和客戶見證部分增強了產品的可信度和購買意願。結尾提供了官網和客服熱線資訊，方便客戶進一步了解和購買。整體而言，這篇文案條理清晰，極具說服力，能夠有效推廣太陽牌衛星手機。

## 7-2-2　行銷規劃

　　ChatGPT 除了可以寫行銷文案，也可以規劃行銷。

**實例 1**：您輸入『請為上述「太陽牌衛星手機」規劃 3 個行銷活動』。

---

🟢 以下是為「太陽牌衛星手機」規劃的三個行銷活動：

### 1. 極限挑戰活動

**活動名稱**：探索無限，極限挑戰

**活動內容**：邀請戶外探險者、極限運動愛好者參加一系列極限挑戰活動，例如高山攀登、沙漠徒步、極地探險等。參加者需全程使用太陽牌衛星手機，記錄和分享他們的挑戰過程。活動結束後，將挑戰視頻和照片在社交媒體上分享，並評選出最佳挑戰者，獲得豐厚獎品。

**活動目標**：展示太陽牌衛星手機在極端環境中的卓越性能，吸引戶外愛好者的關注，提升品牌知名度。

### 2. 線上有獎問答

**活動名稱**：太陽牌衛星手機知識大挑戰

**活動內容**：在公司官網和社交媒體平台舉辦有獎問答活動，問題內容包括太陽牌衛星手機的特色、使用場景和技術細節。參加者回答問題並提交答案，每周抽選答對的參加者，贈送精美禮品，如太陽能充電配件或購物優惠券。

**活動目標**：增加潛在客戶對產品的了解和興趣，提升品牌互動性，增加網站和社交媒體流量。

### 3. 客戶見證徵集

**活動名稱**：我的太陽牌衛星手機故事

**活動內容**：邀請現有用戶分享他們使用太陽牌衛星手機的真實故事和經歷，無論是探險、航行還是日常生活中的特殊時刻。將這些故事和照片發布在公司官網和社交媒體上，並對最佳故事進行評選，獲勝者可獲得新品升級或購物優惠券。

**活動目標**：建立現有用戶與品牌的情感連結，通過真實的用戶體驗增加新客戶的信任感和購買意願，形成口碑效應。

　　這些行銷活動策劃創意十足且具針對性。極限挑戰活動展示了產品在極端環境中的可靠性，有獎問答增加了品牌互動性和客戶知識，客戶見證徵集則通過真實故事增強信任度和口碑效應。這些活動能有效提升太陽牌衛星手機的品牌知名度和市場吸引力。

## 7-2-3　設計廣告短片腳本

　　前一小節我們有了行銷活動，也可以進一步要求 ChatGPT 協助我們設計廣告短片的腳本。

**實例 1**：您輸入『我想為「太陽牌衛星手機」拍一個廣告短片，你可以設計腳本嗎？』。

---

**太陽牌衛星手機廣告短片腳本**

**片長：60秒**

---

**場景1：日出前的山頂**

- **畫面**：一位探險者站在山頂，遠處是即將升起的太陽。
- **旁白**：無論多麼遙遠，無論多麼艱難，太陽牌衛星手機，讓你無處不在。

**場景2：沙漠中的探險**

- **畫面**：探險者在沙漠中行走，烈日當空，他拿出太陽牌衛星手機，使用太陽能充電功能。
- **旁白**：太陽能充電，永不斷電。

---

…

場景7：產品展示

- **畫面**：特寫太陽牌衛星手機，展示其堅固耐用的設計。

- **旁白**：探索無限，無懼環境。太陽牌衛星手機，讓世界無界限。

**結尾場景：品牌標誌**

- **畫面**：太陽牌衛星手機的品牌標誌和官網網址。

- **旁白**：立即訪問我們的官網，了解更多。太陽牌衛星手機，探索無限，無懼環境。

**總結：**

這段廣告短片強調了太陽牌衛星手機的核心功能和獨特賣點，通過戶外探險、沙漠、海上航行和高山滑雪等場景展示↓卓越的性能。片中不僅突出了產品的技術特點，還強調了其在不同極端環境中的可靠性和實用性。

　　這段廣告短片腳本設計精巧，充分展示了太陽牌衛星手機的核心功能和獨特賣點。腳本通過多樣化的極限環境場景，如高山、沙漠、海上航行等，生動地展示了手機的耐用性、全球無死角通訊、太陽能充電和高清拍攝功能。每個場景都有清晰的旁白，強調產品特性和使用場景。結尾部分的產品展示和品牌標誌也增強了品牌形象和記憶點。整體而言，這段腳本具有強烈的視覺和情感吸引力，能有效提升產品知名度和市場吸引力。

## 7-3　圖文行銷貼文

在行銷文案中使用 Emoji 符號或小圖片在行銷文字中具有多個優點：

- 增加吸引力和閱讀性：Emoji 和小圖片能使文字內容更生動有趣，增加視覺吸引力，幫助吸引讀者的注意。

- 強化情感傳達：Emoji 可以傳達特定的情感和語氣，有助於加強訊息的情感表達，使溝通更加人性化和親切。

- 增加理解和記憶：視覺元素比純文字更容易被大腦處理和記憶，適當的 Emoji 或小圖片有助於提升訊息的理解度和記憶性。

- 節省空間並清晰傳達訊息：在有字數限制的平台上，Emoji 可以在不增加字數的情況下增加額外的訊息或情感。

- 提高互動性：在社交媒體等平台上，含有 Emoji 的行銷內容往往能夠激發更多的互動，例如：點讚、評論和分享。

- 跨文化交流：某些 Emoji 是普遍認可和理解的，這有助於跨文化溝通，尤其是當目標受眾是多元文化背景的時候。

然而，需要注意的是，使用 Emoji 和小圖片應適度且恰當，過度使用或不當使用可能會導致訊息的混亂或專業度的降低。此外，要考慮目標受眾對 Emoji 的接受程度和理解情況。建立圖文行銷貼文可以使用 3 類方式，下列將分別說明。

## 7-3-1　Emoji 方式

實例 1：您輸入『我的網站銷售「葡萄」、「芒果」、「玉荷包」，請以適合 Emoji 方式撰寫推廣文』。

**推廣文案**

🍇 **最新鮮的葡萄，甜美多汁！**
想品嚐純天然的美味嗎？快來試試我們的葡萄吧！每顆都經過精心挑選，保證每一口都是甘甜多汁！🍇✨

🥭 **香甜可口的芒果，熱帶風情盡在其中！**
愛上夏天的味道？我們的芒果絕對不會讓你失望！濃郁的香氣和滑嫩的果肉，讓你每一口都彷彿置身於熱帶天堂！🥭🌴

🍒 **玉荷包荔枝，極致的清甜體驗！**
享受獨特的清甜口感？玉荷包荔枝就是你的最佳選擇！每一顆都是自然的饋贈，讓你享受最純粹的美味！🍒🌟

立即訪問我們的網站，購買最新鮮的水果，享受自然的甜美滋味吧！🌐🛒

**網址**：www.yourfruitwebsite.com

這篇推廣文案巧妙地結合了 Emoji，增添了視覺吸引力。貼文真是太棒了！葡萄、芒果、玉荷包的描述令人垂涎，讓人迫不及待想嚐鮮！每段針對不同水果的描述都突出其獨特的口感和品質，語言生動，能引起顧客的購買欲望，非常期待能品嚐這些新鮮美味的水果！文案結尾提供了購買網址，方便顧客行動。整體而言，這段推廣文案清晰、有吸引力，適合在社交媒體平台上使用，以提高產品的曝光度和銷售量。

## 7-3-2 圖文方式

**實例 1**：您輸入『我的網站銷售「葡萄」、「芒果」、「玉荷包」，請以適合的圖文方式撰寫推廣文』。

---

🍇 **新鮮多汁的葡萄** 🍇

**最新鮮的葡萄，甜美多汁！**
想品嚐純天然的美味嗎？快來試試我們的葡萄吧！每顆都經過精心挑選，保證每一口都是甘甜多汁！立即購買，享受豐富的營養與美味。

立即購買

---

...

---

🍒 **極致的清甜體驗 - 玉荷包荔枝** 🍒

**玉荷包荔枝，極致的清甜體驗！**
享受獨特的清甜口感？玉荷包荔枝就是你的最佳選擇！每一顆都是自然的饋贈，讓你享受最純粹的美味！現在就來品嚐這份清新的甜美。

立即購買

---

立即訪問我們的網站，購買最新鮮的水果，享受自然的甜美滋味吧！🌐 📧

**網址:** www.yourfruitwebsite.com

---

　　這段推廣文案設計得當，圖文並茂地展示了葡萄、芒果和玉荷包荔枝的吸引力。每個產品都有精美圖片和詳細描述，強調其獨特的美味和品質，並附有立即購買的鏈接，引導消費者輕鬆購買。結尾提供網站連結，方便客戶進一步了解和購買產品。整體而言，這篇推廣文案結構清晰，具有很強的視覺吸引力和購買引導力，能有效提升產品銷量。

## 7-3-3　IG 方式貼文

Instagram（IG）貼文的特色主要包括以下幾個方面：

- 視覺導向：Instagram 以圖片和影片為主，強調高質量和吸引人的視覺內容。用戶通常會發布美觀、創意或具引人的圖片和影片。

- 簡潔的文字描述：雖然視覺內容是主角，但簡潔有力的文字也很重要。描述通常是短小精悍，直接傳達訊息或情感。

- 互動性：用戶可以透過點讚、評論和分享來互動。許多貼文會鼓勵觀眾參與，例如：提問、發起挑戰或使用互動標籤。

- 故事功能：除了普通貼文，Instagram 的故事功能允許用戶發布 24 小時後自動消失的內容，常用於分享日常生活或即時活動。

- 標籤：適當的標籤貼文可以觸及更廣泛的觀眾，用戶常用標籤來分類內容或參與特定話題。

- 網紅行銷：Instagram 是網紅行銷的熱門平台。品牌常與網紅合作，透過他們的貼文來推廣產品或服務。

- 品牌形象塑造：許多企業和個人用戶使用 Instagram 來塑造和維護他們的品牌形象。

　　總而言之，Instagram 貼文的特色在於其強大的視覺吸引力、簡潔的文字、高度的用戶互動以及標籤和故事功能的廣泛運用。這些特點使其成為個人和品牌展示和互動的有效平台。

**實例 1**：您輸入『我的網站銷售「葡萄」、「芒果」、「玉荷包」，請以適合 IG 方式撰寫推廣文』。

---

Instagram 推廣文案

---

🍇 **最新鮮的葡萄，甜美多汁！** 🍇

想品嚐純天然的美味嗎？快來試試我們的葡萄吧！每顆都經過精心挑選，保證每一口都是甘甜多汁！✨

#新鮮水果 #葡萄 #健康美食 #自然甜美

...

🍒 **極致的清甜體驗 - 玉荷包荔枝！** 🍒

享受獨特的清甜口感？玉荷包荔枝就是你的最佳選擇！每一顆都是自然的饋贈，讓你享受最純粹的美味！🌸

#荔枝 #玉荷包 #清甜美味 #水果愛好者

---

立即點擊我們的網站，購買最新鮮的水果，享受自然的甜美滋味吧！🌐🛒

**網址:** www.yourfruitwebsite.com

#水果購物 #健康生活 #水果達人 #美味推薦 #果園直送

---

筆者喜歡吃水果，一直在尋找優質的自然水果，由 IG 貼文感受到產品似乎正是我想要的。這篇 Instagram 推廣文案生動且吸引人，成功展示了葡萄、芒果和玉荷包荔枝的美味和品質。每段文案都搭配了合適的 Emoji，增添了視覺吸引力。使用了多個相關的標籤，能有效提高曝光率和互動性。結尾提供了網站連結，引導用戶進行購買。整體來說，這篇文案簡潔有力，能在 Instagram 上吸引目標受眾，提升產品銷量。

## 7-3-4　社群文案

社群文案內容是行銷產品的重要工具，我們可以將前一小節的 IG 貼文觀念擴充到社群文案，以下幾個核心觀念至關重要：

- 認識你的粉絲：了解你的目標客群是誰，他們喜歡什麼、常在哪些社群平台活動。這樣才能寫出貼近他們生活、對他們有吸引力的內容。

- 一針見血的訊息：社群媒體的訊息要簡單明瞭，直接傳達你的產品或服務的優勢，不要拐彎抹角。

- 搶眼的開頭：因為大家刷社群時常常只看前幾秒，所以文案開頭要吸引人，抓住粉絲的眼球。

- 打動人心：試著透過故事、幽默或情感來與粉絲建立情感連結，讓他們覺得你的品牌很有人情味。

- 明確的行動呼籲：文案的結尾要有清楚的行動指引，告訴粉絲接下來應該怎麼做，比如說要他們去網站看更多資訊、下單購買等。

- 視覺效果佳：適當的圖片或影片能讓文案更吸引人，記得要用高品質的視覺素材。

- 簡潔有力：在社群媒體上，言簡意賅是金，盡量讓文案短而精。

- 保持一致性：無論是語氣、風格還是設計，都要與你的品牌形象保持一致。

- 因應不同平台調整：每個社群平台的用戶群和互動方式都不太一樣，所以要根據不同平台調整文案風格。

- 鼓勵互動：鼓勵粉絲留言、分享或參與討論，提高互動性和參與度。

用這些原則來撰寫社群文案，可以幫助你更好地與台灣的粉絲互動，提升你的產品或服務在社群媒體上的能見度和吸引力。

**實例 1**：您輸入『請用台灣用語，針對「太陽牌衛星手機」撰寫社群文案』。

---

⑨ **太陽牌衛星手機 - 社群文案**

---

🌝 **太陽牌衛星手機 - 極致耐用，無所不在！** 🌝

你是否曾經在偏遠地區因無信號而感到無助？太陽牌衛星手機來解決你的煩惱！擁有太陽能充電、9600萬畫素解析度、全球無死角通訊，以及耐摔、耐熱、耐寒的超強特性，讓你無論在何處都能保持聯繫，探索無限可能！

---

產品亮點：

- ⚪ 太陽能充電，永不斷電
- 📷 9600萬畫素，捕捉每個瞬間
- 🌐 全球無死角，隨時隨地通訊
- 💪 耐摔、耐熱、耐寒，挑戰極限

立即購買，享受無界限的通訊體驗！📱📷

**網址:** www.sunphonesatellite.com

#太陽牌衛星手機 #全球通訊 #太陽能充電 #極限挑戰 #科技生活 #戶外必備

---

隨時隨地，與世界保持聯繫，太陽牌↓星手機是你最佳的選擇！立即訪問我們的網站了解更多吧！

這篇社群文案如果和 7-2-1 節的行銷文案相比，社群發文較為輕鬆、親切，語氣接近日常對話，更加貼近社群媒體用戶的風格。整體而言簡潔有力，成功突顯了太陽牌衛星手機的核心優勢。文案以問句開頭，直接引起讀者共鳴，隨後清晰羅列了產品的四大亮點，吸引目光。使用生動的 Emoji 增添了趣味性和視覺吸引力。結尾部分提供了購買連結，並附上相關的主題標籤，方便社群平台的推廣和擴散。整體而言，這篇文案設計合理，具有很強的市場推廣潛力。

## 7-3-5　電子報文案

電子報文案具有以下特色：

- 專業而詳盡：電子報文案多半著重於提供詳細的產品訊息或專業知識，語氣通常較為正式，像是「我們的最新產品具備先進的太陽能技術，能在各種環境下穩定運作，無論是高山或是海邊。」

- 結構清晰：電子報文案會有清晰的結構，例如開頭介紹、主要內容和結束的呼籲行動，方便讀者一目了然，像是「親愛的朋友，本期電子報將介紹 ...」

- 個性化元素：電子報文案常常加入一些個性化元素，以與讀者建立聯繫，例如使用親切的稱呼「親愛的朋友」或根據節慶添加特別內容。

- 呼籲行動：通常會在文末加入明確的呼籲行動（Call to Action），鼓勵讀者採取行動，例如「立即訂購，享受早鳥優惠！」。

- 適度的行銷語言：雖然重點放在訊息傳遞，但也會巧妙融入行銷語言，增加產品或服務的吸引力，例如「掌握最新市場動態，帶領您的業務邁向新高度。」

這些特色使得電子報文案既具有專業性又不失親和力，能夠有效地與目標讀者溝通。

**實例 1**：您輸入『請用台灣用語，針對「太陽牌衛星手機」撰寫電子報文案』。

---

### 太陽牌衛星手機 - 極致耐用，無界限連接

親愛的顧客，

您是否曾在偏遠地區因沒有信號而感到困擾？現在，太陽牌衛星手機為您帶來解決方案！這款手機擁有太陽能充電、9600萬畫素解析度、全球無死角通訊，以及耐摔、耐熱、耐寒的超強特性，讓您無論身在何處，都能保持聯繫，探索無限可能！

**產品特色：**

- **太陽能充電**：即使在野外也能輕鬆充電，永不斷電。

- **9600萬畫素相機**：拍出高清美照，記錄每個精彩瞬間。

- **全球無死角通訊**：無論身處何地，都能隨時保持聯繫。

- **超強耐用性**：耐摔、耐熱、耐寒，應對各種極端環境。

...

---

> 太陽牌衛星手機團隊
>
> ---
>
> **聯絡我們**
> 客服專線：0800-123-456
> 電子郵件：support@sunphonesatellite.com
>
> ---
>
> **跟隨我們**
> Facebook | Instagram | Twitter
>
> ---
>
> #太陽牌衛星手機 #全球通訊 #太陽能充電 #極限挑戰 #科技生活 #戶外必備

　　這篇電子報文案結構清晰，資訊豐富，有效地突顯了太陽牌衛星手機的關鍵優勢。文案從解決用戶痛點入手，介紹了手機的四大特色：太陽能充電、9600 萬畫素相機、全球無死角通訊和超強耐用性，並結合限時優惠和客戶見證，增強了產品的吸引力和信任度。結尾提供購買連結和客服資訊，方便顧客進一步了解和購買。整體而言，這篇文案語言自然流暢，極具說服力，能夠有效促進太陽牌衛星手機的銷售。

## 7-4　員工加薪的議題

　　許多人在職場期待加薪的心情，在此我們看 ChatGPT 如何處理。

### 7-4-1　適不適合向老闆提加薪

**實例 1**：您輸入「工作很久了，老闆都不加薪，你認為是否適合向老闆提出加薪議題？」。

是否適合向老闆提出加薪議題取決於多種因素，包括你的工作表現、公司的財務狀況以及市場行情。以下是一些建議，幫助你決定是否提出加薪要求：

1. **評估工作表現：**

   - 如果你在工作中表現優異，超額完成任務，並為公司帶來了顯著的價值，那麼你有充分的理由向老闆提出加薪要求。

2. **了解市場行情：**

...

6. **積極的態度和語氣：**

   - 在與老闆溝通時，保持積極、專業的態度，表達對公司的認同和未來的期望，而不是僅僅強調個人需求。

例如，你可以這樣說：

"老闆，我在公司工作多年，並且在過去的幾年裡，我完成了許多重要的項目，並且超額完成了目標。我了解公司的財務狀況也很穩定，因此，我希望能夠就我的薪資進行一些討論，看看是否有機會調整到更符合市場水平。"

總結來說，如果你準備充分，理由充分，選擇適當的時機和方式，那麼向老闆提出加薪議題是合適的。

　　這段回應詳盡且實用，提供了多方面的考量因素幫助決定是否提出加薪要求。內容包括評估工作表現、了解市場行情、考慮公司財務狀況、準備資料和選擇時機等，並建議以積極態度與老闆溝通。這些建議能幫助員工更有信心和策略性地提出加薪要求，提高成功的機會。

## 7-4-2 請 ChatGPT 寫加薪的信件

**實例 1**：您輸入「可否協助寫一封要求老闆加薪的信件」。

當然，以下是一封要求老闆加薪的信件範本：

尊敬的[老闆的名字]：

您好！

首先，感謝您一直以來對我的支持和信任。自從[你加入公司的年份]加入公司以來，我很榮幸能成為這個團隊的一員，並在此過程中獲得了豐富的經驗和成長。

過去的一段時間裡，我積極參與並完成了多項重要的項目，如[具體項目或工作成果]，這些成就不僅提升了公司的業績，也為我們的團隊贏得了不少讚譽。我深信我的努力和貢獻有助於公司的持續成功。

在這個過程中，我也不斷提升自己的技能和知識，以確保自己能夠更好地勝任工作並應對各種挑戰。我始終致力於為公司創造價值，並且願意繼續在未來做出更

...

多貢獻。

經過仔細的市場調研和自我評估，我發現目前我的薪資水平與市場上類似職位的平均水平相比有所差距。因此，我希望能與您討論一下關於調整我薪資的可能性，以更好地反映我在公司中的貢獻和市場價值。

我非常珍視這份工作，也對公司未來的發展充滿信心。我相信在您和公司的支持下，我能夠在新的薪資水平上更好地為公司效力，並為公司的成長作出更多貢獻。

...

　　這封要求加薪的信件範本結構合理、語氣得當，展示了寫信人的貢獻和市場調研結果。信中強調了對公司的認同感和未來的貢獻意願，使加薪要求顯得合理且具說服力。語言簡潔明瞭，尊重且專業，適合用來正式向老闆提出薪資調整的要求。

## 7-5 企業調漲折扣議題

　　一個新品牌的企業，在進入市場初期常常會被要求低折扣，經過幾年新品牌可能長大，為了要有合理競爭力，因此會想提升賣場折扣，下列是要求 ChatGPT 寫這方面的信件。

**實例 1**：您輸入「我的公司成立時，因為是新品牌，被要求用比較低的折扣銷售產品到賣場，甚至低於同業，現在公司已經站穩腳跟，想要提高折扣到同業水準，請協助撰寫這方面的信件」。

以下是一封針對提高折扣至同業水準的信件範本：

尊敬的[收信人姓名]：

您好！

首先，感謝貴公司一直以來對我們產品的支持與信任。自從我們公司成立以來，為了迅速打入市場並建立品牌知名度，我們提供了較低的折扣，這在貴公司的幫助下，使我們順利站穩了腳跟，並逐漸獲得消費者的認可。

隨著我們品牌的成長和市場份額的擴大，我們的產品質量和服務也得到了廣泛的認同。基於這些進步和我們目前在市場中的地位，我們認為現在是調整折扣至行業標準的適當時機。

↓

經過市場調查和對同業的研究，我們發現我們的現有折扣水平與行業平均水平相比偏低。為了確保我們能夠持續提供優質的產品和服務，我們希望能夠將折扣調整至與同業一致的水平。這不僅有助於我們提升產品品質和創新能力，還能更好地支持貴公司的銷售和市場需求。

我們相信，這次調整將進一步鞏固我們之間的合作關係，並共同推動市場的良性發展。我們也將繼續致力於為貴公司提供高品質的產品和專業的服務，以回報貴公司對我們的支持。

希望能夠與您進一步探討這一調整的具體細節。如果您有任何疑問或需要更多資訊，請隨時與我聯繫。

••• 

這封信件範本清晰有力，合理地闡述了提高折扣至行業標準的需求。信中強調了品牌的成長和市場地位，並解釋了調整折扣對提升產品品質和支持合作夥伴的重要性。語氣尊重且專業，體現了雙方的長期合作關係。整體而言，這封信件既有說服力又能促進雙方的進一步合作。

# 7-6 企業公告

ChatGPT 可以在撰寫企業公告方面發揮重要作用，它能根據特定情境和需要，快速生成清晰、專業的文案。無論是公佈公司業績、重要人事變動、新產品發布還是政策更新，ChatGPT 都能提供結構化和富有說服力的內容。透過自然語言處理能力，它能確保語言的準確性和適當性，同時保持與公司品牌和語調的一致性。此外，ChatGPT 還能提供多語言翻譯，幫助企業在全球範圍內溝通，擴大其受眾群。

## 7-6-1 請假規定公告

如果沒有 ChatGPT，撰寫公司請假規定的步驟可能如下：

1. 研究法律規定和行業標準：查閱相關的勞基準動法和同行業的標準，以確保請假規定的合法性和適宜性。

2. 人力資源和管理團隊討論：了解公司的具體需求和員工的期望，確定請假政策的主要框架。

3. 參考其他公司請假政策：查看其他公司或同行業的請假規定範例，獲得有用的資訊。

4. 草擬請假規定：結合公司的特點和文化，初步撰寫請假規定。

5. 法律審核：將草案提交給法律顧問，確保所有條款符合法律規範。

這一流程需要時間和資源的投入，並且要求有一定的法律和人力資源管理知識，現在可以讓 ChatGPT 協助了。

實例 1：您輸入「請公告員工請假規定」。

> 🌀 **公司員工請假規定公告**
>
> 親愛的同仁們，
>
> 為了確保公司的運營順利以及大家的工作安排更加有序，我們對請假規定進行了如下明確說明，請大家遵守：
>
> **一、請假種類**
>
> 1. **病假**：需提供醫療證明。
>
> 2. **事假**：提前告知並經主管批准。
>
> 3. **年假**：根據公司規定，每年享有一定天數的年假。
>
> 4. **婚假/喪假**：根據法律規定及公司政策提供。
>
> **二、請假流程**
>
> ● ● ●

這篇公告範本條理清晰、內容全面，詳細列出了請假種類、流程和注意事項，確保員工明確了解請假規定。語氣正式且尊重，強調了提前申請和緊急請假的處理方式，並對違規行為進行了明確說明。整體而言，這篇公告有助於提升公司運營效率和員工的自律性。

## 7-6-2　國內參展公告

參展公告需明確展覽主題、時間、地點、參展對象和報名方式。注重詳情準確性，強調任何特殊要求或注意事項，並提供聯繫方式以便查詢，這一節將用實例了解 ChatGPT 可以如何協助我們。

**實例 1**：您輸入「公司將於 2025 年 11 月 22 ～ 26 日，參加台北電子科技大展，展出電子眼鏡，這個眼鏡具有拍照、錄影、打衛星電話功能，請寫電子郵件告知代理商此一訊息。」。

---

**⑨　電子郵件範本**

主旨：邀請參加2025年台北電子科技大展 - 太陽牌電子眼鏡展示

親愛的[代理商姓名]：

您好！

我們很高興地通知您，太陽牌將於2025年11月22日至26日參加在台北舉辦的電子科技大展。此次展會上，我們將隆重推出最新產品——太陽牌電子眼鏡。

這款電子眼鏡集成了多項先進功能，包括：

- **拍照**：高清攝影功能，輕鬆捕捉每個精彩瞬間。

…

---

太陽牌科技有限公司
[聯絡方式]

---

**附註**：

- 展會地點：台北世界貿易中心
- 展會日期：2025年11月22日至26日
- 展位號碼：[展位號碼]

期待在展會上見到您！

---

　　這封電子郵件範本清晰明了地通知代理商參加 2025 年台北電子科技大展的訊息，重點介紹了太陽牌電子眼鏡的創新功能，並邀請代理商親臨展位體驗。語氣正式且友

好，附有展會詳細資訊和聯絡方式，便於代理商進一步了解和參與。整體來說，這封郵件設計合理，有助於提升產品知名度和促進合作機會。

如果要參加國際展覽，也可以將上述內容請 ChatGPT 翻譯，再轉寄給國外廠商。

## 7-7　ChatGPT 辦公室文書整理

### 7-7-1　Line 接龍報名資料處理成 Excel 報表

ChatGPT 可以自動統一瑣碎的資料成為表格，可以參考下列實例，當我們輸入瑣碎資料後，不用特別指示，ChatGPT 就可以將資料彙整。

> 明志工專機械科同學會報名接龍
> 屆別　姓名　　　人數
> 13機 洪錦魁 1
> 19機 王德緯　　2
> 13 機　　蔡桂宏　　1
> 12機　　　　劉祖華　2
> 1機　　蔡寶琳 2

**明志工專機械科同學會報名接龍**

| 屆別 | 姓名 | 人數 |
| --- | --- | --- |
| 13機 | 洪錦魁 | 1 |
| 19機 | 王德緯 | 2 |
| 13機 | 蔡桂宏 | 1 |
| 12機 | 劉祖華 | 2 |
| 1機 | 蔡寶琳 | 2 |

如果有其他同學需要報名，請按照以下格式接龍：

屆別 | 姓名 | 人數

期待大家的參與！

我們也可以指示 ChatGPT 生成 Excel 報表，標題是「明志工專機械科同學會」。

> 已經將資料處理成Excel工作表，您可以通過以下連結下載：
>
> 明志工專機械科同學會.xlsx

下列是下載此 Excel 活頁簿的結果。

| | A | B | C | D | E |
|---|---|---|---|---|---|
| 1 | 屆別 | 姓名 | 人數 | | |
| 2 | 13機 | 洪錦魁 | 1 | | |
| 3 | 19機 | 王德緯 | 2 | | |
| 4 | 13機 | 蔡桂宏 | 1 | | |
| 5 | 12機 | 劉祖華 | 2 | | |
| 6 | 1機 | 蔡寶琳 | 2 | | |

上述少了標題，因此告訴 ChatGPT，下列是過程與下載活頁簿的結果。

> 工作表內我沒有看到標題「明志工專機械科同學會」

> 已經在工作表中添加了標題「明志工專機械科同學會」。您可以通過以下連結下載更新後的Excel工作表：
>
> 明志工專機械科同學會_with_title.xlsx

| | A | B | C | D | E |
|---|---|---|---|---|---|
| 1 | 明志工專機械科同學會 | | | | |
| 2 | | | | | |
| 3 | 屆別 | 姓名 | 人數 | | |
| 4 | 13機 | 洪錦魁 | 1 | | |
| 5 | 19機 | 王德緯 | 2 | | |
| 6 | 13機 | 蔡桂宏 | 1 | | |
| 7 | 12機 | 劉祖華 | 2 | | |
| 8 | 1機 | 蔡寶琳 | 2 | | |

## 7-7-2　統一日期格式與增加生肖屬性

> 請將下列資料轉成表格，出生日期統一用
> 「1970/01/01」格式，同時增加繁體中文的12生肖
> 洪金為 1961年5月2日　沈浸東 1999/9/10 李曉東
> 2000年9月9日
> 黑金仁 1975年1月15日

已經將資料轉成表格，並增加了繁體中文的12生肖。您可以通過以下連結下載更新後的Excel工作表：

同學出生資料及生肖.xlsx [↓]

下列是開啟檔案的結果。

|   | A | B | C | D |
|---|------|------------|------|---|
| 1 | **姓名** | **出生日期** | **生肖** |   |
| 2 | 洪金為 | 1961/05/02 | 牛 |   |
| 3 | 沈浸東 | 1999/09/10 | 兔 |   |
| 4 | 李曉東 | 2000/09/09 | 龍 |   |
| 5 | 黑金仁 | 1975/01/15 | 兔 |   |

## 7-7-3　統一地址資料與手機號碼格式

> 請將下列資料轉成表格，出生日期統一用
> 「1970/01/01」格式，電話號碼處理成「xxxx-xxx-xxx」格式，地址則刪除空格
> 洪金為 男 1961年5月2日　0963800900 台北市 信義區
> 基隆路 100號
> 沈浸東 男 1999/9/10　　0952-010010 桃園市
> 龜山區 龜山路999號
> 李小花 女 2000年9月9日 0912010010 台北市　　士林
> 區中山北路 五段 1000號

已經將資料轉成表格，並按照要求處理了出生日期、電話號碼和地址。您可以通過以下連結下載更新後的Excel工作表：

同學資料.xlsx [↓]

下列是開啟檔案的結果。

| | A | B | C | D | E |
|---|---|---|---|---|---|
| 1 | 姓名 | 性別 | 出生日期 | 電話號碼 | 地址 |
| 2 | 洪金為 | 男 | 1961/05/02 | 0963-800-900 | 台北市信義區基隆路100號 |
| 3 | 沈浸東 | 男 | 1999/09/10 | 0952-010-010 | 桃園市龜山區龜山路999號 |
| 4 | 李小花 | 女 | 2000/09/09 | 0912-010-010 | 台北市士林區中山北路五段1000號 |

## 7-8 建立員工手冊

撰寫公司員工手冊,若無 ChatGPT 輔助,我們可能參考下列步驟進行:

1. 研究和規劃:查閱相關法律法規,研究行業標準。

2. 內部討論:各部門合作,收集公司政策,獲取員工福利、工作規範等相關資訊。

3. 草擬初稿:撰寫包括公司文化、行為準則、健康與安全政策等內容的手冊初稿。

4. 專業審核:將草稿提交給法律顧問和人力資源專家進行審查。

5. 內容最終編輯:對手冊進行最終編輯,確保內容清晰易懂。

這一過程需要綜合考慮符合法律、公司文化和員工需求,以確保手冊的有效性和實用性。但是現在此工作可以交給 ChatGPT 處理。

**實例 1**:您輸入「請建立員工手冊」。

---

建立一份完整的員工手冊是確保公司運營規範化的重要步驟。以下是員工手冊的範本,涵蓋了各個主要方面:

# 員工手冊

## 公司簡介

歡迎加入[公司名稱]!我們致力於為客戶提供優質的服務和產品,並為員工創造積極的工作環境。

## 一、公司宗旨與核心價值

...

---

**六、溝通渠道**

**1. 員工意見反饋**

- 員工可以通過內部反饋系統提出意見和建議。

**2. 申訴程序**

- 員工如有任何問題或糾紛，可以按照公司申訴程序進行反映。

---

感謝您閱讀本員工手冊，希望這些信息能夠幫助您更好地適應和融入公司。若有任何疑問，請隨時與人事部門聯繫。

---

ChatGPT 精心構建了一份全面的員工手冊項目，內容豐富且結構清晰，涵蓋了從公司政策到員工福利等多個重要領域。這份手冊既考慮到法律合規性，又展現了公司文化，對於指導員工行為和預期非常有效。因為只列出條目，我們仍需進一步擴充細節，這方面也可以請 ChatGPT 生成細節內容。

此外，讀者也可以擴充增加公司營業類別，與公司名稱的員工手冊，下列是讀者可以練習的題詞：

**實例 2**：您輸入『請建立科技業「深智公司」員工手冊』

**實例 3**：您輸入『請建立製造業「深元公司」員工手冊』。

**實例 4**：您輸入『請建立流通業「深暢公司」員工手冊』。

**實例 5**：您輸入『請建立食品業「快樂公司」員工手冊』。

## 7-9 存證信函

企業面臨侵權情況卻不願意花費昂貴的律師費用打官司時，撰寫存證信函是一個實用的選擇。這種信函主要用於正式記錄和通知對方侵權行為，以及要求停止侵權並可能提出賠償要求。存證信函具有法律效力，可以作為未來可能訴訟的證據。它可以由企業自行撰寫，無需律師參與，從而節省成本。信函應明確指出侵權行為、提出合理的要求，並保留對進一步法律行動的權利。

**實例 1：**您輸入「有一家公司所出版的電子眼鏡，「錄影功能」抄襲本公司的專利，請協助發存證信函」。

---

### ⑨　存證信函

**[貴公司名稱]**
[貴公司地址]
[日期]

**主旨：專利侵權通知**

尊敬的[貴公司負責人]先生/女士：

您好！

我們是[本公司名稱]（以下簡稱「本公司」），公司地址為[本公司地址]。本公司自成立以來，一直致力於電子眼鏡產品的研發和創新，擁有多項專利技術，其中包括電子眼鏡的「錄影功能」專利↓專利號：[專利號碼]）。

---

經我們調查發現，貴公司近期推出的電子眼鏡產品中，含有錄影功能，該功能與本公司的專利技術存在明顯相似之處。我們認為，貴公司的該產品涉嫌抄襲本公司的專利技術，構成專利侵權。

為保護本公司的合法權益，我們正式要求貴公司立即停止生產、銷售及任何形式的宣傳和使用包含錄影功能的電子眼鏡產品，並在收到本函後七日內提供書面回覆，說明貴公司如何處理相關侵權事宜。

如貴公司在收到本函後未能在合理時間內作出回應或採取相應措施，本公司將不得不採取進一步法律行動，以維護自身的合法權益。這些行動可能包括但不限於向法院提起訴訟，要求停止侵權行為並賠償損失。

希望貴公司能夠重視本函所述事項，並妥善處理，避免進一步的法律糾紛。

● ● ●

---

　　ChatGPT 撰寫的存證信函結構嚴謹，語氣堅定而專業，適當地指出了專利侵權的問題並要求對方回應。信中明確列出了專利訊息，並給予了合理的回應期限，展現了解決問題的積極態度，同時保留了採取法律行動的權利。

## 7-10　租賃合約

### 7-10-1　ChatGPT 撰寫合約

企業常會有下列需要租賃合約的需求：

● 辦公空間租賃：租賃辦公室、倉庫。

● 會議和活動場地租賃：組織大型會議、企業內訓、研討會或公司活動所需的場地。

● 設備和機械租賃：短期專案需要的特殊機械或是辦公設備，例如：印表機的租賃。

● 交通工具租賃：員工出差所需的車輛，公司活動或客戶接待時的專車服務。

● 員工住宿：為外地員工或訪客提供的短期住宿。

這些租賃合約使企業能夠靈活適應市場和業務需求的變化，同時控制長期固定成本，我們也可以讓 ChatGPT 協助撰寫雅房出租的合約。

**實例 1**：您輸入「請撰寫一份租賃辦公室的合約」。

> **辦公室租賃合約**
>
> **出租方**（以下稱「甲方」）：
> 姓名/公司名稱：
> 地址：
> 聯絡電話：
>
> **承租方**（以下稱「乙方」）：
> 姓名/公司名稱：
> 地址：
> 聯絡電話：
>
> 雙方經友好協商，達成如下辦公室租賃合約條款，並共同遵守：
>
> ↓
>
> **第一條 租賃物件**

...

第十條 合約生效

　1. 本合約自雙方簽字（蓋章）之日起生效。

　2. 本合約一式兩份，甲乙雙方各執一份，具同等法律效力。

　甲方（簽字/蓋章）：
　日期：

　乙方（簽字/蓋章）：
　日期：　　　　　　　　　　↓

　　　ChatGPT 所撰寫的租賃合約範本具有清晰的結構和完整的基本要素，涵蓋了租賃物件、期限、租金、押金以及使用規定等關鍵項目。這份合約格式正式且易於理解，適合作為起草租賃協議的基礎框架。

## 7-10-2　增修合約

　　　ChatGPT 擬定合約後，我們也可以依據需要增補或是修訂合約。

**實例 1**：您輸入「請在租賃辦公室的「5. 使用規定」項目內增加下列條款

　不得轉租

　所有裝修退租前須復原

　請重新輸出此租賃合約」。

　下列只有輸出修訂部分。

第五條 租賃物件使用

　1. 乙方應合理使用租賃物件，不得擅自改變物件結構及用途。

　2. 乙方不得將租賃物件轉租、分租或轉借他人。

　3. 乙方不得轉租租賃物件。

　4. 所有裝修須經甲方同意，並於退租前將租賃物件恢復至原狀。

　　ChatGPT 成功地將指定條款整合入租賃合約，同時潤飾了筆者的條款，保持了文字的清晰與專業性。此修訂顯示出細心和高度適應性，有效強化了合約的完整性。

## 7-11 AI 簡報

　　這一節將介紹由 ChatGPT 生成簡報，ChatGPT 會根據給定的要求和指導，創建了一份結構清晰、內容豐富的簡報。

### 7-11-1　建立深智公司簡報

**實例 1**：您輸入「深智公司是一家科技知識業，出版計算機相關書籍，請為此建立一份 5 頁的簡報」。

---

### 深智公司簡報範本

---

#### 幻燈片1：標題頁

**深智公司簡介**

科技知識領域的先鋒

---

#### 幻燈片2：公司簡介

**公司簡介**

深智公司是一家專注於科技知識領域的公司，致力於出版高品質的計算機相關書籍。我們的目標是為讀者提供最新、最全面的技術資訊，幫助他們在快速變化的科技世界中保持競爭力。

---

#### 幻燈片3：核心價值

**核心價值**

- **誠信正直**：我們堅持誠信經營，確保所有出版內容的準確性和可靠性。
- **追求卓越**：我們不斷改進，確保提供最高質量的內容和服務。
- **創新精神**：我們鼓勵創新，持續探索新的技術領域和出版形式。
- **客戶至上**：我們以讀者需求為導向，提供量身定制的解決方案。
- **團隊合作**：我們相信合作能夠帶來更大的成功，共同推動公司的發展。

### 幻燈片4：出版領域

**出版領域**

深智公司專注於以下幾個主要領域：

- **編程技術**：涵蓋各種編程語言和框架，如Python、Java、C++等。
- **網絡安全**：介紹最新的安全技術和實踐方法。
- **數據科學**：從數據分析到機器學習，提供全面的知識體系。
- **雲計算**：探討雲技術的應用和發展。
- **人工智慧**：深入解析AI技術及其應用。

### 幻燈片5：未來展望

**未來展望**

深智公司將繼續致力於擴展出版範圍和提升內容質量，目標是成為科技知識領域的領軍企業。我們計劃：

- **擴大作者合作**：吸引更多優秀的技術專家和作者合作。
- **豐富出版形式**：探索電子書、在線課程等多種出版形式。
- **提升讀者互動**：建立讀者社區，提供更多交流和學習的機會。
- **國際化發展**：將優質內容推向國際市場，服務更多讀者。

現在，我將生成這份簡報並提供下載連結。請稍等片刻。

已經完成深智公司簡報的生成，您可以通過以下連結下載：

深智公司簡報.pptx [>-]

開啟所下載的簡報可以得到下列結果。

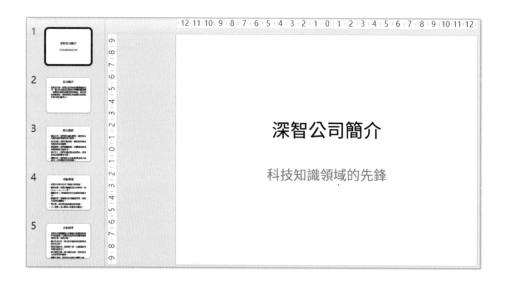

## 7-11-2　企業常見的簡報主題

以下是企業常用的 10 個簡報主題：

1. 季度業績報告

2. 年度業務回顧與展望

3. 新產品發布與介紹

4. 市場行銷策略

5. 企業文化與價值觀

6. 員工培訓與發展計劃

7. 項目管理與進度報告

8. 財務狀況與預算分析

9. 風險管理與應對措施

10. 客戶滿意度調查與改進措施

這些主題包含了企業運營的各個重要方面，適合在內部會議、外部宣講和公司策略規劃中使用。

## 7-11-3 新產品簡報

**實例 1**：您輸入『請以「ChatGPT 4 Omni」新書上市為主題建立 3 頁簡報，此書籍的 Author 是「Mr. Hung」，請為每一頁簡報生成 16:9 的圖像，請同時提供下載連結』。

---

### 幻燈片1：標題頁

**ChatGPT 4 Omni 新書上市**
探索人工智慧的新時代

### 幻燈片2：新書簡介

**新書簡介**
ChatGPT 4 Omni 新書深度解析了最新的人工智慧技術，展示了其在各個領域中的應用和未來的發展方向。這本書是AI愛好者和專業人士必備的指南。

### 幻燈片3：作者介紹

**作者介紹**
本書由知名人工智慧專家Mr. Hung編寫，他在AI領域擁有豐富的經驗和深厚的學術背景。

接下來，我將為每一頁簡報生成16:9的圖像。

---

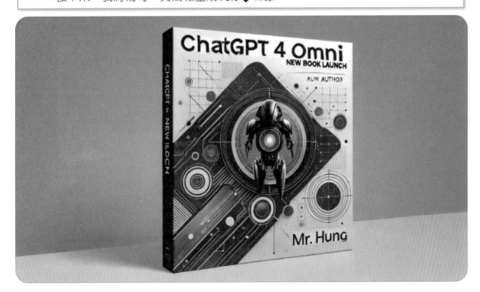

ChatGPT 漏了提供下載連結，請參考下列實例。

**實例 2**：您輸入「請提供整個簡報的下載連結」。

> 已經完成簡報的生成，您可以通過以下連結下載：
>
> ChatGPT 4 Omni 新書上市簡報.pptx
>
> 希望這些圖像和簡報能夠滿足您的需求！[>-]

ChatGPT 對於生成含圖片的簡報,目前還無法很完整呈現,會有圖片遮住文字的現象,下列是此簡報的畫面。

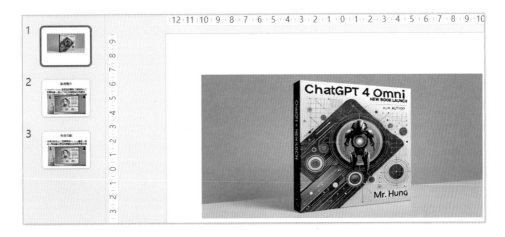

相信以 OpenAI 公司的智慧,上述問題可以很快解決。

# 第 8 章
# Prompt 魔法咒語

前面 7 個章節筆者敘述與 ChatGPT 聊天，主要是用很輕鬆態度解說，沒有對 Prompt 做太多嚴謹的說明，這是因為對於初學者，簡短的聊天其實不用了解太多語法，這一章則是對 Prompt 做更完整的說明。

# 8-1　基礎 Prompt 的補充說明

2-1 節筆者有針對 Prompt 做基礎實例說明了，這一節則是一個補充的解說。

## 8-1-1　指定表格欄位

我們可以在對話中指定以「表格式」輸出，同時指定欄位。

**實例 1**：您輸入「請解釋下列英文名詞

( 表格式，column = 英文名詞，名詞完整英文，中文翻譯 )

NBA, NCAA, MLB」。

| 英文名詞 | 名詞完整英文 | 中文翻譯 |
|---|---|---|
| NBA | National Basketball Association | 美國職業籃球聯盟 |
| NCAA | National Collegiate Athletic Association | 美國大學體育協會 |
| MLB | Major League Baseball | 美國職棒大聯盟 |

上述實例，使用 column 設定了欄位的名稱。

## 8-1-2　專注符號「#」

符號「#」可以讓 ChatGPT 專注特定主題，相當於區隔段落。

**實例 1**：您輸入「請用 100 個字說明下列事件

# 奧林匹克運動會

#NBA」。

## 奧林匹克運動會

奧林匹克運動會（Olympic Games）是每四年舉行一次的國際性綜合運動會，分為夏季和冬季奧運。奧運會匯集了全球頂尖運動員，參賽項目多達數十種，是展示各國體育實力和文化交流的重要平台。

## NBA

NBA（National Basketball Association）是美國的職業籃球聯盟，成立於1946年。NBA擁有30支球隊，分為東西兩大聯盟，是全球最高水平的籃球聯賽。NBA以其高超的技術、激烈的比賽和眾多明星球員聞名於世。

上述「#」可以讓 ChatGPT 更專注主題，分別回答。

## 8-1-3　一問一答

「一問一答」也是使用 Prompt，可以讓 ChatGPT 分別回答聊天提問。

**實例 1**：您輸入「# 一問一答

請說明第一次世界大戰

請說明第二次世界大戰」。

### 第一次世界大戰

第一次世界大戰（World War I）於1914年至1918年間爆發，主要參戰國包括協約國（英國、法國、俄國）和同盟國（德國、奧匈帝國、奧斯曼帝國）。戰爭導火線是奧匈帝國皇儲斐迪南大公在薩拉熱窩被刺殺。戰爭涉及壕溝戰、毒氣攻擊等慘烈戰術，最終以同盟國戰敗告終，導致數百萬人死亡，並改變了全球政治格局。

### 第二次世界大戰

第二次世界大戰（World War II）於1939年至1945年間爆發，主要參戰國包括軸心國（德國、義大利、日本）和同盟國（美國、蘇聯、英國、中國）。戰爭由德國入侵波蘭引發，導致全球性的大規模戰鬥，並涉及種族滅絕（如納粹大屠殺）。戰爭以軸心國的無條件投降結束，改變了世界政治版圖並促成了聯合國的成立。

我們也可以擴充到表格的輸出。

實例 2：您輸入「# 一問一答

請說明第一次世界大戰

請說明第二次世界大戰

( 表格式，問題，回答內容 )」。

| 問題 | 回答 |
|------|------|
| 請說明第一次世界大戰 | 第一次世界大戰（World War I）於1914年至1918年間爆發，主要參戰國包括協約國（英國、法國、俄國）和同盟國（德國、奧匈帝國、奧斯曼帝國）。戰爭導火線是奧匈帝國皇儲斐迪南大公在薩拉熱窩被刺殺。戰爭涉及壕溝戰、毒氣攻擊等慘烈戰術，最終以同盟國戰敗告終，導致數百萬人死亡，並改變了全球政治格局。 |
| 請說明第二次世界大戰 | 第二次世界大戰（World War II）於1939年至1945年間爆發，主要參戰國包括軸心國（德國、義大利、日本）和同盟國（美國、蘇聯、英國、中國）。戰爭由德國入侵波蘭引發，導致全球性的大規模戰鬥，並涉及種族滅絕（如納粹大屠殺）。戰爭以軸心國的無條件投降結束，改變了世界政治版圖並促成了聯合國的成立。 |

上述省略「column =」設定，也可以用表格回答，同時輸出指定的欄位名稱。

## 8-1-4　不要重複寫主題名稱

有時候我們與 ChatGPT 聊天過程，ChatGPT 會重複主題，例如：6-2-2 節的實例，如果不想重複主題，可以直接輸入「不要重複寫主題名稱」。

實例 1：您輸入「請寫一篇 600 個字「在人際互動中找到自己」的作文，不要重複寫主題名稱」。

> 在人際互動中，我們常常發現自己在不斷地學習和成長。每一段關係、每一次互動都是一次自我發現的機會。這些互動不僅讓我們更了解他人，也讓我們更深入地認識自己，從而找到了真正的自我。
>
> ...

## 8-1-5 模板或情境模擬 - 中括號

與 ChatGPT 聊天時，我們可以使用中括號「[ ... ]」，當作一個填空或待定義的項目。

**實例 1**：您輸入「請以虛擬人物，為下列資料建立 3 份資料。

姓名：[ 姓名 ]

學歷：[ 畢業學校 ]、[ 科系 ]、[ 學位 ]」。

---

Ⓢ **資料一**

**姓名:** 李明華

**學歷:**

- 國立台灣大學、經濟學系、學士
- 國立清華大學、工商管理研究所、碩士

---

...

---

**資料三**

**姓名:** 張家豪

**學歷:**

- 成功大學、機械工程學系、學士
- 交通大學、電子工程研究所、碩士

---

中括號內的內容（這裡是「姓名」）通常表示您希望在這個位置插入特定的資料或變數，這種用法類似於在模板或表格中標註那些需要被填充或自定義的部份，ChatGPT 可以依據你的提示，了解需要插入的內容。

## 8-1-6 自然語言的變數設定 - 大括號

在 ChatGPT 的自然語言應用中,大括號「{ ... }」可以做為變數設定,下列將用實例解說。實例 1 是一個 Prompt 輸入如下:

 您
{Task}=請根據我的描述生成圖像和繁體中文解釋圖像,如果輸入參數無法對應則使用第1個參數值
{Task} {Instruction} {Style} {Size}
#{Style}
1: 色鉛筆插繪風格
2: 日本動漫風格
3: 剪紙風格
#{Size}
s1: 全景
s2: 正方形

**ChatGPT**
當然可以。請提供您想要創建的圖像的描述,包括您選擇的風格(色鉛筆插畫風格、日本動漫風格、或剪紙風格)以及圖像的尺寸(全景或正方形)。如果您的輸入參數無法正確對應,我將按照您的指示使用第一個參數值進行圖像創建。請描述您希望生成的圖像。

上述我們設定了下列變數:

● {Task}:這是任務描述,內容是「請根據 ... 第 1 個參數值」,這個描述最大重點是如果輸入參數不在此範圍,使用第 1 個參數當作預設值。

● {Instruction}:這是變數,將儲存未來我們要生成圖像的描述。

● {Style}:這是變數,將儲存圖像風格,內容是「1 ~ 3」,依據 Task 描述,如果不在此範圍則是「1」。

● {Size}:這是變數,將儲存圖像大小,內容是「s1 ~ s2」,依據 Task 描述,如果不在此範圍則是「s1」。

 這個功能 ChatGPT 4o 表現無法完成功能,ChatGPT 4 則可以順利使用。

**實例 2**：您輸入「一個可愛的小女孩走在奧地利哈爾斯塔特的鄉間小路 3 s1」。

**實例 3**：您輸入「一個可愛的小女孩走在日本富士山下的鄉間小路 1 s1」。

## 8-2 專家角色扮演

我們與 ChatGPT 聊天時，ChatGPT 可以用通用型 AI 模型和我們對話。我們也可以在與 ChatGPT 聊天時，指定 ChatGPT 扮演的專家，這樣可以獲得更精準的回答。在 Prompt 裡頭設定了專家扮演，同時來談同一個主題，相較於沒有設定專家扮演，會有以下幾個不同點：

❑ **專業度和深度**

- 設定專家：回答會比較專業、深入，會用到行話，提供的是專業經歷或研究的見解。可能會講到業界的拿手好戲、案例分析、數據分析或是最新的流行趨勢。

- 沒設定專家：回答會比較淺白易懂，主要著重在基本概念和大家都懂的知識，不會太深入專業術語或複雜的理論。

❑ **語氣和風格**

- 設定專家：語氣可能比較正式，結構嚴謹，可能會有比較多指導性或建議性質的內容。

- 沒設定專家：語氣可能比較隨和，風格自在，用一種親切的方式來呈現資訊。

❑ **內容的針對性**

- 設定專家：回答會針對特定領域的細節，可能會考慮到業界特有的情況或小細節。

- 沒設定專家：回答可能比較泛泛，適合更多人，不會太深入任何特定領域的細節。

❑ **資訊來源和參考**

- 設定專家：可能會提供更多專業書籍、研究論文或業界報告當作參考。

- 沒設定專家：可能會引用一些比較通用的資訊來源，比如網路文章、綜合性的書或是大家都認同的基礎教材。

❑ **解決問題的方式**

● 設定專家：提供的解決問題的方法可能更實際、具體，可能會提到用專業工具或方法。

● 沒設定專家：給的建議可能比較基礎、通用，不會特別針對任何專業領域的工具或方法。

總結而言，設定了專家扮演的話，回答會更專業、深入，針對特定領域提供詳細的建議。沒設定專家的話，回答則更通俗易懂、基礎，比較適合一般大眾理解。

## 8-2-1 學習英文

**實例 1**：您輸入「請說明應該如何學習英文」。

> 學習英文是一個持續且多樣化的過程，以下是一些有效的學習方法：
>
> **1. 制定目標**
>
> 設立明確的學習目標，如提高口語能力、增強閱讀理解或通過某個考試（如TOEFL或IELTS）。有了明確的目標，學習會更有方向。

…

> **10. 保持興趣**
>
> 學習過程中保持興趣和動力是關鍵。選擇自己感興趣的主題來學習，例如閱讀喜歡的英文小說、觀看喜歡的電影或追蹤感興趣的新聞。
>
> **總結**
>
> 學習英文需要持續的努力和多樣化的學習方法。通過設定目標、日常接觸、參加課程、利用科技、實踐口語、學習語法、擴展詞彙、參與考試、建立語言環境和保持興趣，可以有效地提升英文水平。記住，耐心和持之以恆是學習成功的關鍵。

下列是先設定 ChatGPT 是教英文的專家的執行結果。

**實例 2**：您輸入「你是一位教英文的專家，請告訴我應該如何學習英文」。

> 學習英文是一個綜合且持續的過程，以下是一些專業的建議來幫助你有效地提升英文水平：
>
> ### 1. 設定明確的學習目標
>
> 首先，設定具體且可衡量的學習目標。這可以是通過某個特定的英語考試、能夠流利地進行日常對話，或者能夠閱讀和理解專業領域的英文資料。有了目標，你的學習會更加有方向和動力。
>
> ### 2. 創建日常接觸英文的環境
>
> 盡量在日常生活中創造多接觸英文的機會。這可以包括：
>
> - **聽**：每天收聽英文播客、英文新聞或英文歌曲。
> - **說**：參加英語角或語言交換活動，與母語人士或其他學習者練習對話。
> - **讀**：閱讀英文書籍、報紙、雜誌或線上文章。
> - **寫**：每天寫英文日記、博客或參加英文論壇討論。

…

> ### 10. 反饋和改進
>
> 定期尋求老師或母語人士的反饋，了解自己的進步和不足之處，並及時調整學習方法和策略。
>
> 總之，學習英文需要系統的規劃和多樣化的學習方法。通過設定目標、日常接觸、系統學習、實踐練習和保持興趣，你將能夠逐步提升自己的英語水平。耐心和持續的努力是成功的關鍵。

　　當設定為「你是一位教英文的專家」時，回應通常會更專業和具體，著重於教學策略和有效的學習方法。這樣的回答可能會包含關於課程設計、教學理念、以及如何針對學生的不同需求和學習風格進行調整的建議。這位專家可能會分享一些基於教學經驗和教育心理學的見解，強調如何有效地提高英語的聽、說、讀、寫能力，並可能提供一些專業的資源推薦，如特定的教材、學習平台或是教學法。

相反，如果沒有設定為「你是一位教英文的專家」，回應可能會更加一般化和廣泛，不特別偏重於教學的角度。這樣的回答可能會包括一些常見的學習建議，如經常聽英文歌曲、看英文電影、使用語言學習應用程式等，而不會深入探討如何根據學習理論來優化學習過程。這種回答可能更偏向於一般大眾的學習經驗分享，而不是專業教師的教學策略。

總的來說，「你是一位教英文的專家」的設定使回答更專注於教育策略和學習方法的專業分析，而沒有這樣的設定則可能導致回答更加廣泛和通俗。

## 8-2-2　企業行銷

7-1-2 節有實例輸出與手機有關的關鍵字，下列用「SEO 行銷專家」角色扮演，重新詮釋該節實例。

**實例 1**：您輸入「你是精通 SEO 的行銷專家，請用台灣用語，列出 10 個手機銷售有關的關鍵字」。

> 🅂　記憶已更新
>
> 當然，以下是與手機銷售有關的10個關鍵字：
>
> 1. 手機價格比較
> 2. 手機優惠
> 3. 最新手機款式
> 4. 手機評價
> 5. 智慧型手機推薦
> 6. 手機開箱
> 7. 手機購買指南
> 8. 二手手機買賣
> 9. 手機配件推薦
> 10. 手機維修服務
>
> 這些關鍵字能幫助你在台灣的手機銷售市場上提高搜索引擎的排名，吸引更多潛在客戶。
> ↓

上述實例列出的關鍵字主要集中於手機價格比較、款式、評價和優惠活動等方面，這些關鍵字偏向於銷售和產品推薦，目的在於吸引尋求新手機或了解最新手機資訊的潛在買家。總的來說，這次的關鍵字以「SEO 行銷專家」扮演，則更偏重於銷售和推薦。

## 8-2-3　創意咖啡館

3-6-1 節筆者有介紹創意咖啡館的命名，這一節則是用「文學專家」、「SEO 與行銷專家」和「台灣用語」，為我的咖啡店想出五個高雅的名字。

**實例 1：**您輸入『你是「文學專家」、「SEO 與行銷專家」請以「台灣用語」，為我的咖啡店想出五個高雅的名字，這家咖啡店晚上會變成酒吧——就像「The Page Turner」那樣。並附上一個簡短的句子解釋它的意思！』。

---

**ChatGPT**

身為一位結合「文學專家」與「SEO 與行銷專家」的角色，以下是以台灣用語為您的咖啡店想出的五個高雅且具有文學氣息的名字，以及每個名字的簡短解釋：

1. **墨香夜語**
   - 「墨香」代表著文學的氣息，「夜語」則暗示了夜晚酒吧的輕鬆對話。整個名字傳達了白日閱讀、夜晚交流的獨特體驗。

2. **詩酒暮光**
   - 結合「詩」和「酒」的元素，暗示著店內白天可以享受文學的魅力，而到了傍晚則轉變為品酒的雅致時光。

3. **翰墨佳釀**
   - 「翰墨」象徵文學與書寫，「佳釀」則指美酒，這個名字融合了文學與美酒，適合一家日間為咖啡店、夜晚變身酒吧的場所。

4. **字裡行間**
   - 暗示著在書籍的字裡行間尋找故事、知識的樂趣，而到了晚上，「行間」又可理解為朋友間的交流和故事分享。

---

> 5. **頁轉人生**
>    - 靈感來自於「**The Page Turner**」，這個名字強調了每翻一頁書籍都如同人生的新篇章，而夜晚的酒吧時光則是這段旅程中的另一種享受。
>
>    這些名字不僅富含文學氣息，也適合用於行銷推廣，能夠吸引喜愛文學和尋求高品質休閒時光的顧客。

若是將上述名字與 3-6-1 節的名字相比較，雖然都旨在表達咖啡店晚上變成酒吧的特性，但在風格、語氣和文化寓意上仍是有所差異：

❑ **風格和語氣**

- 先前的回應：名字如「日夜咖啡酒館」和「晨昏酒咖間」，給人的感覺較為直接和功能性，清晰地表達了咖啡店和酒吧的雙重功能，語氣較為現代和實用。
- 當前的回應：名字如「墨香夜語」和「詩酒暮光」，則蘊含著較多的文學和藝術氛圍，風格更為優雅和有詩意，語氣帶有一定的曖昧性和想象空間。

❑ **文化寓意**

- 先前的回應：較偏向於描述時間的變化，如「日夜」、「晨昏」，強調的是時間上從早到晚的轉換，具有一定的日常性和規律性。
- 當前的回應：融入更多的文化和情感元素，如「墨香」象徵文學和書寫，「暮光」則帶有某種夢幻和浪漫的色彩，寓意更為豐富和多層次。

總之，先前回應的名字更側重於直觀地描述店鋪的功能和營業時間，而當前回應的名字則更注重於營造一種氛圍和情感連結，透過文學和藝術的元素來吸引顧客。這兩種不同的命名方式各有特色，選擇哪一種取決於店主想要為顧客創造的體驗和店鋪的整體風格定位。

# 8-3　模仿參考範本的文案

如果看到市面上有好的文案，我們也可以指示 ChatGPT 參考模仿。

## 8-3-1　創作銷售文案

　　ChatGPT 可以模仿給定的範本風格來介紹一款新產品。下列實例的 Prompt 要求建立一封推廣郵件，模仿給定的範本風格來介紹一款新產品。範本以熱情的語調鼓勵收件人考慮改善生活質量的產品，強調其獨特功能和限時優惠。ChatGPT 需要用類似的方式來推廣另一款產品，例如：智慧手機，包括描述其創新特點、用戶好處，以及任何特別促銷活動，同時保持範本的結構和語氣一致。

**實例 1：**請參考下列輸入畫面。

您
請模擬以下風格，幫我寫一篇推廣新品牌手機的郵件
-----------------------------------------------
主旨：讓您的家變成最舒爽的呼吸空間 - 來認識EcoBreathe智能空氣清淨機
親愛的 [客戶大名]，

您有沒有想過您家裡的空氣好不好呼吸？在這個忙碌又污染的時代，為自己跟家人打造一個乾淨的呼吸環境，真的超重要的！我們超興奮要來跟您介紹我們最新研發的產品 - EcoBreathe智能空氣清淨機，保證讓您的居家生活品質大升級。

EcoBreathe智能空氣清淨機的厲害之處：
頂尖清淨技術：採用最新的HEPA過濾技術，能有效過濾掉99.97%的空氣中雜質，像是灰塵、花粉、煙味還有細菌都不是問題。
智能偵測功能：內建的空氣品質感應器可以即時監測您家的空氣狀況，自動調整清淨速度，確保您隨時都能享受到最乾淨的空氣。
環保節能設計：EcoBreathe不只顧著您的健康，也很在乎地球的未來。我們用可再生材質來製造這款產品，而且還特別設計成節能模式，減少對環境的負擔。

限時優惠活動：
現在到月底前下單，就能享有20%的專屬折扣喔！而且，前100位下單的朋友還會獲得一年免費更換濾心的服務！

[你的名字]

　　下列是輸出結果。

**主旨：體驗無與倫比的科技魅力 - 新款XPhone震撼登場**

親愛的 [客戶大名]，

您是否正在尋找一款完美結合科技與設計的手機？在這個日新月異的數位時代，擁有一部功能強大且時尚的手機，已成為我們生活中不可或缺的一部分。今天，我們非常興奮地向您介紹我們最新推出的品牌手機——XPhone，這款手機將徹底改變您的數位生活體驗。

XPhone的卓越特點：

- **頂尖拍攝技術**：配備最新的三鏡頭攝影系統，無論是日間還是夜間，都能拍出細緻清晰的照片。讓您的每一個瞬間都如同藝術品一般。

- **強大處理性能**：內建最新的八核心處理器和6GB RAM，確保您在進行多任務處理、遊戲和觀看影片時，都能享受↓流暢的使用體驗。

...

- **超長續航力**：4000mAh大電池容量，讓您無需擔心電量不足，一整天都能保持聯繫。

- **高解析度顯示**：6.5吋的OLED螢幕，呈現出最鮮豔的色彩和最細膩的畫質，帶給您前所未有的視覺享受。

- **智能安全系統**：搭載最新的指紋辨識和面部辨識技術，讓您的手機使用更加安全便捷。

限時優惠活動：
為慶祝XPhone的上市，凡在本月底前購買，即可享有10%的折扣優惠。此外，首100位下單的客戶還可獲得精美手機殼和一年免費保修服務。

不再等待，立即體驗XPhone帶來的全新科技魅力，讓您的數位生活更上一層樓！

[你的名字]

ChatGPT 的回應表現得相當出色，以下是說明：

- 清晰且具吸引力的主旨：主旨直接點出產品的亮點，吸引讀者的興趣和注意。
- 親切而專業的語調：整體語氣親切且充滿熱情，讓讀者感受到真誠的推薦，同時保持專業的形象。
- 詳細且精確的產品介紹：對 XPhone 的各項特點進行了詳細描述，包括拍攝技術、處理性能、續航力、顯示效果和安全系統，讓讀者全面了解產品優勢。
- 吸引人的優惠活動：限時優惠和首 100 位下單的額外贈品提供了額外的購買動機，能夠有效促進銷售。
- 結構合理：從引言到產品特點再到優惠活動，結構清晰合理，易於讀者理解和吸收信息。

總之，這份文案巧妙地結合了說服力、資訊和促銷策略，旨在促進產品認知和銷售，同時保持閱讀輕鬆愉悅的氛圍。

## 8-3-2　創造品牌文案

國內著名品牌「華碩」電腦的文案「華碩品質，堅若磐石」深植人心，筆者也購買多次華碩產品，現在請 ChatGPT 以此風格創作「深智」品牌文案。

**實例 1**：請參考下列輸入畫面。

> 請模擬以下風格，幫我寫類似8個字的文案，前2個字是
> 「深智」
> 華碩品質，堅若磐石

---

🌀　深智科技，卓越非凡

---

這段由 ChatGPT 生成的文案以「深智科技，卓越非凡」為主題，成功地延續了其前述要求的風格。其簡潔有力的八個字不僅突顯了「深智」品牌的智慧與創新，也強調了其產品或服務的卓越品質。文案語言簡練，富有說服力，適合用於品牌推廣和市場宣傳。整體來說，這是一則具備強烈品牌訴求的優秀文案。

我們也可以在創造文案時，告訴 ChatGPT 公司產品特色。

實例 2：請參考下列輸入畫面。

> 請模擬以下風格，幫我寫類似8個字的文案，前2個字是
> 「深智」，深智是一家電腦圖書出版的公司。
> 華碩品質，堅若磐石

> ⑨　深智書籍，智慧無限

　　這段由 ChatGPT 生成的文案以「深智書籍，智慧無限」為主題，成功地捕捉了深智作為電腦圖書出版公司所要傳達的核心價值。簡潔的八個字有效地傳達了深智書籍所具備的智慧與無限可能性。文案語言精煉、有力，能夠吸引讀者的注意，並在短時間內留下深刻印象。整體來說，這是一則符合品牌形象且具有吸引力的文案。

# 8-4　複雜問題分多次詢問

　　與 ChatGPT 聊天時將複雜問題分成多個階段提問，有多個優點：

- 提高準確性：逐步提問可以讓 ChatGPT 更準確地理解您的問題的每個部分，從而提供更準確的答案。

- 增強互動性：分階段提問鼓勵更多的互動，讓對話更加動態和參與感更強。

- 便於調整：如果某一階段的答案不是您期望的，您可以即時提出更改或澄清，這樣可以即時調整方向，而不是在最後才發現問題。

- 減少誤解：對於複雜問題，一次性提出所有細節可能導致資料過載，分階段提問可以減少誤解和溝通錯誤。

- 更容易管理：分階段處理複雜問題可以使每一步都更加可管理和可控，特別是當處理需要深入研究或計算的問題時。

- 促進學習：這種方法可以幫助您更好地理解問題的各個方面和解決問題的過程，從而促進學習和記憶。

　　透過分階段提問，您可以更有效地利用 ChatGPT 來解決複雜問題，並獲得更滿意的答案。

## 8-4-1　太陽牌衛星手機銷售

假設要將「太陽牌衛星手機」銷售到美國，如果想要一個詢問得到所有的答案，這是不可能的事物，這時可以將此詢問分成多個階段，下列僅以市場分析和目標客群定義做解說：

❏　**第一階段：市場分析**

- 問題 1：目標市場的基本概況是什麼？（人口、文化、經濟狀況等）
- 問題 2：這個市場目前的需求和趨勢是什麼？
- 問題 3：競爭對手的狀況如何？（市佔率、優勢、策略等）

❏　**第二階段：目標客群定義**

- 問題 4：目標客群的特徵是什麼？（年齡、性別、收入水平、消費習慣等）
- 問題 5：他們目前面臨的主要問題或需求是什麼？
- 問題 6：他們如何獲取產品資訊和進行購買？

如果要更完整，我們可以定「第三階段：銷售策略」，限於篇幅將針對前 2 個階段做解說。

## 8-4-2　市場分析

針對「問題 1：目標市場的基本概況是什麼？（人口、文化、經濟狀況等）」，我們可以參考下列方式詢問。

**實例 1**：您輸入『我正在考慮將我的產品「太陽牌衛星手機」引進到「美國」的市場，你能幫我分析一下這個市場的基本情況嗎？我想了解的包括人口結構、主要的經濟活動、消費者行為趨勢以及任何特定的文化因素』。

**ChatGPT**

美國市場是一個高度發展且多元化的市場，具有廣泛的人口結構、多樣的經濟活動、複雜的消費者行為趨勢，以及豐富的文化因素。以下是對您提問各方面的概要分析：

## 人口結構

美國擁有超過3.3億的人口，年齡分布廣泛，從年輕的數碼原生代到老年人都有。這樣廣泛的年齡分布意味著市場上存在多樣化的需求和偏好。

## 經濟活動

美國是世界上最大的經濟體之一，擁有強大的科技、金融、製造和服務業。科技特別是在硅谷等地區非常發達，對新技術和創新產品有很高的接受度。

## 消費者行為趨勢

美國消費者越來越注重產品的品質、可持續性和創新性。在科技產品領域，消費者傾向於尋找最新技術、高性能和良好用戶體驗的產品。移動通訊和智能裝置的使用非常普及，且消費者願意為新技術支付溢價。

## 文化因素

美國文化非常重視創新和自由，這反映在對新產品的接受度上。同時，美國是一個多文化國家，不同地區和不同族裔群體可能有不同的消費習慣和偏好。

對於您的「太陽牌衛星手機」來說，如果該產品具有獨特的創新特性或能夠滿足特定消費者群體的需求（如戶外探險愛好者、頻繁旅行的商務人士等），那麼美國市場可能會提供一個良好的機會。考慮到美國消費者對新科技的高接受度，您的市場進入策略應該強調衛星手機的獨特賣點，如在偏遠地區或災害情況下的連接性能。 ↓

以上回應對美國市場的基本情況提供了一個全面的概述，從人口結構到經濟活動，再到消費者行為趨勢和文化因素，涵蓋了引進「太陽牌衛星手機」時需考慮的關鍵要素。特別強調了美國市場對新科技的高接受度，為衛星手機的市場進入策略提供了有價值的洞察。

針對「問題 2：這個市場目前的需求和趨勢是什麼？」，我們可以參考下列方式詢問。

**實例 2**：您輸入『我正在研究「美國」的市場，想深入了解當前這裡的消費者需求有哪些特點，以及市場上有什麼明顯的發展趨勢？特別是在「太陽牌衛星手機」方面，有沒有一些關鍵的洞察或新興趋勢值得關注的？』。

---

**ChatGPT**

美國市場的消費者需求和發展趨勢不斷變化，特別是在科技領域。對於「太陽牌衛星手機」而言，以下是一些關鍵洞察和新興趨勢：

1. **增強連接性需求**：隨著遠程工作和戶外活動的增加，消費者對於在偏遠地區或通訊不便的地方保持連接的需求日益增加。衛星手機能夠提供這種額外的連接性，可能會吸引對此有特別需求的消費者群體。

2. **對於耐用性和可靠性的重視**：美國消費者越來越注重產品的耐用性和可靠性，尤其是在科技產品方面。衛星手機的堅固性和在極端條件下的可靠性可能會成為吸引消費者的一大賣點。

3. **科技整合趨勢**：智能手機市場正朝著更高的技術整合方向發展，如物聯網（IoT）功能、高階攝影技術、健康和健身追蹤等。衛星手機如果能夠整合這些先進功能，可能會更加受到消費者的歡迎。

4. **可持續性和環保意識**：美國消費者對產品的可持續性和環保影響越來越關注。如果「太陽牌衛星手機」能夠突出其環保特點或使用可持續材料，這可能會成為一個重要的市場差異化因素。

總的來說，深入了解美國市場上這些消費者需求和趨勢，並將這些洞察應用到「太陽牌衛星手機」的市場策略中，將有助於定位產品並吸引目標客戶群。

---

以上回應有效地概述了美國市場在消費者需求和發展趨勢方面的關鍵洞察，尤其是針對「太陽牌衛星手機」。提到的增強連接性需求、產品耐用性、科技整合以及可持續性趨勢都是當前市場中重要的考量因素，為產品定位和市場策略提供了有價值的指導。

針對「問題 3：競爭對手的狀況如何？（市佔率、優勢、策略等）」，我們可以參考下列方式詢問。

**實例 3：**您輸入『在「美國」的「太陽牌衛星手機」市場中，誰是主要的競爭對手？你能幫我分析一下他們的市場佔有率、主要優勢和採取的市場策略嗎？我尤其感興趣於了解他們是如何定位自己的產品或服務，以及他們成功的關鍵因素是什麼。』。

---

**ChatGPT**

在「美國」市場中，「太陽牌衛星手機」可能面臨來自幾個方面的競爭，包括傳統手機品牌推出的高端智能手機以及專注於衛星通信技術的公司。由於我無法獲取即時市場數據，以下是基於已有知識的一般性分析：

### 主要競爭對手

1. **傳統智能手機品牌**：如蘋果的iPhone、三星的Galaxy系列等，它們擁有強大的品牌忠誠度和市場覆蓋率。
2. **專業衛星通信公司**：如Garmin的InReach系列、Iridium的衛星手機等，它們提供專業的衛星通信解決方案。

### 市場佔有率和優勢

- **傳統智能手機品牌**：這些品牌通常在市場上佔有較大份額，主要優勢在於先進的技術、廣泛的應用生態系統和強大的品牌影響力。
- **專業衛星通信公司**：這些公司可能市場份額較小，但在特定領域（如戶外探險、遠程地區通信）具有專業↓，提供的衛星通信服務可靠性高。

### 市場策略和產品定位

- **傳統智能手機品牌**：通常強調產品的高科技特性、用戶體驗和設計美學，以及強大的應用和服務生態系統。
- **專業衛星通信公司**：重點強調產品的連接性能、耐用性和在極端條件下的可靠性，吸引需要在偏遠地區保持聯繫的用戶。

### 成功關鍵因素

- 對於**傳統智能手機品牌**而言，創新技術、用戶體驗和品牌忠誠度是其成功的關鍵。
- 對於**專業衛星通信公司**而言，專業的衛星通信技術、產品的可靠性和特定用戶群的精準定位是其成功的關鍵。

對「太陽牌衛星手機」而言，了解這些競爭對手的市場表現和策略，將有助於制定有效的市場進入和競爭策略，並找到獨特的市場定位，以區分於競爭對手。

上述 ChatGPT 回應提供了在「美國」銷售太陽牌衛星手機市場，主要競爭對手的深入分析，包括傳統智能手機品牌和專業衛星通信公司。詳細探討了它們的市場佔有率、主要優勢、市場策略及成功關鍵因素，為「太陽牌衛星手機」制定市場策略提供了有價值的洞察。

## 8-4-3　目標客群定義

針對「問題 4：目標客群的特徵是什麼？（年齡、性別、收入水平、消費習慣等）」，我們可以參考下列方式詢問。

**實例 1**：您輸入『我正在考慮將我的產品「太陽牌衛星手機」引進到「美國」的市場，你能幫我分析一下這個市場的基本情況嗎？我想了解的包括人口結構、主要的經濟活動、消費者行為趨勢以及任何特定的文化因素』。

 **ChatGPT**

對於「太陽牌衛星手機」在美國市場的推廣，理想的目標客群可能具有以下特徵：

### 人口學特徵

- **年齡範圍**：25-55歲，這個年齡段的消費者通常對新科技持開放態度，且具有一定的購買力。
- **性別比例**：可能接近均衡，但根據產品特性，可能略微偏向於男性，尤其是那些對戶外活動、探險或頻繁旅行有高需求的群體。
- **收入水平**：中上收入至高收入群體，因為衛星手機通常價格較高，需要一定的可支配收入才能購買。

---

### 消費習慣和偏好

- **活動興趣**：對戶外活動、探險、登山、露營、航海或頻繁從事遠程工作的人群具有較高吸引力，因為這些活動可能需要在偏遠地區保持通訊連接。
- **科技接受度**：這個群體對新科技和高端設備通常持開放態度，願意為獨特的功能和增強的性能支付溢價。
- **品質與耐用性**：重視產品的質量、耐用性和可靠性，尤其是在極端或挑戰性的環境中使用時。
- **環保意識**：對可持續性和環保有一定程度的關注，可能偏好那些展示出企業社會責任的品牌。

瞄準這樣的目標客群，「太陽牌衛星手機」的市場推廣策略應該突出其在偏遠地區提供可靠連接性的能力，以及任何針對上述消費者興趣和需求的特殊功能或服務。

---

上述 ChatGPT 回應有效地描繪了「太陽牌衛星手機」在美國市場的理想目標客群，詳細闡述了他們的人口學特徵、活動興趣、科技接受度等關鍵屬性。這為定位產品和制定針對性的市場策略提供了清晰的指導，特別是強調了目標客群對質量、耐用性和功能的高度重視。

針對「問題 5：他們目前面臨的主要問題或需求是什麼？」，我們可以參考下列方式詢問。

**實例 2**：您輸入『針對我在「美國」針對的目標客群，他們在使用「太陽牌衛星手機」時通常會遇到哪些問題或挑戰？他們有哪些未被滿足的核心需求？』。

**ChatGPT**

針對您在美國市場的目標客群，在使用「太陽牌衛星手機」時可能會遇到的問題或挑戰，以及他們的未被滿足的核心需求可能包括：

### 遇到的問題或挑戰

1. **覆蓋範圍限制**：即使是衛星手機，也可能在某些極端地區（如深山、峽谷等）面臨信號覆蓋的限制。
2. **使用複雜性**：相比傳統智能手機，衛星手機的操作可能更複雜，對於非技術型用戶來說可能是一個挑戰。
3. **成本問題**：衛星通訊的費用相對較高，無論是設備本身還是使用過程中的通訊費用。
4. **重量與體積**：為了實現高可靠性和功能性，衛星手機可能比普通智能手機更重、更大，不便攜帶。

### 未被滿足的核心需求

1. **無縫連接**：用戶可能尋求即使在最偏遠地區也能保證的無縫通訊連接。
2. **使用簡便性**：需要簡化操作界面和流程，使衛星手機易於普通消費者使用，無需專業知識。
3. **費用效益**：尋求更經濟的通訊解決方案，以降低長期使用成本。
4. **輕便耐用**：希望衛星手機在保持高耐用性的同時，也能盡可能輕便和便於攜帶。

了解這些問題和需求後，「太陽牌衛星手機」在產品開發和市場溝通策略中應考慮如何解決這些挑戰，並滿足目標客群的核心需求。

上述回應深入探討了「太陽牌衛星手機」用戶可能面臨的問題和挑戰，包括覆蓋範圍、使用複雜性、成本和攜帶便利性。同時，指出了未被滿足的核心需求，例如：無縫連接、使用簡便性、費用效益和輕便耐用性，為產品改進提供了明確方向。

針對「問題 6：他們如何獲取產品資訊和進行購買？」，我們可以參考下列方式詢問。

**實例 3**：您輸入『對於我在「美國」市場的目標客群，他們主要透過哪些通路了解「太陽牌衛星手機」的資訊？當他們決定購買時，通常會選擇哪些平台或商店？』。

**ChatGPT**

對於您在美國市場的目標客群,他們了解「太陽牌衛星手機」的資訊以及購買途徑可能包括:

## 資訊了解途徑

1. **在線平台**:包括科技產品評測網站、科技新聞網站以及社交媒體平台,這些都是消費者獲取最新科技產品資訊的重要途徑。
2. **專業論壇和社群**:針對戶外探險、登山、露營等活動的論壇和社群,成員可能分享和討論適合這些活動的裝備,包括衛星手機。
3. **產品評測和開箱視頻**:YouTube等視頻平台上的產品評測和開箱視頻,能夠提供直觀的產品介紹和使用體驗。
4. **廣告和宣傳**:透過網絡廣告、戶外廣告以及參與相關展覽會等方式進行的宣傳活動。

## 購買途徑

1. **官方網站**:許多消費者喜歡直接在產品的官方網站上購買,以確保購買的是正品並獲得完整的客戶服務。
2. **電子商務平台**:如亞馬遜、eBay等大型電商平台,用戶可以輕鬆比較不同賣家的價格和服務。
3. **專業戶外裝備店**:對於戶外探險愛好者,專業的戶外裝備店不僅提供產品,還提供專業的購買建議。
4. **電信運營商**:如果衛星手機支持某些電信服務,通過電信運營商的實體店或在線商店購買也是一個選項。

了解目標客群的資訊獲取途徑和購買偏好,對於制定有效的市場推廣策略和銷售渠道策略至關重要。

上述回應詳細介紹了「太陽牌衛星手機」在美國市場目標客群獲取產品資訊和購買途徑的多樣化方式,包括線上平台、專業論壇、產品評測影片和各種銷售通路。這些洞察有助於精準定位市場推廣活動,並選擇最有效的銷售通路來滿足目標客群的需求和偏好。

## 8-5　Markdown 格式輸出

### 8-5-1　Markdown 語法

　　Markdown 格式是一種輕量級的標記語言，它允許人們使用易讀易寫的純文字格式編寫文件，然後轉換成結構化的 HTML（超文本標記語言）文件。因為它的簡潔和易於閱讀寫作的特點，Markdown 在網路寫作、技術文檔和筆記記錄等方面非常受歡迎。Markdown 的基本語法包括：

- 標題：使用「#」來創建標題。'#' 的個數代表標題的級別。例如，「# 標題 1」、「## 標題 2」、「### 標題 3」等。
- 粗體：使用兩個星號「** 文字 **」或兩個底線「__ 文字 __」來加粗文字。
- 斜體：使用一個星號「* 文字 *」或一個底線「_ 文字 _」標記斜體文字。
- 超連結：使用「[ 連結文字 ]( 網址 )」來建立超連結，可以參考下列網址。[Google](http://google.com)。
- 列表：使用 '-'、'+' 或 '*' 建立無序列表，使用數字加上 '.' 建立有序列表。
- 引用：使用 '>' 來引用文字。例如：「> 這是一段引用文字」。
- 程式碼：使用單個引號「'」代碼來標記程式碼或命令，使用三個引號「'''」來建立程式碼區塊。
- 圖片：使用「![ 替代文字 ]( 圖片網址 )」來插入圖片。

　　Markdown 的設計初衷是希望能讓編寫者專注於內容的撰寫，而不是排版的設定，所以它的語法都盡量保持簡單和直觀。此外，許多網路平台和編輯工具都支持 Markdown，使得它非常適合用於網路內容的創建和分享。

### 8-5-2　Markdown 文章輸出

**實例 1**：您輸入「請使用 Markdown 格式撰寫一篇文章，介紹 iPhone 和 Apple Watch 的主要功能和用戶評價。文章應包括 H2 級別的子標題來分隔每個產品的介紹，每款產品下方列出三個主要功能的無序列表，並包括一條虛構的用戶正面評價作為引用。我計劃在我的臉書上發布這篇文章」。

**ChatGPT**

以下是一篇按照您的要求撰寫的文章，介紹iPhone和Apple Watch的主要功能以及包含虛構的用戶評價：

## iPhone 的主要功能 ←———— H2級別的子標題

iPhone 不僅是一款手機，它已成為我們日常生活中不可或缺的一部分。以下是iPhone的三個主要功能： 功能的無序列表 ↓

- **高效能的處理器**：iPhone 搭載的A系列晶片，讓它在處理大型應用程式和遊戲時能保持流暢不卡頓。
- **先進的攝影系統**：從廣角到長焦，iPhone 的多鏡頭系統讓每一張照片都宛如專業攝影師拍攝。
- **健全的生態系統**：藉由App Store，用戶可以輕鬆下載各式各樣的應用程式，從娛樂到生產力工具應有盡有。

正面用戶評價

> "自從我換成最新款的**iPhone**後，我的生活變得更加方便和高效。它不僅提升了我的工作效率，也讓我在攝影上有了更多的創造力。"**——虛構用戶 林先生**

## Apple Watch 的主要功能

Apple Watch 不僅是一款智慧手錶，它是你健康和生活方式的完美伴侶。以下是Apple Watch的三個主要功能：

- **全面的健康監測**：從心率監測到睡眠追蹤，Apple Watch 提供全方位的健康監測功能，幫助你更好地瞭解自己的身體狀況。
- **健身追蹤**：無論是跑步、游泳還是任何形式的鍛煉，Apple Watch 都能精準追蹤你的活動，幫助你達到健身目標。
- **無縫整合**：Apple Watch 與iPhone的無縫整合，讓你即使在運動或忙碌時刻，也能保持聯繫和掌控。

> "**Apple Watch** 完全改變了我對健康的看法。它不僅是我的健身教練，還是我的健康小助手，隨時提醒我保持活力和健康。"**——虛構用戶 張小姐**

## 8-6 試算表輸出

適度使用 Prompt，也可以控制以 Excel 檔案或是 CSV 格式輸出，我們只要告訴 ChatGPT 給超連結，就可以下載與輸出。

### 8-6-1　Excel 檔案輸出與下載

**實例 1**：您輸入「我想要建立一個 Excel 檔案，記錄小型圖書清單，請隨意挑選 5 本中文書籍 ( 表格式，書名，作者，出版年份，類別 ) 請先顯示此圖書清單，然後下方請同時給我下載的超連結」。

**ChatGPT**

我已經挑選了5本中文書籍並創建了一個圖書清單。以下是清單的內容：

| 書名 | 作者 | 出版年份 | 類別 |
|------|------|----------|------|
| 白夜行 | 東野圭吾 | 1999 | 推理小說 |
| 挪威的森林 | 村上春樹 | 1987 | 小說 |
| 活著 | 余華 | 1992 | 小說 |
| 三體 | 劉慈欣 | 2008 | 科幻小說 |
| 紅樓夢 | 曹雪芹 | 1791 | 古典小說 |

您可以使用以下連結下載該圖書清單的Excel檔案：

下載檔案

下載小型圖書清單

述點選「下載小型圖書清單」超連結，可以下載「小型圖書清單 .xlsx」，此檔案可以在 ch8 資料夾看到。

### 8-6-2　CSV 檔案輸出與下載

**實例 1**：您輸入「我想要建立一個 CSV 檔案，記錄台灣前 5 大上市公司清單 ( 表格式，公司名稱，負責人，成立日期，產業類別 ) 請先顯示此上市公司清單，然後下方請同時給我下載的超連結。

**ChatGPT**

以下是台灣前5大上市公司的清單：

| 公司名稱 | 負責人 | 成立日期 | 產業類別 |
|---|---|---|---|
| 台積電 | 劉德音 | 1987-02-21 | 半導體製造 |
| 鴻海精密工業 | 郭台銘 | 1974-02-20 | 電子製造服務 |
| 統一企業 | 羅智先 | 1967-08-25 | 食品與飲料 |
| 中華電信 | 謝繼茂 | 1996-07-01 | 電信服務 |
| 富邦金控 | 蔡明忠 | 2001-01-01 | 金融服務 |

您可以通過 下載檔案 下載這個台灣前5大上市公司清單的CSV檔案：

下載台灣前5大上市公司清單 [>-]

上述清單是 ChatGPT 根據一般資訊和常識編制的，不完全準確。點選「下載台灣前 5 大上市公司」超連結，可以下載「台灣前 5 大上市公司 .csv」，此檔案可以在 ch8 資料夾看到。

# 8-7 Prompt 參考網頁

Prompt 的功能還有許多，以下是一些介紹 Prompt 的網頁：

❏ **Content at Scale – AI Prompt Library**

https://contentatscale.ai/ai-prompt-library/

Content at Scale 的 Prompt 為企業家、行銷人員和內容創作者等提供豐富的 AI 工具使用提問範例，以提升工作效率和創造力。這個庫涵蓋了從 3D 建模到社群媒體行銷、財務管理等多種主題，並提供了如何有效運用 AI 工具的實用指南，幫助使用者在各領域實現創新和進步。

❏　**Promptpedia**

https://promptpedia.co/

PromptPedia 提供了一個廣泛的 Prompt，專門為使用各種 AI 工具的使用者設計，包括但不限於 ChatGPT 等。這個平台旨在幫助使用者更有效地與 AI 互動，無論是用於學習、創作還是解決問題。它涵蓋了從編程、數據分析到藝術創作和學術研究等廣泛主題的提問範例，旨在提升使用者利用 AI 進行探索和創新的能力。此外，PromptPedia 鼓勵社群成員分享自己的提問，促進知識和技巧的交流，使平台持續成長並豐富其內容庫。

❏　**Prompt Hero**

https://prompthero.com/

PromptHero 是一個專注於「提示工程」的領先網站，提供數百萬個 AI 藝術圖像的搜索功能，這些圖像是由模型如 Stable Diffusion、Midjourney 等生成的。這個平台旨在幫助用戶更有效地創建和探索 AI 生成的藝術，無論是用於個人創作、學術研究還是娛樂目的。PromptHero 鼓勵社群成員分享自己的創作提示，促進創意交流，並不斷豐富其廣泛的提示庫。這個平台適合所有對 AI 藝術和創作感興趣的人士，無論是新手還是有經驗的創作者。

❏　**Prompt Perfect**

https://promptperfect.jina.ai/

PromptPerfect 提供了一個專業平台，專注於升級和完善 AI 提示工程，包括優化、除錯和託管服務。這個平台旨在幫助開發者和 AI 專業人士提高他們的 AI 模型效能，透過更精準的提示設計來達到更佳的互動和輸出結果。無論是在數據科學、機器學習項目還是創意產業中，PromptPerfect 都提供了強大的工具和資源，幫助使用者發掘 AI 技術的潛力，實現創新解決方案。此平台適合需要高度定制 AI 提示的專業人士使用，以優化他們的工作流程和產品效能。

# 第 9 章
# ChatGPT App – 智慧對話

2023 年 5 月 OpenAI 公司發表了 ChatGPT 的 App，因此，我們已經可以在手機上使用 ChatGPT。現在是 2024 年 7 月，此 ChatGPT 的 App 功能不斷地強化中。

## 9-1　ChatGPT App

### 9-1-1　非官方 ChatGPT App 充斥整個 App Store

在 App Store 輸入關鍵字 ChatGPT 4o，出現一系列號稱「官方 ChatGPT」。

上述有的號稱「ChatGPT4 – 官方」、「ChatGPT - 4」… 等，或是註冊商標 (logo) 也非常類似，上述通通是偽 OpenAI 的官方 ChatGPT App。筆者也曾經不小心下載了非官方的 ChatGPT App，這些 App 特色如下：

1：下載後不須註冊，可以立即使用。

2：找不到我們在 ChatGPT 的使用紀錄。

### 9-1-2　官方 ChatGPT App

OpenAI 公司的 ChatGPT 是用簡約風，我們可以使用 商標辨識。此外，官方的 ChatGPT App 可以用下列方式確認。

● 下載後需要有登入過程，下方右圖是登入過程。

● 登入完成後，開啟左側邊欄可以看到聊天記錄。

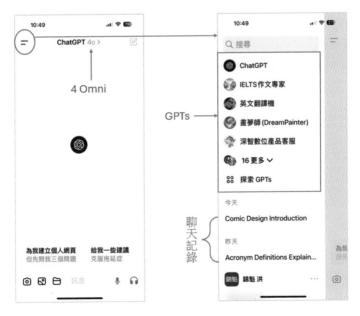

## 9-2　ChatGPT App 的演進與優缺點

早期使用 ChatGPT App 語音輸入時，出現的是簡體中文，2024 年筆者重新下載此 App，發現現在語音輸入改為繁體中文呈現了。

ChatGPT App 的優缺點 ( 功能特色 ) 如下：

- 優點：支援語音輸入，所以可以使用 iPhone 的 Siri 輸入。
- 缺點：手寫部分目前只支援英文、簡體中文。雖然看得懂繁體中文，但是不支援繁體中文輸入。如果發音無法很準確，可能會出現輸入錯誤，解決方法是讀者可以在「備忘錄」輸入繁體中文，修正內文，再複製和貼到 ChatGPT App 的輸入區。

## 9-3　認識 ChatGPT App 視窗

### 9-3-1　ChatGPT App 主視窗

ChatGPT App 主視窗畫面如下：

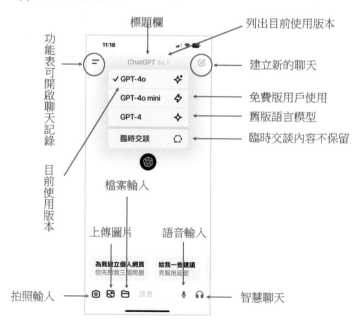

我們可以將上述視窗畫面分成下列部分：

- 功能表：可開啟我們與 ChatGPT 的聊天記錄。

- 建立新聊天：建立新的聊天。

- 語音輸入：語音輸入字句會以文字方式出現在輸入框 ( 目前顯示訊息 )。

- 拍照輸入：可以啟動手機的拍照功能當作輸入。

- 上傳圖片：可以上傳手機相簿的圖片當作輸入。

- 檔案輸入：可以上傳檔案。

- 智慧輸入：語音輸入字句不會出現在輸入框，而是直接顯示，ChatGPT 會針對輸入直接回答。特別是使用 4o 環境，可聽到具有情感的語氣。

- 標題欄：顯示目前使用的版本，可以選擇版本。

## 9-3-2　設定欄

開啟側邊欄後，可以在最下方看到自己的「帳號名字」，該列就是設定欄位，點選設定可以看到一系列屬於我們的 ChatGPT 設定訊息 (Settings)。

上述設定訊息 (Settings)，各欄位意義如下：

- 電子郵件：是登入 ChatGPT 帳號。

- 訂閱：是訂閱訊息，上面顯示筆者有訂閱 ChatGPT Plus。

- 還原購買項目：是用來讓使用者在更換手機或重新安裝 App 後，可以重新取得之前在 Apple App Store 購買的 ChatGPT Plus 訂閱。

- 個人化：包含自訂 ChatGPT 內容、個人化記憶、管理記憶 ( 在聊天過程出現「記憶已更新」的內容 )。

- 資料控管：可用於設定是否為所有人改善模型 ( 同意個人資料用於訓練模型 )、改善每個人的語音服務 ( 分享語音交談的資訊 )、封存全部交談、刪除全部交談、匯出資料或是刪除帳戶。

- 已封存的交談：這裡可以看到、回覆或是刪除聊天的封存記錄。

- 應用程式語言：當你在 iPhone 上使用 ChatGPT 時，這個欄位設定決定了 ChatGPT 與你互動時所使用的語言。

- 色彩配置：自訂聊天背景主題，有系統這是預設、深色介面和淺色等 3 種模式。

- 觸覺回饋：這是透過手機的震動馬達，在使用者與 ChatGPT 互動時，提供觸覺回饋。例如，當使用者輸入文字時，觸覺回饋會在文字輸入結束時震動一下，讓使用者知道文字已經送出；當 ChatGPT 回應時，觸覺回饋會在 ChatGPT 回應結束時震動一下，讓使用者知道 ChatGPT 已經說完了。

- 自動校正文字：當你在 iPhone 上使用 ChatGPT 時，系統會自動分析你輸入的文字，並嘗試糾正其中的拼寫錯誤或語法錯誤。

- 主要語言：預設是自動偵測，簡單來說，就是你通常會用哪種語言和 ChatGPT 聊天。

往下可以看到下列畫面。

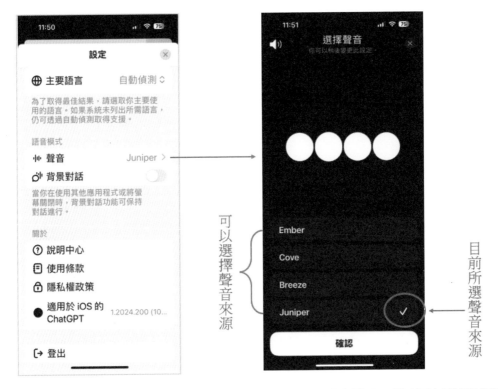

- 聲音：目前是使用 Juniper，點選可以看到所有聲音選項，讀者可以點選試聽不同的聲音來源，完成後按確認鈕即可。

- 背景對話：預設是沒有開啟。如果設定，即使你切換到其他 App 或鎖定螢幕，對話仍然在後台進行。需留意的是，持續在背景運行應用程式可能會增加手機的耗電量。

## 9-4 文字對話

ChatGPT 也支援文字對話，讀者可以用 iPhone 的文字功能輸入文字，然後點選圖示 ↑，產生輸入。

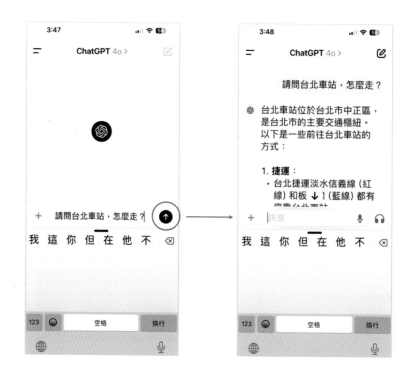

## 9-5　語音轉文字輸入

　　下方左圖按一下圖示 🎤，可以進入語音輸入，筆者口語「請推薦大學生應該要學習的程式語言」，再按一下圖示 ✅，可以產生中文字的畫面。

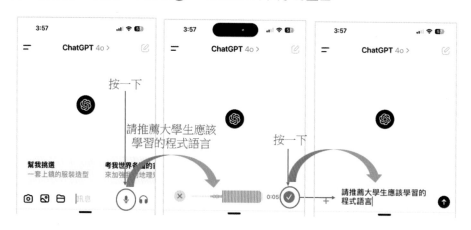

　　上方右圖畫面按一下圖示 ⬆️，可以執行輸入，然後 ChatGPT 生成回應。

# 9-6 情感與智慧的聊天

在 ChatGPT 發表前，許多人會使用 iPhone 的 Siri，與之對話取得相關訊息。由於 Siri 的智慧功能不足，因此此功能沒有普及。目前 ChatGPT App 的聊天功能，因有了 ChatGPT 的智慧與情感，智慧聊天使用起來可以非常順暢了，下列是聊天期間，ChatGPT 除了會用情感語音回答我們，也會用文字輸出。

## 9-6-1 啟動情感與智慧聊天

首先，點選圖示 🎧，可以看到下列系列畫面。

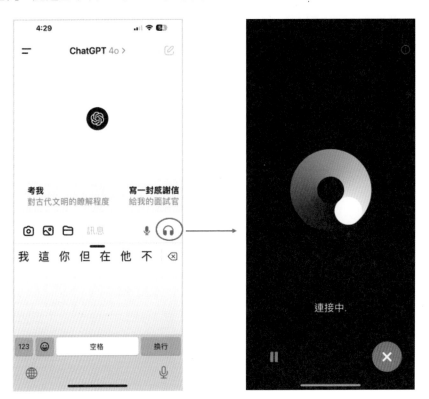

下列是與 ChatGPT 情感與智慧聊天畫面，聊天的內容也會保存在聊天記錄中。

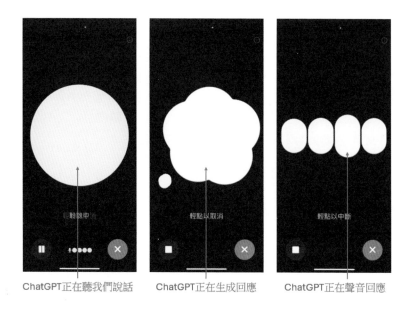

ChatGPT正在聽我們說話　　ChatGPT正在生成回應　　ChatGPT正在聲音回應

## 9-6-2 中文翻譯成英文 - 語音即時翻譯

ChatGPT 4o 除了可以用具有情感方式與我們聊天，也可以擔任即時翻譯員，同時保存在聊天記錄中。下列是請 ChatGPT 擔任英文即時翻譯員的對話實例。

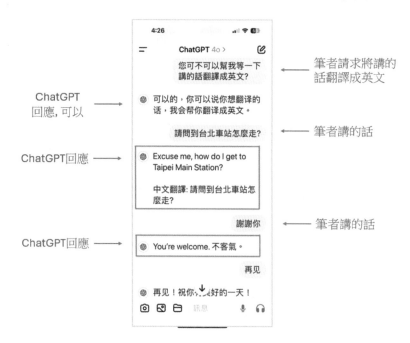

這個功能的應用範圍很廣，可參考下面說明：

● 多語支持：能夠支持多種語言，讓不同語言的使用者都能夠輕鬆交流。

● 旅遊便利：在旅行中遇到語言障礙時，即時語音翻譯能夠提供極大的幫助，讓旅行者更容易尋求幫助或詢問方向。

● 學習輔助：對於學習外語的人來說，即時語音翻譯可以幫助理解和練習正確的發音和語法。

● 增強交流：即時翻譯功能可以讓國際商務會議和合作更加順利，增強跨國合作的效率。

## 9-7　圖片輸入

這一節講解輸入圖片，然後讓 ChatGPT 辨識圖片，在使用此功能期間，有時候得到 ChatGPT 用簡體中文回應，所以筆者先告訴 ChatGPT 用繁體中文回答。

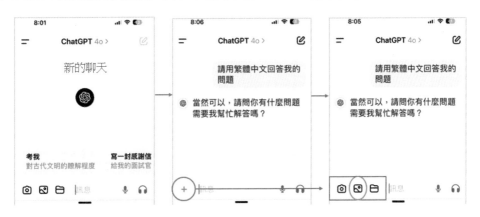

在上方右圖點選 圖示，可以輸入圖片，可以參考下方左圖。

然後按一下 ↑ 圖示，可以將輸入傳遞給 ChatGPT，最後可以得到 ChatGPT 對圖片的分析結果，可以參考上方右圖。

## 9-8 安裝與使用 Mac 版 ChatGPT

### 9-8-1 安裝 Mac 版 ChatGPT

OpenAI 公司 5 月份發表了 ChatGPT 4 Omni 版後，隨即發表了 Mac 版的 ChatGPT 應用程式，讀者可以安裝與下載。

請點選瀏覽器右上方的用戶名稱，然後請執行下載 macOS 版應用程式。

首先會看到上述畫面，表示未來隨時可以用 Mac 電腦的 Option + Space 快捷鍵，開啟 ChatGPT，執行分享螢幕擷取畫面、上傳檔案和照片、進行語音對話，以及搜尋過往的對話。上述請點選下載鈕。

可以看到上述畫面，請將 ChatGPT 拖曳至 Applications 資料夾，未來可以在 Applications 資料夾看到此 ChatGPT 圖示，可以參考下方左圖。

點選上述左邊的圖示可以啟動 ChatGPT，第一次使用需要註冊，可以參考上方右圖，由於筆者是用 Google 帳號購買 ChatGPT Plus，所以點選「使用 Google 帳戶繼續」，就可以正是進入 ChatGPT 應用程式。

## 9-8-2　認識 Mac 版 ChatGPT 應用程式

啟動 Mac 版 ChatGPT 後，可以看到下列應用程式畫面：

## 9-8-3 啟動 Mac 版的 ChatGPT

只要 ChatGPT 是啟動狀態，未來使用 Mac 期間，只要同時按 Option + Space 快捷鍵，可以看到下列畫面：

上述直接按 Enter 鍵，也可以啟動 ChatGPT。

## 9-8-4 語音轉文字輸入

在 Mac 版的 ChatGPT 應用程式，點選文字輸入區的麥克風圖示 🎤，可以開始進行語音輸入，假設筆者語音是「請告訴我台北車站怎麼走」，這時可以看到聲波訊號。

完成後請點選圖示 ✅，語音輸入將轉成文字。

請告訴我到台北車站怎麼走　⬆

上述點選圖示 ⬆，就可以執行輸入。

## 9-8-5 情感口吻的智慧聊天

點選 Mac 版 ChatGPT 輸入框右邊的圖示 🎧，可以進入情感口吻的智慧聊天，接著你可以說話，ChatGPT 會聽與回應，下列是你可以看到的畫面。

  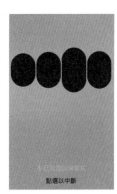

請開始說話, ChatGPT正在聽　　ChatGPT正在處理回應　　CharGPT回答中

## 9-8-6　Mac 版 ChatGPT 上傳圖檔

Mac 版的 ChatGPT 可以隨時擷取螢幕畫面上傳，然後讓 ChatGPT 解析螢幕畫面。假設目前視窗開啟 PowerPoint 視窗，現在要擷取此簡報的圖片。

1： 請同時按 Option + Space 快捷鍵。

2： 請點選圖示 🔗，然後執行截圖 /PowerPoint，相當於擷取目前桌面的 PowerPoint 視窗，此時畫面如下：

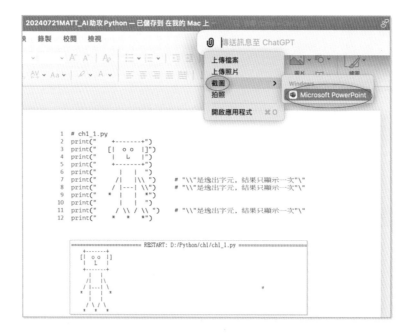

3： 你將看到下列要求你授權的畫面。

4： 請點選繼續鈕，同意授權。完成後，將看到下列成功取得 PowerPoint 視窗的
畫面：

5： 筆者同時輸入「請解釋這個程式碼」，按 Enter 鍵後，可以得到下列結果。

ChatGPT 有對上述看到的程式做完整的解釋，筆者省略輸出該部份。此外，有關
步驟 3 的授權，你會看到下列螢幕與系統錄音對話方塊。

上述需要你個人的密碼，設定後 ChatGPT 就可以擷取你的桌面視窗了。

## 9-9　iPhone 捷徑 App 啟動 ChatGPT

### 9-9-1　iPhone 捷徑 App 內的 ChatGPT

　　iPhone 手機內有內建捷徑 App，這個 App 內也可以自動啟動 ChatGPT App。當我們安裝 ChatGPT App 完成後，可以在捷徑 App 內，看到 ChatGPT。

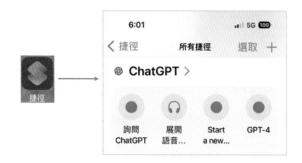

　　上述點選 ChatGPT 就可以進入屬於 ChatGPT 的捷徑，這時可以看到 6 個 ChatGPT 聊天的捷徑。

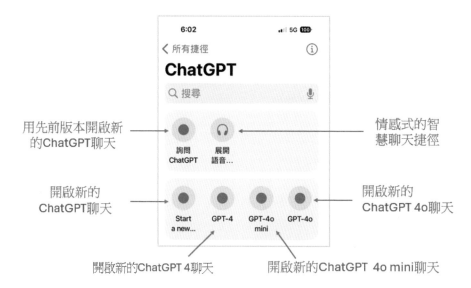

用先前版本開啟新的ChatGPT聊天

情感式的智慧聊天捷徑

開啟新的 ChatGPT聊天

開啟新的 ChatGPT 4o聊天

開啟新的ChatGPT 4聊天

開啟新的ChatGPT 4o mini聊天

　　上述點選詢問 ChatGPT、Start a new …、GPT-4 或是 GPT-4o 後，將看到下列聊天詢問視窗：

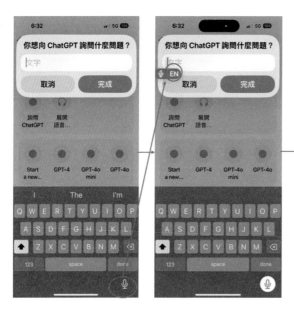

上述原則上只能輸入英文，要輸入中文需要語音輸入，請點選麥克風圖示 🎤，可參考上方左圖。可以看到英文的語音輸入符號 🎤 EN，可以參考上方中間的圖。請點選「EN」，可以看到「國」圖示，請點選「國」圖示，就可以看到上方右邊的畫面，這時可以用中文語音輸入。例如：筆者口說「有幾條路線可以到台北車站」，可以看到下方左圖，請點選完成鈕。

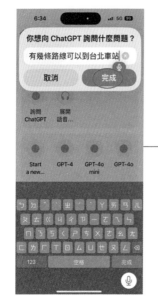

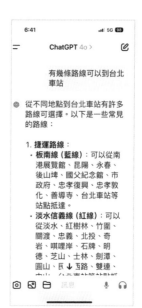

　　過不久可以得到 ChatGPT 的回應，可以參考上方中間的圖。如果切換到 ChatGPT App，可以看到聊天記錄已經有記錄，可以參考上方右邊的圖。

　　至於在 ChatGPT 捷徑，如果點選 🎧，可以進入情感式聊天捷徑，觀念與 9-8-5 節相同，讀者可以自行測試。

## 9-9-2　用 Siri 啟動 ChatGPT 捷徑

　　Siri 作為蘋果裝置的智慧語音助理，搭配 ChatGPT 這款強大的語言模型，能帶來許多便利與高效的體驗。以下為透過 Siri 啟動 ChatGPT 捷徑的優點：

- 免手操作：不需打字，直接用口語下指令，更直覺方便。
- 多工處理：在做其他事情時，也能同時進行查詢或對話，提高效率。
- 隨時隨地：不需開啟 ChatGPT 應用程式，只要呼叫 Siri 就能直接對話。
- 即時回應：Siri 能快速呼叫 ChatGPT，並提供即時的答案。

　　這一節主要是敘述用 Siri 啟動 GPT-4o 捷徑，請進入 ChatGPT 的捷徑，請點選 GPT-4o 圖示 ●，可以參考下方左圖。

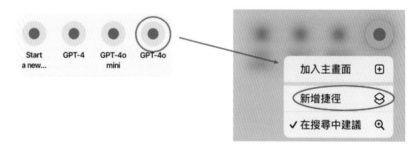

　　可以看到功能表，執行新增捷徑，可以參考上方右圖。

　　然後可以看到上方左圖，接著要取比較容易呼叫的名字，此例，筆者將捷徑名稱取名「深智數位」。請點選上方左圖的圖示 ⌄，然後參考上方中間的圖執行重新命名，

接著參考上方右邊的圖改名「深智數位」。經過上述設定後，未來在 ChatGPT 捷徑，就可以看到深智數位捷徑。

　　未來可以長按 iPhone 側邊鈕，然後說出「深智數位」就可以啟動捷徑。

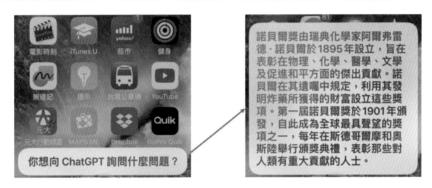

　　上述筆者口說「請用 100 個字告訴我諾貝爾獎的故事」，可以得到上方右圖的結果，同時 iPhone 會也用語音輸出，甚至上述對話也會記錄在 ChatGPT 的聊天記錄內。

## 9-9-3 用 Siri 啟動情感智慧聊天 ChatGPT 捷徑

請參考下圖點選麥克風圖示 🎧，請執行新增捷徑指令。

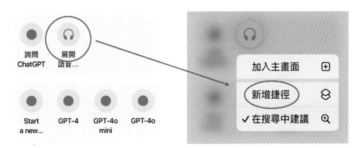

此例，筆者將捷徑名稱命名「情感聊天」，請更改名稱為情感聊天，可以參考下方左圖：

可以在 ChatGPT 捷徑看到「情感聊天」捷徑，請參考上方右圖。未來可以長按 iPhone 側邊鈕，然後說出「情感聊天」就可以啟動捷徑。

# 第 10 章
# GPT 機器人 – 畫筆魔術師

OpenAI 發表的 ChatGPT 不斷的進化中，2023 年 11 月發表了 ChatGPT Turbo，這個版本主要是增加了 GPTs。所謂的 GPT，依據官方的說法其實就是系列客製化版本的 ChatGPT，或是稱「機器人」，我們可以將「機器人」想像為個人生活的 AI 助理。這一章的內容主要是介紹有關影像設計的熱門 GPT，除了有 OpenAI 公司官方的 GPT，同時也介紹目前幾個非官方開發 GPT。

目前 GPTs 改稱「GPT 商店」，不再有小寫字母「s」。

## 10-1　探索 GPT

### 10-1-1　認識 GPT 環境

ChatGPT 左側欄可以看到探索 GPT。

$$\text{88　探索 GPT}$$

點選可以進入 GPT 頁面，在這裡可以看到 GPT 分類標籤、創鍵 GPT 功能鈕、我的 GPT ( 自己建立的 GPT) 標籤、搜尋欄位。

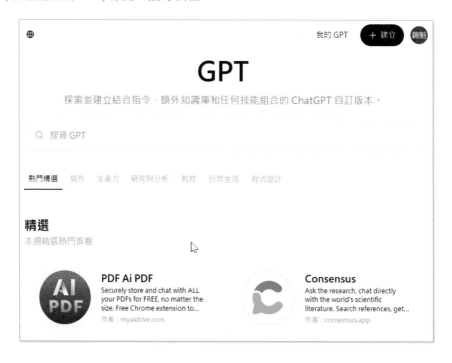

幾個功能說明如下：

● 我的 GPT：進入自己建立 GPT 的列表。

● 建立：進入建立 GPT 環境。

● 搜尋 GPT：GPT 不斷擴充中，可以在這個欄位輸入關鍵字，搜尋 GPT。

● GPT 分類標籤：可以看到所有 GPT 的分類，在分類表下方則是顯示，OpenAI 公司本週精選的熱門 GPT。

## 10-1-2　OpenAI 官方的 GPT

進入 GPTs 環境後首先看到的是熱門精選標籤，往下捲動可以看到官方建立的 GPT。

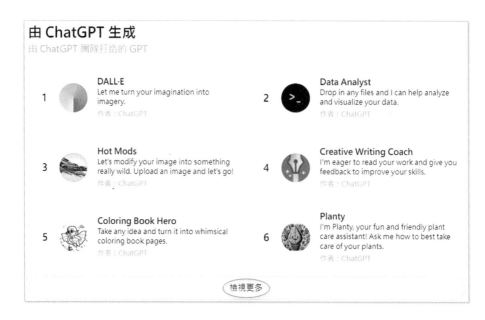

上述點選檢視更多超連結，可以看到 OpenAI 公司自行建立的 GPT，下列是官方 GPT 的項目與功能：

- DALL-E：是一款非常厲害的人工智慧工具，它可以將文字描述轉換成精美的圖像。你可以給它一個文字指令，例如：「一隻穿著太空衣的貓在月球上彈吉他」，DALL-E 就能根據你的描述，產生出相應的圖片，10-2 節會做說明。

- Data Analyst：數據分析師，上傳資料，可以分析與視覺化資料，21-4 節會做說明。

- Hot Mods：上傳圖案可以依據你的要求修改圖像，10-3 節會做說明。

- Creative Writing Coach：寫作教練，可以閱讀您的作品，並給予您回饋，以提升您的寫作能力，12-2 節會做說明。

- Coloring Book Hero：讓你的靈感自由奔放，創造出充滿魔力的著色本插畫，10-4 節會做說明。

- Planty：植物照顧好幫手！有任何植物照顧問題都可以用此 GPT。

- Web Browser：瀏覽網頁，協助您收集資訊或進行研究。

- Game Time：不管你是小朋友還是大人，這個 GPT 都能教你怎麼玩棋盤遊戲或卡片遊戲喔！

- The Negotiator：幫助你為自己發聲，取得更好的結果。成為一名優秀的談判高手。

- Cosmic Dream：開創數位奇幻藝術新紀元的畫家。

- Tech Support Advisor：不管是裝印表機還是電腦當機，都可以一步一步教你解決問題。

- Laundry Buddy：有關衣服的污漬怎麼洗、怎麼分類、怎麼設定洗衣機，通通都可以問此 GPT。

- Sous Chef：根據你喜歡的口味和現有的食材，推薦適合你的食譜。

- Math Mentor：幫助家長指導孩子數學，急著複習幾何證明？

- Mocktail Mixologist：不論您手邊有什麼食材，此 GPT 都能為您的派對提供別出心裁的無酒精雞尾酒配方，讓派對更加精彩。

- genz 4 meme：可以幫助你了解網路流行語和最新的迷因。

## 10-2　DALL-E - 讓你的奇思妙想活靈活現

DALL-E 不僅是 ChatGPT 繪圖的引擎，Copilot 的繪圖也是用 DALL-E 引擎完成。

### 10-2-1　了解 DALL-E 與 ChatGPT 繪圖的差異

DALL-E 是 OpenAI 公司研發的 AI 繪圖軟體，這個軟體目前已經內建在 ChatGPT 環境，所以我們可以在聊天環境創建圖像。讀者可能會好奇，ChatGPT 環境的繪圖和 DALL-E 的繪圖功能差異在哪裡。其實還是有差異的：

❏ **功能集中與專注度**

- ChatGPT with DALL-E Integration：這個版本的 ChatGPT 整合了 DALL-E 的繪圖功能，使其能夠在對話過程中生成圖片。這個整合版本著重於提供多功能的交互體驗，包括文字生成和圖像生成。

- DALL-E：DALL-E 是一個專門的圖像生成模型，專注於根據文字描述創造高質量的圖片，它不具備自然語言處理或對話生成的功能。

❏ **使用上下文**

- 在 ChatGPT 中，圖像生成是對話的一部分，意味著生成的圖像通常與前面的對話內容相關聯。

- DALL-E 則獨立運作，專注於根據給定的描述創建圖像，而不考慮任何更廣泛的對話上下文。

❑　用戶體驗

- ChatGPT 的用戶透過與模型對話來觸發圖像生成，這是一個交互式的過程。
- 使用 DALL-E 時，用戶直接提供圖像描述，並接收生成的圖像，這是一個更直接、單一目的的過程。

總的來說，雖然兩者都利用了 DALL-E 的圖像生成能力，但 ChatGPT 整合了這一功能，以支持其多功能的對話代理角色，而 DALL-E 本身則專注於作為一個獨立的圖像生成工具。

## 10-2-2　AI 繪圖的原則與技巧

3-1 節筆者以聊天角度說明了 AI 繪圖的原則，這一節將更完整說明 AI 繪圖的規則和技巧：

❑　指令的清晰度和完整性

指令越清晰和完整，AI 繪圖工具生成的圖像就越有可能符合用戶的預期，指令應包括以下內容：

- 主題：圖像的主題是什麼？例如，是一隻狗、一座山、還是一個場景？
- 物體：圖像中包含哪些物體？物體的形狀、大小、顏色、材質等。
- 場景：圖像的背景和環境。

❑　指令的創意性

AI 繪圖工具可以生成具有創意的圖像，但用戶需要提供足夠的創意指令。例如，可以嘗試使用以下方法：

- 使用形容詞和副詞來描述物體或場景的細節。
- 使用比喻或隱喻來創造意想不到的效果。
- 使用誇張或幽默來增加趣味性。

❑　**指令的一致性**

如果指令中包含相互矛盾的內容，AI 繪圖工具可能無法生成符合預期的圖像。例如，如果指令中描述了一隻會飛的狗，AI 繪圖工具可能無法生成一張既逼真又符合邏輯的圖像。

以下是一些使用 AI 繪圖工具時的具體技巧：

● 從簡單的圖像開始：如果您是第一次使用 AI 繪圖工具，可以先從簡單的圖像開始，例如一隻狗、一朵花或一座房子。隨著使用經驗的增加，您可以嘗試生成更複雜的圖像。

● 多試幾次：AI 繪圖工具生成的圖像可能並不總是符合用戶的預期。如果您不滿意生成的圖像，可以嘗試修改指令或重新生成。

● 與他人分享：與他人分享您生成的圖像可以獲得反饋，幫助您改進繪圖技巧。

AI 繪圖技術仍在不斷發展，隨著技術的進步，AI 繪圖工具將能夠生成更加逼真、創意和符合用戶預期的圖像。

## 10-2-3　DALL-E 的體驗

點選 DALL-E 圖示後，就可以進入 DALL-E 環境。

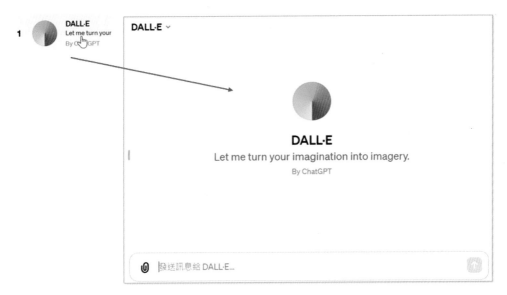

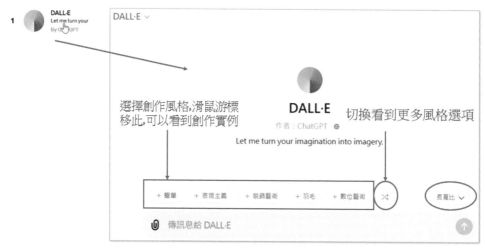

「你的想像力，是我的創作靈感。」

上述我們可以將滑鼠游標移到風格選項，了解不同風格的意義。

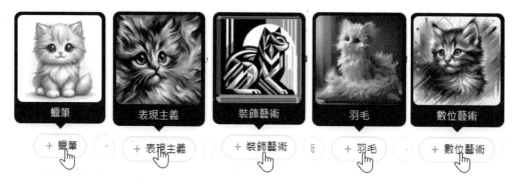

　　DALL-E 生 成 的 影 像 通 常 有 1024x1024( 正 方 形 )、1792x1024( 寬 螢 幕 ) 和 1024x1792( 垂直 ) 等三種解析度可選擇，可以參考 3-1 節。右下方有長寬比選項可以選擇，或是我們可以在 Prompt 中告知不同的尺寸，在 DALL-E 環境可以生成 2 張影像，現在就可以作畫了。

註　使用前建議先告知用繁體中文回答。

**實例 1**：您輸入「一位 16 歲女孩，與一條狗，在火星旅遊」。

　　我們可以用全景或是 16:9 比例生成圖像，可以參考下列實例。

**實例 2**：您輸入「一位漂亮的台灣女孩，16 歲，傍晚，在火星旅遊，遠方有火星探測器，請用全景」。

　　此實例，強調是台灣女孩，結果生成圖片內包含了國旗。

**實例 3**：您輸入「一位漂亮的台灣女孩，16 歲，背景是台北 101 大樓，同時顯示元旦煙火，全身肖像」。

## 10-3　Hot Mods – 圖片不夠狂？交給我！立刻變身！

　　Hot Mods 是 OpenAI 官方設計的 GPT 模型，旨在協助用戶對其上傳的圖片進行視覺上的修改或裝飾。這個工具保持了原始圖片的基本完整性和顏色，同時提供創意視覺增強。它的主要功能是解釋用戶上傳的圖片並提出修改建議。然而，Hot Mods 本身並不生成圖像，而是制定詳細的描述，這些描述可以由圖像生成 AI 工具用來創建增強版的圖像。

　　Hot Mods 能夠做出各種視覺修改，比如在圖片中添加火焰、將物體變成賽車，甚至將圖像概念化到外太空。此外，它還能在圖片中改變顏色，例如將顏料變成漆黑色。

# Hot Mods

作者：ChatGPT  ⊕

Let's modify your image into something really wild. Upload an image and let's go!

「讓我們把你的圖片改得超狂！上傳一張圖片，馬上開始吧！」

**實例 1**：首先上傳「lake.jpg」，您輸入「請在湖上增加 3 隻天鵝」。

⌇ 請在湖上增加3隻天鵝　　　　　　　　　　　　　　　⬆

點選右邊的發送訊息圖示，可以得到下列結果。

　　原始是一幅美麗的冬季風景畫，展示了一間溫馨的小木屋坐落在湖邊，周圍是被雪覆蓋的樹木和山脈。天空中充滿了絢麗的北極光，增添了畫面的夢幻色彩。提詞要求在湖上增加三隻優雅的天鵝。在生成的結果中，三隻天鵝被巧妙地加入湖中，並與

畫面中的其他元素完美融合。天鵝的倒影也映射在平靜的湖面上，增添了畫面的真實感和層次感。整體來看，新增的天鵝不僅豐富了畫面內容，還使得整幅畫更顯生動，保持了原始畫像的寧靜氛圍，同時增添了一份優雅的美感。

實例 2：首先上傳「car.jpg」，您輸入「請讓這部車子在賽車場上比賽，請同時要繪出速度感，請用全景」。

請讓這部車子在賽車場上比賽, 請同時要繪出速度感, 請用全景

點選右邊的發送訊息圖示，可以得到下列結果。

這幅畫成功地將原本在實驗室中的未來跑車轉移到了賽車場上比賽的情景中，並使用全景來展示賽道的廣闊。跑車在賽道上以高速行駛，車輛周圍的動態模糊效果強烈地表現出了速度感。背景中可以看到其他賽車和觀眾席，明亮的泛光燈照亮了整個賽道，營造出激烈的賽車比賽氛圍。這次的改圖保留了原車的霓虹光效，並成功將其融入到賽車競速的環境中，視覺效果震撼且具有未來感。

# 10-4 Coloring Book Hero - 讓你的腦洞變成繽紛的著色畫

　　Coloring Book Hero 是由 OpenAI 所開發的一款 AI 工具，一個專門製作著色書頁面的機器人，可以根據你的要求創造黑白輪廓圖，適合孩子們著色，它能將你的創意轉化為獨一無二的塗色頁面。不論你是想為孩子創造一個專屬的塗色世界，還是想自己動手設計一個獨特的圖案，Coloring Book Hero 都能滿足你的需求。

## Coloring Book Hero

作者：ChatGPT　🌐

Take any idea and turn it into whimsical coloring book pages.

「將任何想法變成充滿奇思妙想的著色頁。」

❑ **Coloring Book Hero 能做什麼？**

- 生成客製化塗色頁面：你可以描述任何你想畫的圖案，例如「一隻在太空飛行的貓咪」、「一個充滿糖果的城堡」，Coloring Book Hero 就會根據你的描述生成對應的黑白線稿。

- 簡單易用：即使你不是藝術家，也能輕鬆上手。只需輸入幾個關鍵字，就能得到一張精美的塗色頁面。

- 適合不同年齡層：不論是大人還是小孩，都能從中找到樂趣。

- 激發創造力：提供一個自由發揮的平台，讓你可以盡情揮灑你的創意。

❑ **如何使用 Coloring Book Hero？**

- 描述你的想法：清楚地描述你想要的圖案，例如「畫一隻戴著皇冠的獅子」、「設計一個海底世界」。

- 生成圖像：Coloring Book Hero 會根據你的描述生成一個黑白線稿。

- 開始塗色：將生成的圖像下載或打印出來，開始你的塗色之旅。

❑　**Coloring Book Hero 的優勢**

● 獨一無二： 每個生成的圖案都是獨一無二的，不會有重複。

● 節省時間： 不需要花費大量時間手繪，可以快速生成你想要的圖案。

● 激發創意： 可以提供給你新的靈感和想法。

❑　**Coloring Book Hero 的應用場景**

● 親子互動： 家長可以和孩子一起使用，增進親子關係。

● 教育： 可以用於教學，提高孩子的繪畫興趣。

● 設計： 可以作為設計師的靈感來源。

● 娛樂： 可以作為一種休閒娛樂方式，放鬆身心。

總結來說，Coloring Book Hero 是一款非常實用的 AI 工具，它能幫助你輕鬆地創造出獨特的塗色頁面。無論你是想為孩子製作一份禮物，還是想自己動手設計一個作品，Coloring Book Hero 都能滿足你的需求。

**實例 1**：您輸入「請創作一幅漂亮女孩遊火星的頁面，請用 16:9 比例」

**實例 2：您輸入「一隻在太空飛行的貓咪」**

## 10-5　Logo Creator - 你的品牌形象，由我來打造！

　　Logo Creator 一直是 GPT 熱門精選的成員，可以在問答之間，根據你的描述、風格偏好，甚至是產業特性，協助創作商標 (Logo) 或是圖示 (Icon)。由於能快速生成多種 Logo 設計方案，大大節省了傳統 Logo 設計所需要的時間和本。

**Logo Creator**

作者：community builder

Use me to generate professional logo designs and app icons!

「由我來生成專業的 Logo 設計和 App 圖示！」

❑　**Logo Creator 的主要功能**

● 文字描述生成 Logo：你只需要輸入幾個關鍵字，例如「科技公司、簡潔、未來感」，Logo Creator 就能根據你的描述生成多個符合要求的 Logo 設計。

- 風格定制：可以選擇多種風格，例如極簡、復古、卡通等，讓你的 Logo 更具個性。
- 色彩搭配：提供豐富的色彩搭配方案，讓你的 Logo 更具視覺衝擊力。
- 快速迭代：可以根據生成結果進行調整，快速迭代出滿意的 Logo 設計。

❏ **Logo Creator 的優勢**

- 效率高：傳統 Logo 設計需要耗費大量時間，而 Logo Creator 能快速生成多種設計方案。
- 成本低：相較於聘請專業設計師，使用 Logo Creator 能大幅降低成本。
- 靈感來源：可以提供設計師新的靈感和思路。
- 易於上手：即使沒有設計基礎，也能輕鬆操作。

❏ **Logo Creator 的應用場景**

- 創業公司：對於剛起步的創業公司來說，Logo Creator 能快速打造出專業的品牌形象。
- 個人品牌：可以用於設計個人品牌 Logo，例如自媒體、插畫家等。
- 中小企業：可以用於更新或設計新的 Logo。
- 學生：可以用於設計課堂作業或比賽作品。

實例 1：您輸入「DeepWisdom 公司是一家電腦書出版社，請用此觀念設計一個 logo」。

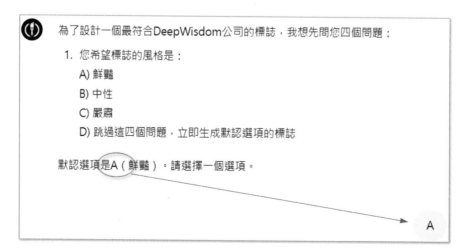

為了設計一個最符合DeepWisdom公司的標誌，我想先問您四個問題：

1. 您希望標誌的風格是：
   A) 鮮豔
   B) 中性
   C) 嚴肅
   D) 跳過這四個問題，立即生成默認選項的標誌

默認選項是A（鮮豔）。請選擇一個選項。

A

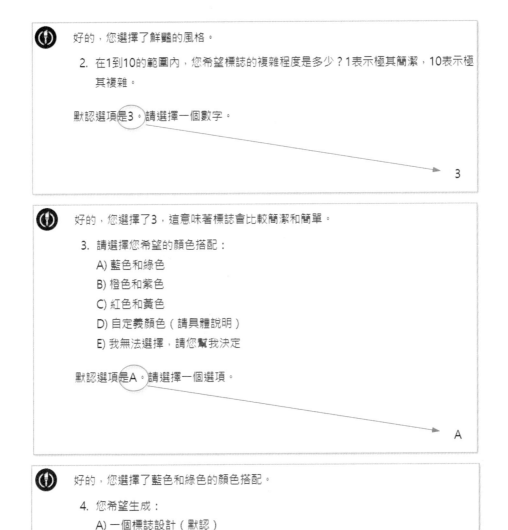

下列是全部問答採用預設，執行 2 次所獲得的結果。

在第 4 個問題時，會問要生成幾個 Logo，預設是 1，也可以選擇生成 9 個 Logo。

實例 2：您輸入「Solar Watch 是一家太陽能手錶科技公司，請用此觀念設計一個 logo」。下列是輸出 1 個與 9 個 Logo 的結果。

# 10-6 Image Generator - 想畫什麼就畫什麼，讓你的創意無限延伸！

這款 GPT 能根據您的描述，生成專業又可愛的圖像，是您創意的好幫手。

## image generator

作者：NAIF ALOTAIBI &

A GPT specialized in generating and refining images with a mix of professional and friendly tone.image generator

「一款專門用於生成和優化圖片的 GPT，兼具專業與親切的風格。」

簡單來說，你只要用文字描述你想要的畫面，AI 就會幫你「畫」出來。

**實例 1**：您輸入「創造一張充滿未來感的城市影像」。

**實例 2**：您輸入「一張未來城市的寬幅照片，夜晚的高樓大廈間，一輛閃耀著全息燈光的高科技自動駕駛流線型跑車在空中道路上高速行駛，請創造高速的效果，燈光穿透城市的霧氣，照亮前方的路徑。」

# 第 11 章
# GPT 機器人 – 數位電影院

## 11-1　Song Maker - 你的 AI 作曲夥伴

Song Maker 是一款音樂生成技術的 AI 工具，能根據你的文字描述，自動生成符合要求的音樂或含歌詞的歌曲。簡單來說，你只要用文字描述你想要的歌曲風格、旋律、歌詞等，AI 就能幫你創作出一首獨一無二的歌曲。

### Song Maker

作者：@CustomizedGPTs 𝕏

Create music using musical theory. Discover essential songwriting tips to compose music and create songs. This GPT can produce chord progressions, musical notes, song lyrics, soundtracks and album covers.

「利用音樂理論創作音樂。探索創作歌曲和音樂的必要寫歌技巧。這個 GPT 可以
生成和弦進行、樂譜、歌詞、配樂和專輯封面。」

### 11-1-1　認識 Song Maker

❑　**GPT-Song Maker 的運作原理**

- 文字輸入：你可以輸入任何你想要的音樂描述，例如：「我想創作一首歡快的流行歌曲，副歌部分要朗朗上口，歌詞主題是關於友情。」

- AI 分析：GPT 會分析你的文字，理解其中的關鍵詞、音樂風格、情感等資訊。

- 音樂生成：基於對文字的理解，AI 會生成一段符合描述的音樂片段。

❑　**GPT-Song Maker 的特色**

- 高度客製化：你可以精準地描述你想要的音樂風格、樂器、節奏等。

- 創意無限：只要你能想像，AI 就能幫你實現。

- 快速生成：幾秒鐘內就能生成一段音樂片段。

- 多樣化風格：從古典音樂到流行音樂，從搖滾樂到電子音樂，都能輕鬆駕馭。

❑ **GPT-Song Maker 的應用場景**

- 音樂創作：用於為歌曲、配樂、音效等提供靈感。
- 遊戲開發：用於為遊戲製作背景音樂、音效。
- 廣告製作：用於為廣告製作配樂。
- 教育：用於音樂教育，幫助學生學習音樂創作。

❑ **GPT-Song Maker 的未來發展**

隨著 AI 技術的快速發展，GPT-Song Maker 的應用場景將會越來越廣泛。未來，我們或許能看到 AI 生成的音樂與人類作曲家創作的音樂難分伯仲。

## 11-1-2　音樂創作

Song Maker 無論是創作純音樂的歌曲還是帶有歌詞的歌曲，都可以創作。請告訴 Song Maker 你的需求即可：

❑ **純音樂歌曲**

- 您希望的音樂風格是什麼？（如流行、搖滾、古典、爵士等）
- 想要哪些樂器參與其中？（如鋼琴、吉他、鼓、弦樂等）
- 具體的歌曲結構（如引子、主歌、間奏、結尾等）

❑ **有歌詞的歌曲**

- 歌曲的主題或故事是什麼？
- 您喜歡的音樂風格和樂器選擇？
- 有沒有特定的詞句或意象想要融入歌詞中？

AI 創作歌曲最大的優點是，如果讀者是音樂的門外漢，也可以不用告知上述細節，直接告訴 Song Maker 心情故事即可。

**實例 1**：您輸入「請創作一首慶祝公司負責人當選 2023 年台灣暢銷書作家的音樂」。

太好了！讓我們為這個值得慶祝的時刻創作一首音樂。這首音樂將會以慶典風格為主，表達出喜悅和自豪的情感。我建議使用一些充滿活力的樂器，例如小號、鋼琴、弦樂和打擊樂器。以下是這首音樂的設計和ABC記譜法：

## 純音樂歌曲設計

♫ **歌名**：榮耀時刻

♫ **風格**：慶典音樂

♫ **情感基調**：喜悅、自豪、熱鬧

♫ **樂器選擇**：小號、鋼琴、弦樂（小提琴、中提琴、大提琴）、打擊樂器

## 歌曲結構

1. **引子**（8小節）：

   - 使用小號和打擊樂器，營造出慶典的氛圍。旋律充滿活力和喜悅。

2. **主題A**（16小節）：

   - 鋼琴演奏主旋律，弦樂和打擊樂器作為和聲。旋律歡快且富有表現力，表達出慶祝的情感。

3. **變奏A1**（16小節）：

   - 主旋律稍作變化，加入更多的裝飾音和細節，讓音樂更加豐富和熱鬧。

4. **中段**（16小節）：

   - 使用弦樂器進行和聲的變化，鋼琴和打擊樂器作為背景。這部分可以表現出榮耀和感謝的情感。

5. **主題B**（16小節）：

   - 新的旋律出現，帶有勝利和希望的感覺。這段旋律可以稍微快一些，但仍然保持慶典的基調。

6. **變奏B1**（16小節）：

   - 繼續主題B的旋律，但加入更多的情感，音樂變得更加豐富和感人。

7. **結尾**（8小節）：

   - 回到引子的旋律，帶出一種圓滿和祝福的感覺。小號和弦樂器一起演奏，結束在明亮的和弦上。

您的慶祝音樂已經創作完成，並生成了MIDI和MusicXML文件。以下是文件的下載鏈接：

- 下載MIDI文件

- 下載MusicXML文件

- 下載樂譜

您可以使用以下兩種方式來播放MIDI文件：

1. Midiano Player 適用於移動設備

2. 下載並使用 Song Maker MIDI Editor 適用於PC/MAC

請聽聽看效果如何，並告訴我您的意見。如果有任何需要修改或優化的地方，請隨時告訴我！[♪-]

**註**　感覺音樂仍有進步空間。

　　上述讀者可以下載 MIDI 文件，然後用 Windows Media Player 播放。此外，Song Maker 也可以為所創作的歌曲撰寫歌詞。

**實例 2**：您輸入『你先前創作了一首「榮耀時刻」的歌曲，請為該歌曲創作歌詞』。

好的，讓我們來為「榮耀時刻」這首慶祝歌曲創作歌詞。這首歌應該表達出對公司負責人當選2023年台灣暢銷書作家的自豪和喜悅。

- 🎵 **歌名**：榮耀時刻
- 🎵 **風格**：慶典音樂
- 🎵 **情感基調**：喜悅、自豪、熱鬧
- 🎵 **樂器選擇**：小號、鋼琴、弦樂（小提琴、中提琴、大提琴）、打擊樂器
- 🎵 **歌詞密度**：主歌和副歌部分適中，每小節平均5-7個音節

**歌詞**

**引子**

這是我們的榮耀時刻

每一刻都閃耀著光芒

**主歌**

在那書頁翻開的瞬間

你的故事牽動了心弦

從不懈的努力到今天

我們見證夢想的實現

**副歌**

這是我們的榮耀時刻

每一頁都寫滿了驕傲

你的成功是我們的光

一起迎接這榮耀的時刻

---

**主歌**

每一個字句都是力量

激勵著無數的心房

你的名字將會閃耀

在那光輝的殿堂上

**副歌**

這是我們的榮耀時刻

每一頁都寫滿了驕傲

你的成功是我們的光

一起迎接這榮耀的時刻

**結尾**

讓我們一起慶祝這一天

未來的路充滿了希望

榮耀時刻永遠不會忘

我們的心永遠在飛揚

**實例 3**：您輸入「請為創作的歌曲創作專輯封面」。

這個封面能夠完美地傳達出歌曲的喜悅和自豪感。

## 11-1-3 Emoji 符號創作歌曲

當進入 Song Maker 網站後，可以看到此網站特別強調可以為 Emoji 符號創作歌曲。

**實例 1**：您輸入「Create a rock song inspired by these emojis: 🧙⚡🏛️📖🦉📟✂️📜」。

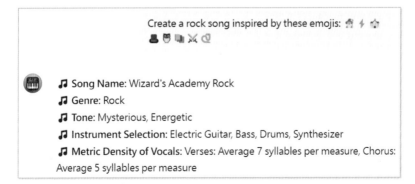

上述往下捲動可以看到更多內容，筆者感覺這是有創意的網站，生成的音樂仍有許多進步空間。

## 11-2　Canva - AI 設計的全新可能

　　GPT-Canva 這項結合了生成式預訓練轉換器（GPT）與圖像設計平台 Canva 的強大工具，正重新定義了圖像設計的可能性。透過將 GPT 的自然語言處理能力與 Canva 豐富的設計元素相結合，使用者可以僅憑文字描述，就能快速生成符合需求的專業級設計圖片或影片。

## Canva

作者：canva.com　🌐

Effortlessly design anything: presentations, logos, social media posts and more.

「設計什麼都簡單：簡報、Logo、社群貼文，通通搞定！」

### 11-2-1　認識 GPT - Canva

❏　**GPT-Canva 如何運作？**

● 文字輸入：你只需在 Canva 的介面上輸入一段文字描述，例如：「設計一張簡約風格的 Instagram 貼文，背景色為淺藍色，搭配白色字體，內容是『今天心情很好』。」

● AI 生成：GPT 會分析你的文字，理解其中的關鍵詞、風格、色彩等資訊。

● Canva 呈現：Canva 會根據 GPT 提供的資訊，自動生成多個符合描述的設計方案，供你選擇和修改。

❏　**GPT-Canva 的優勢**

● 快速生成：幾秒鐘內就能獲得多個設計選項，大幅提高設計效率。

● 高度客製化：可以根據你的需求，精準調整設計風格、色彩、元素等。

● 降低設計門檻：不需要專業的設計知識，也能輕鬆製作出精美的設計作品。

● 激發創意：AI 生成的設計方案，能為你提供新的設計靈感。

❑　**GPT-Canva 的應用場景**

● 社交媒體：設計各種社交媒體貼文、故事、封面圖、影片等。

● 行銷素材：製作海報、傳單、簡報等行銷素材。

● 個人品牌：設計個人 Logo、名片、網站 banner 等。

● 教育訓練：製作教學簡報、課程海報等。

**實例 1**：您輸入「請創作一支朋友認識週年慶影片」。首先你將看到下列訊息：

　基於安全理由，告訴你會離開 GPT，連接 canva 網站，上述請點選允許鈕，然後可以看到下列訊息和 GPT 列出 5 個選項的影片模板。

　已與 chatgpt-plugin.canva.com 交談

　　這裡有幾個適合朋友認識週年慶的影片模板，您可以點擊縮圖進行編輯：

筆者此例選擇第 2 個選項：

## 11-2-2　進入 Canva 網站

點選後，可以進入 Canva 網站。

用關鍵字搜尋更多影片模板　　復原　　　　播放

目前選項

設計工具區

可捲動看更多模板

影片時間軸

增加影片頁面

顯示目前模板　　　　影片目前只有一頁，有時候會有多頁

上述 Canva 設計環境，讀者可以盡情發揮，如果不喜歡，可以按復原鈕，回到先前畫面。

❑　**增加頁面**

目前只有 5 秒影片，我們可以按 Add Page 鈕

你會看到空白的頁面。

❑　**設計空白頁面內容**

　　目前仍是在 Design 選項，在此你可以往下捲動看到所有相關模板，選擇喜歡的模板，可以拖曳與更改影片模板。下列是實例，首先選往下捲動模板，選擇喜歡的模板。

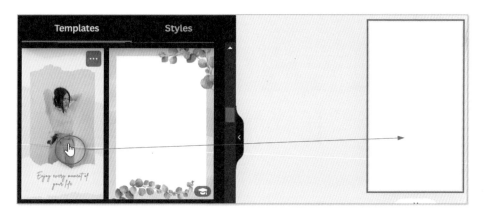

　　拖曳至影片設計區 ( 目前是空白的頁面 )，就可以更改模板，如下所示：

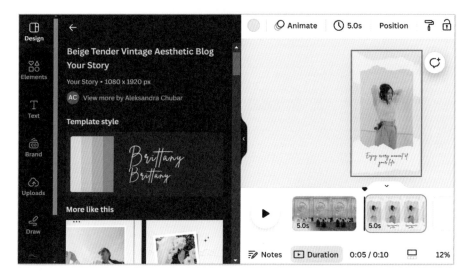

❑　**增加設計元素 Elements**

　　左邊工具列的 Elements，有 Stickers、Photos、Video ... 等許多工具可以應用在頁面，下列是點選 Elements，將一個元素拖曳到影片的實例。

當選取元素時，點選 Animate 可以為元素創作動畫。

❑　**操作時間軸**

滑鼠游標放在時間軸的影片側邊，可以拖曳更改影片長度。

❑　**建立轉場特效**

將滑鼠游標放在影片中間，請點選圖示 ⏭️，就可以設定影片間的轉場特效。

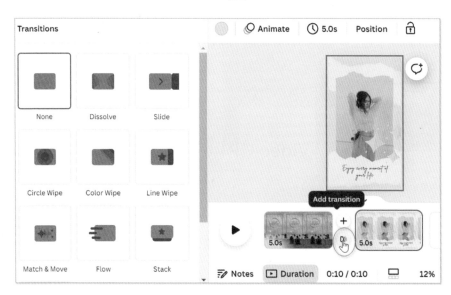

❑　**下載與分享**

如果沒有帳號需先建立帳號，然後可以 Share 鈕，分享或是下載此影片。

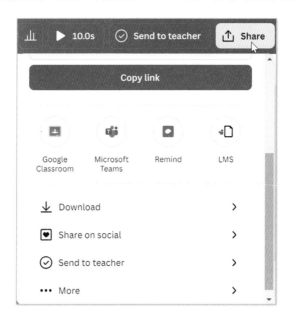

# 11-3 VEED - AI 驅動的影片編輯新時代

VEED 可以將我們的理念，透過自然語言指令，協助快速、輕鬆地編輯影片，實現以往需要專業知識才能完成的複雜影片製作任務。影片生成後，我們會被引導至 VEED. IO 官網，在此可以欣賞此影片，如果想要下載則需要註冊。

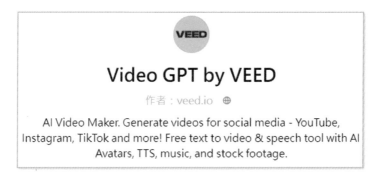

「AI 影片製作器。生成社群媒體影片 - YouTube、Instagram、TikTok 等！免費的文字轉影片和語音工具，配備 AI 虛擬人物、文字轉語音、音樂和素材庫。」

## 11-3-1　認識 GPT - VEED

❑　**GPT-VEED 的工作原理**

- 文字指令輸入：你只需輸入一段文字描述，例如：「將影片的第 10 秒到 20 秒加速播放，並加入背景音樂。」
- AI 分析理解：**GPT** 會分析你的文字指令，理解其中的關鍵詞、操作步驟、風格偏好等。
- VEED 執行操作：**VEED** 會根據 **GPT** 提供的資訊，自動對影片進行相應的編輯，例如剪輯、加速、添加特效、生成字幕等。

❑　**GPT-VEED 的優勢**

- 降低編輯門檻：不需要專業的影片編輯知識，也能輕鬆製作出高品質的影片。
- 提高效率：自動化操作大幅縮短影片編輯的時間。
- 高度客製化：可以根據你的需求，精準地調整影片的風格和內容。
- 激發創意：**AI** 生成的編輯建議，能為你提供新的創意靈感。

❑　**GPT-VEED 的應用場景**

- 社交媒體：快速剪輯短影片，製作精美的社群貼文。
- 行銷影片：製作產品介紹影片、廣告影片等。
- 教育影片：製作教學影片、課程影片等。
- 個人創作：製作 Vlog、短片等。

建議先告知用繁體中文回答，方便可以完全理解對話內容。

**實例 1**：請輸入「我想要設計女友生日快樂影片」。

 聽起來很棒！讓我們開始設計這個特別的生日快樂影片吧。

首先，我需要了解一些細節：

1. 這個影片的主要訊息或目標是什麼？
2. 這個影片的目標觀眾是誰？
3. 你想要影片呈現什麼樣的語調或氛圍？
4. 你希望影片的長度大約是多少？

回答這些問題後，我們可以進一步完善影片的內容和腳本。

請輸入「女友名字是 Judy，讓她開心

　　　　目標觀眾是 Judy

　　　　氛圍是溫暖

　　　　影片長度是 30 秒」

---

 非常好，謝謝你的詳細信息！讓我們來為 Judy 設計一個溫暖的生日快樂影片。

**問題確認：**

1. 主要訊息：讓 Judy 開心

2. 目標觀眾：Judy

3. 語調/氛圍：溫暖

4. 影片長度：約 30 秒

接下來，我會根據這些信息為你準備一個影片腳本。請確認以下的草稿：

**影片腳本：**

"Judy，生日快樂！你是我生命中最重要的人，每天和你在一起都是一種幸福。希望這個特別的日子，所有的愛與快樂都環繞著你。謝謝你一直以來的支持和愛，我很感激有你在我的生活中。今天是你的日子，盡情享受吧！愛你的 [你的名字]"

---

我們估計這段腳本會生成一個約 30 秒的影片。

請告訴我你是否滿意這個腳本，或是否需要任何修改。還有，你希望使用男聲還是女聲的語音來配音？

---

這裡筆者輸入「男生」。

好的，我們將使用男聲進行配音。這是最終的影片腳本：

"Judy，生日快樂！你是我生命中最重要的人，每天和你在一起都是一種幸福。希望這個特別的日子，所有的愛與快樂都環繞著你。謝謝你一直以來的支持和愛，我很感激有你在我的生活中。今天是你的日子，盡情享受吧！愛你的 [你的名字]"

我們估計這段腳本會生成一個約 30 秒的影片。

如果這符合你的期望，請說 **Continue**，如果有任何需要更改的地方，請告訴我！

請輸入 Continue，可以得到下列回應。

上述請點選允許鈕，表示同意 GPT 與 VEED 官網聯繫。註：未來使用 GPT 時會看到類似上述畫面，這表示要連接該 GTP 官網，請一律按允許鈕。

────── 按一下可以連結到VEED官網

你的影片還需要一些更多的調整嗎？你可以輕鬆地在 VEED 編輯器中加載你生成的影片來進行潤色。

- 編輯、設計和動畫字幕

- 將你的影片翻譯成120多種語言

- 克隆你的聲音以便輕鬆添加語音

- 使用 AI 虛擬角色

以及更多功能。

有建議讓我們做得更好嗎？分享你的反饋 來幫助我們改進這項技術。

P.S. 如果你喜歡 Video GPT by VEED，我們會非常感謝你幫助我們在 X (Twitter) 上傳播這個消息。　　　　　↓

## 11-3-2　進入 VEED 官網

上述點選「查看並編輯你的影片」超連結，或是播放鈕，皆會連接到 VEED 官網。

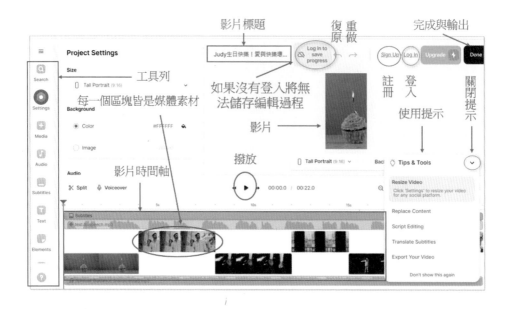

❏　播放

點選播放鈕，可以看到含繁體中文字幕的「Judy 生日快樂！」影片，下列是影片的部分片段。

註　本功能缺點是，在繁體文字片中夾雜簡體中文。

❏ **更換媒體素材**

對於時間軸內的影片不滿意,可以按一下滑鼠右鍵,執行 Replace Media 指令,這時可以選擇上傳影片或是使用 VEED 官方影片素材更換,下列是選擇官方素材的實例。

❏ **完成與輸出**

當你有註冊與登入後,影片會自動保存。如果想要下載,可以點選右上方的 Done 鈕,然後再執行 Export Video 鈕。

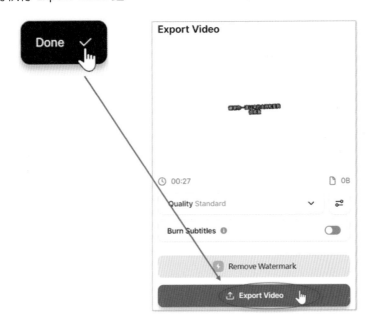

## 11-4　AI 影片製作 - CapCut VideoGPT

　　CapCut VideoGPT 是一款結合了 AI 技術的影片編輯工具，讓使用者能更輕鬆地製作出專業級的影片。它能將文字描述轉換成影片，並自動生成配音，大幅降低影片製作門檻。此外，CapCut VideoGPT 還提供多種模板和特效，讓你的影片更具創意。無論你是想製作短影片、教學影片，或是宣傳影片，CapCut VideoGPT 都能幫你實現。

### CapCut VideoGPT

作者：CapCut　⊕

Ideas to videos or designs with vast templates. Text-to-video with auto voiceover and elements.

「將想法轉化為影片或設計，並提供豐富的模板。支援文字轉影片功能，搭配自動配音和多樣化的元素。」

**實例 1：**您輸入「請為美國加州舊金山生成一段影片」。

> **CapCut VideoGPT**
>
> 當然，我將為您創建一段關於美國加州舊金山的影片。在這之前，請允許我先撰寫一段英文腳本，然後基於該腳本生成影片。默認的影片比例將設定為16:9。請稍等片刻，我將很快為您呈現影片鏈接。
>
> San Francisco, a shimmering jewel of Northern California, offers an eclectic mix of modernity and history, set against the backdrop of rolling
>
> …
>
> 正在為您生成影片，請稍候。生成完畢後，您可以重新配置腳本或影片的比例。
>
> ✓ 已與 capcut.com 進行對話 ⌄
>
> 影片已經生成完畢！您可以通過以下鏈接觀看關於美國加州舊金山的影片：觀看來自 CapCut 的 AI 影片結果。
>
> 請注意，腳本和影片的比例是可以重新配置的。如果您需要對腳本進行任何修改，或者想要更改影片的比例，請告訴我，我將樂意為您進行調整。

上述點選「觀看來自 CapCut 的 AI 影片結果」超連結，如果第一次使用需要註冊，然後可以連到 capcut 網站欣賞此影片。

右上方的匯出鈕可以匯出影片，ch11 資料夾的「舊金山 .mp4」就是所匯出的影片檔案。影片是由片段相片與聲音檔案組成，我們也可以上傳相片或是中文聲音檔案 (mp3 格式 )，達到更替影片部分內容的結果。

## 11-5 Video AI – 打造影片得力助手

這是專門設計來幫助你將想法轉化為完整製作的影片的助手。可以根據你的需求撰寫影片旁白腳本，並使用 AI 工具自動生成影片。這些影片可以適用於多個平台，例如 YouTube Shorts、Instagram、TikTok 等。

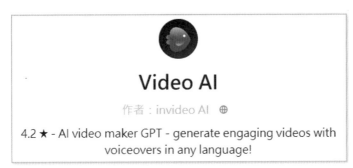

「4.2 星 - AI 影片製作 GPT：AI 幫你輕鬆製作帶有配音的多國語言影片！」

# 第 12 章
# GPT 機器人 – 閱讀、寫作與簡報

## 12-1 Write For Me – AI 寫作助手

Write for Me 功能，簡單來說就是「AI 寫作助手」。它可以根據你提供的提示、主題或要求，自動生成各種形式的文字內容，例如：

- 文章撰寫：包括部落格文章、新聞稿、產品介紹、社交媒體貼文等。

- 創意寫作：例如：詩歌、故事、劇本、歌詞等。

- 程式碼生成：可以協助你生成不同程式語言的程式碼。

- 郵件撰寫：幫助你快速撰寫各種形式的電子郵件。

- 翻譯：將一種語言的文字翻譯成另一種語言。

# Write For Me

作者：puzzle.today ⊕

Write tailored, engaging content with a focus on quality, relevance and precise word count.

「撰寫客製化、引人入勝的內容，並注重品質、相關性及精確的字數。」

### 12-1-1　與 ChatGPT 的差異

讀者可能會認為，既然 ChatGPT 已經能夠為我們撰寫文件，那麼為什麼還需要使用 Write For Me？筆者也曾經感到好奇，為什麼這款工具能夠長期佔據熱門排行榜的前幾名。深入研究後發現，Write For Me 具有以下幾個獨特的優勢：

- 專業內容創作：如果你需要寫作高質量的文章、社群貼文、報告等，此工具可以提供詳細的大綱、結構化的寫作流程，以及 SEO 優化建議。

- 定制化服務：可根據你的具體需求量身定制內容，包括語氣、風格、字數等要求，並在寫作過程中與你保持緊密溝通和更新。

- 詳細的進度管理：會逐步完成內容並交付每一部分，這樣你可以隨時檢查進度並提出修改意見，確保最終結果符合你的預期。

如果讀者的需求更偏向於簡單的問答、聊天或即時解答,那麼一般的 ChatGPT 已經足夠滿足你的需求。

## 12-1-2 簡短要求

初次使用,你可能還不了解 Write For Me 的能力,可以從簡單的聊天說起,可以參考下列內容。

實例 1:您輸入「請寫一篇 300 個字,用在社群推廣「ABC 品牌 AI PC 產品」的文章」。

### 推廣文章:探索ABC品牌AI PC產品的無限可能

在數位時代,擁有一台智能高效的電腦已成為現代生活和工作的基本需求。ABC品牌全新推出的AI PC產品,不僅僅是一台普通的電腦,更是你生活和工作的智慧助手。

**1. 高效能與智慧運算**
ABC品牌AI PC產品搭載最新的人工智能處理器,能夠快速處理各種複雜的任務。無論是圖形設計、影片編輯還是數據分析,都能輕鬆應對,大幅提高工作效率。

**2. 智能助手,隨叫隨到**
內建的AI助手功能,能夠根據你的使用習慣進行個性化推薦和自動化操作。從自動整理文件到提醒重要日程,AI助手讓你的生活更加井井有條。

**3. 頂尖安全保障**
在數據安全方面,ABC品牌AI PC產品採用了先進的加密技術,確保你的個人資料和工作數據不會外洩。AI系統還能智能檢測並阻止潛在的安全威脅,為你保駕護航。

**4. 絕佳視覺體驗**
ABC品牌AI PC產品配備高解析度螢幕和強大的圖形處理能力,無論是觀看電影還是進行視覺創作,都能帶來極致的視覺享受。

**5. 環保節能設計**
我們還致力於環保,AI PC產品採用低能耗設計,既節省能源,又減少對環境的影響。

選擇ABC品牌AI PC產品,體驗前所未有的智慧生活和工作方式。立即訪問我們的官網,了解更多產品資訊並享受限時優惠。讓ABC品牌AI PC成為你的最佳選擇,開啟智慧新紀元!

上述文章直接依據其內部的 AI 知識，強調 ABC 品牌 AI PC 產品的主要特點和優勢，以吸引潛在客戶的興趣並促進購買。

## 12-1-3　訂定題目與大綱 - 數位時代的內容行銷策略

當讀者熟悉使用 Write For Me 的功能後，也可以訂定題目與大綱，請 Write For Me 回應。

**實例 1**：請輸入下列內容。

> 請依據下列資訊生成文案
> 主題：數位時代的內容行銷策略
>
> 目標受眾：中小企業主、行銷專業人士、初創企業的行銷團隊
> 語氣和風格：專業且易於理解，實用性強，提供可操作的建議
> 預計字數：1200字
>
> 主要觀點或段落：
> 1. 了解目標受眾
> 2. 制定內容策略
> 3. 內容創作技巧
> 4. 多通路分發內容
> 5. 衡量和調整策略
> 6. 案例研究

---

✏️ **數位時代的內容行銷策略**

在數位時代，內容行銷已成為企業成功的關鍵要素。無論是中小企業、初創企業還是行銷專業人士，都需要制定有效的內容行銷策略來吸引和維持客戶。本文將提供實用的建議，幫助你在數位時代制定和實施內容行銷策略。

**1. 了解目標受眾**

成功的內容行銷始於對目標受眾的深入了解。這包括他們的需求、偏好、行為和痛點。進行受眾分析可以幫助你更好地瞭解他們的特徵，從而制定更具針對性的內容。

---

...

### 2. 制定內容策略

一個清晰的內容策略是成功的基礎。首先，需要設定明確的行銷目標，例如增加品牌知名度、吸引網站流量或提高轉化率。然後，選擇適合的內容類型和主題，並制定詳細的內容發布計劃。

...

### 3. 內容創作技巧

高質量的內容是內容行銷的核心。創作能夠吸引受眾並提供價值的內容，需要具備以下技巧：

- **撰寫引人入勝的標題**：一個好的標題可以提高點擊率，吸引更多的讀者。
- **提供有價值的信息**：內容應該解決受眾的問題或滿足他們的需求，確保內容的實用性和相關性。

### 4. 多通路分發內容

將內容分發到多個渠道，可以最大化其影響力。不同的渠道可以觸及不同的受眾，增強內容的覆蓋面。

- **社交媒體**：在Facebook、Twitter、LinkedIn等平台上定期發布和互動，吸引更多的關注者。

...

### 5. 衡量和調整策略

持續監控和評估內容行銷策略的效果，並根據數據進行調整，是取得成功的關鍵。

- **KPI設置**：設置關鍵績效指標（KPI），如網站流量、轉化率、社交媒體互動等，來衡量內容的效果。

...

### 6. 案例研究

實際案例可以提供寶貴的經驗和教訓。以下是一個成功的內容行銷案例，供參考：

- **案例：XYZ公司**：XYZ公司通過內容行銷，大幅提高了品牌知名度和銷售額。他們的成功策略包括：
  - **詳細的受眾研究**：XYZ公司深入了解目標受眾的需求和偏好，制定了精準的內容策略。

...

> **結論**
>
> 在數位時代，內容行銷是企業成功的關鍵策略之一。通過了解目標受眾、制定內容策略、創作高質量內容、多通路分發內容、持續衡量和調整策略，企業可以顯著提高其市場影響力和業務增長。希望本文的建議能夠幫助你制定和實施有效的內容行銷策略，推動你的企業邁向成功。

　　Write For Me 提供的內容行銷策略文章結構清晰，包含了解目標受眾到案例研究的各個方面。語氣專業且易於理解，並且實用性強，提供了可操作的建議。文章不僅詳細解釋了每個步驟的重要性，還引入了具體工具和方法，確保讀者能夠實際應用。整體來說，這篇文章非常適合中小企業主和行銷專業人士，幫助他們在數位時代制定和實施有效的內容行銷策略。

## 12-1-4　訂定題目與大綱 - 如何提高遠端工作的生產力

**實例 1**：請輸入下列內容。

> 請依據下列資訊生成文案
> 主題：如何提高遠端工作的生產力
> 目標受眾：遠端工作的專業人士、人力資源經理、中小企業主
> 語氣和風格：專業且友好，提供實際建議和技巧
> 預計字數：1500字
>
> 主要觀點或段落：
> 1. 設定清晰的目標和期望
> 2. 建立有效的工作環境
> 3. 管理時間和排程
> 4. 保持良好的溝通
> 5. 持續學習和技能提升
> 6. 平衡工作與生活

### 如何提高遠端工作的生產力

在數位時代，遠端工作成為越來越多專業人士的選擇。無論是因應全球疫情，還是追求更靈活的工作方式，遠端工作已經成為現代職場的重要組成部分。然而，要在遠端工作中保持高生產力，並不是一件容易的事。本文將提供實際的建議和技巧，幫助遠端工作的專業人士、人力資源經理和中小企業主提高工作效率。

#### 1. 設定清晰的目標和期望

成功的遠端工作始於設定清晰的目標和期望。這不僅能讓員工知道他們需要完成什麼，也能幫助管理者更好地跟進進度。

- **明確目標**：制定具體、可衡量、可達成、相關且有時限的SMART目標。這樣的

…

#### 2. 建立有效的工作環境

遠端工作的效率很大程度上取決於工作環境的質量。一個舒適、有組織的工作空間能夠顯著提高生產力。

- **專用工作區域**：選擇一個安靜且無干擾的區域作為工作空間。避免在床上或沙發上工作，這樣可以更好地集中注意力。

…

#### 3. 管理時間和排程

時間管理對於遠端工作者至關重要。有效的時間管理能夠幫助你在高效工作和充足休息之間找到平衡。

- **時間阻斷法**：使用時間阻斷法（Time Blocking），將一天劃分為不同的工作時段，並為每個時段分配具體任務。這能夠幫助你集中注意力，避免多任務處理帶來的效率降低。

…

#### 4. 保持良好的溝通

遠端工作中，保持良好的溝通至關重要。有效的溝通能夠促進合作、解決問題並提高團隊凝聚力。

- **使用合適的工具**：選擇適合團隊的溝通工具，如Slack、Microsoft Teams或Zoom，根據需要進行文字、語音或視頻交流。

...

### 5. 持續學習和技能提升

在遠端工作中，保持技能的持續提升對於個人和團隊的長期成功至關重要。

- **在線課程**：利用在線學習平台，如Coursera、Udemy或LinkedIn Learning，持續學習新知識和技能。這不僅能夠提升專業能力，還能激發創新思維。

...

### 6. 平衡工作與生活

遠端工作中，保持工作與生活的平衡是保持長期生產力和健康的重要因素。

- **設定工作界限**：明確工作時間和休息時間，不在休息時間處理工作相關事項。這樣能夠幫助你避免過度工作，保持良好的心理健康。

...

### 結論

總結來說，通過設定清晰的目標和期望、建立有效的工作環境、管理時間和排程、保持良好的溝通、持續學習和技能提升以及平衡工作與生活，你可以在遠端工作中顯著提高生產力。希望本文的建議能夠幫助遠端工作的專業人士、人力資源經理和中小企業主，在數位時代取得更好的工作成果。

Write For Me 生成的文章內容條理清晰，全面覆蓋了提高遠端工作生產力的各個關鍵方面。從設定目標到管理時間，再到保持溝通和技能提升，文章提供了實用且具操作性的建議。語氣專業且友好，易於理解，適合遠端工作的專業人士、人力資源經理和中小企業主。每個段落都深入探討具體策略，並給出具體工具和方法，確保讀者能夠實際應用。整體而言，這篇文章有效地滿足了目標受眾的需求，並提供了實際可行的解決方案。

## 12-2　Creative Writing Coach - 創意寫作導師

　　這是 OpenAI 公司開發的創意寫作教練 GPT，專門用來幫助你提升寫作技巧。此 GPT 具備豐富的閱讀經驗，特別是在創意寫作和小說方面，能夠為你提供實際且鼓舞人心的回饋。目標是協助你改善你的文筆，不論是散文、詩歌還是其他形式的創意寫作。此 GPT 首先會簡單地評分你的寫作，指出其中的優缺點，然後再提供建議，幫助你更進一步提升。此外也能提供靈感、幫助你克服寫作障礙，並分享各種寫作技巧和風格的見解。希望能夠成為你在寫作之路上的好夥伴！。

# Creative Writing Coach

作者：ChatGPT　⊕

I'm eager to read your work and give you feedback to improve your skills.

「我非常期待閱讀你的作品，並提供回饋以提升你的技能。」

6-4-3 節筆者有介紹 IELTS( 或 TOEFL) 作文標題是：

Do you agree or disagree with the following statement? It is better for children to grow up in the countryside than in a big city. Use specific reasons and examples to support your answer.

　　筆者有針對上述題目寫了一篇文章，儲存在 ch12 資料夾的 TOEFL.docx。

**實例 1**：請上傳 TOEFL.docx 檔案，然後輸入 Prompt「 」。

**TOEFL.docx**
文件

請針對我上傳的作文, 提出具體的修改建議, 而且要引用我寫的英文句子和你修改後的英文句子
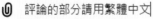 評論的部分請用繁體中文

你的作文內容很清楚，並且有條理地探討了在鄉村長大和在城市長大的優缺點。以下是一些具體的修改建議，幫助你提升表達的精確性和流暢度。

### 1. 句子結構與連接詞

原句：

"I think it depends on the kid. Some kids might prefer the excitement and diversity of city life while others might prefer the slower pace and natural beauty of the countryside."

修改後：

"The preference largely depends on the child; while some may enjoy the excitement and diversity of city life, others might favor the slower pace and natural beauty of the countryside."

**理由**：這裡使用「largely depends on the child」可以讓句子更加專業。同時，使用「while」與「others」搭配「may」和「might」強化對比。

…

### 4. 關於優點和缺點的總結

原句：

"Overall I think the benefits of growing up in the countryside outweigh the drawbacks."

修改後：

"In conclusion, the benefits of growing up in the countryside, such as a strong connection with nature and community, seem to outweigh the potential drawbacks."

**理由**：增加「such as a strong connection with nature and community」使結論更加具體，也讓論點更具說服力。

希望這些修改建議對你有所幫助！你的寫作已經很好，透過這些細節的調整，能讓你的表達更上一層樓。

　　從上述可以看到創意寫作導師非常完整的修訂筆者的文章了，充分應用此功能，相信英文寫作一定可以突飛猛進。

## 12-3 Copywriter GPT - AI 寫廣告與 SEO 優化

這是一個專門為廣告文案創建而設計的 GPT，主要功能是透過一系列結構化的問題幫助用戶創建高效的廣告文案。問題包括幫助你明確廣告目標、描述產品或服務、確定目標受眾、選擇投放平台、選擇廣告語調和風格，以及強調關鍵訊息。隨後會根據這些資訊生成廣告文案草稿，並提供進一步優化選項，如人性化處理或 SEO 優化。

# Copywriter GPT - Marketing, Branding, Ads

作者：adrianlab.com　⊕ X

Your innovative partner for viral ad copywriting! Dive into viral marketing strategies fine-tuned to your needs! Latest Update: Added "[New] One-step Ads Creation" mode, a streamlined alternative to the detailed step-by-step guidance.

「您的病毒式廣告文案創新夥伴！深入探索為您量身打造的病毒式行銷策略！最新更新：新增「[ 新 ] 一鍵式廣告創作」模式，提供簡化的替代方案，取代詳細的逐步指導。」

## 12-3-1　廣告文案創作

**實例 1**：您輸入『我想為一家「情緣咖啡館」建立廣告文案，請協助』。

 很高興協助你為「情緣咖啡館」建立廣告文案！首先，我需要了解一些基本資訊。
請問你的主要活動目標是什麼？

a) 品牌知名度提升
b) 產品發布
c) 潛在客戶獲取
d) 銷售增長
e) 活動推廣

以上皆是

了解了！請你簡短描述一下「情緣咖啡館」的產品、服務或活動，並描述你的目標
受眾（如年齡、興趣、行為等）。這樣我可以更好地為你制定廣告文案。

咖啡店內銷售，約20～50歲的學生與上班族

 感謝你的描述！接下來，請選擇你計畫投放廣告的平台：

a) 電子郵件
b) Google 廣告
c) Facebook
d) Instagram
e) Twitter/X
f) LinkedIn
g) 雜誌
h) 其他（請指定）

a, c

 好的，你選擇了電子郵件和Facebook作為廣告投放平台。接下來，請選擇廣告的
語調和風格：

a) 幽默
b) 鼓舞人心
c) 資訊性
d) 嚴肅
e) 俏皮
f) 其他（請指定）

a, b

你選擇了幽默和鼓舞人心的語調和風格。接下來,請告訴我你希望在廣告中強調的關鍵訊息或主題:

a) 奢華與獨特性
b) 創新與科技
c) 健康與養生
d) 定制化與個性化
e) 文化或季節相關
f) 其他 ( 請指定 )

b, d

你希望在廣告中強調創新與科技以及定制化與個性化。最後,請選擇你偏好的行銷策略或框架:

a) 為我選擇
b) 其他 ( 請指定 )

a

感謝你的選擇！我將為你選擇一個適合的行銷策略來創建廣告文案。根據你的需求和目標，我會使用「Before-After-Bridge（前後橋樑）」框架，這個框架能有效呈現「情緣咖啡館」的現有情境，展示產品或服務帶來的改變，並引導受眾了解如何達成這些改變。

## 廣告文案草稿

### 電子郵件：

標題：找到心靈契合的咖啡時光，從情緣咖啡館開始

內文：
親愛的咖啡愛好者，

你是否厭倦了每一天一成不變的咖啡體驗？我們明白，你尋找的不僅僅是一杯咖啡，而是一段能激發靈感並讓你感到特別的時光。情緣咖啡館就是為你而設，我們結合創新的咖啡調製技術和個性化的環境設計，讓你每次到訪都能享受量身定制的愉悅體驗。

現在就來情緣咖啡館，讓我們的特調咖啡和溫馨氛圍帶你走進一段屬於你的咖啡時光。從第一口到最後一滴，感受那專屬於你的獨特滋味。

期待在情緣咖啡館與你相遇！

### Facebook廣告：

主文案：
厭倦了每天的平凡咖啡？來情緣咖啡館，發掘屬於你的特調咖啡之旅！我們將創新技術與個性化體驗結合，讓每一次到訪都充滿驚喜。快來看看，我們有多麼不一樣！

【立即到訪 | 體驗不一樣的咖啡】

## 12-3-2 SEO 優化

延續上一個實例,你可以看到下列內容:

你可以現在對這些文案進行審閱並提出任何你想要的修改。

你還可以選擇進行進一步優化:
a) 人性化處理
b) SEO優化
c) 人性化處理和SEO優化
d) 不需要,我對當前草稿滿意

請告訴我你的選擇。

上述筆者輸入「b」選擇「SEO 優化」。

b

好的,我將對廣告文案進行SEO優化,以便在電子郵件和Facebook上更好地觸及目標受眾。以下是經過SEO優化後的廣告文案:

### SEO優化後的廣告文案

**電子郵件:**

標題:發現心靈契合的咖啡體驗 - 情緣咖啡館

內文:
親愛的咖啡愛好者,

你是否尋找一杯既能激發靈感又能帶來舒適感的咖啡?情緣咖啡館就是為你量身定制的咖啡聖地。我們結合最先進的咖啡調製技術和個性化的環境設計,提供專屬於你的獨特咖啡體驗。

期待在情緣咖啡館與你相遇，為你呈現前所未有的咖啡體驗！

**Facebook廣告：**

主文案：

厭倦了每天千篇一律的咖啡？來情緣咖啡館，探索我們獨特的特調咖啡，為你的每一天注入新鮮感！我們以創新技術與個性化服務為基礎，讓你的每次到訪都別具一格。立即行動，享受不同凡響的咖啡體驗！

【立即到訪 | 發現不一樣的咖啡】

Copywriter GPT 展現了卓越的廣告文案創作能力，能夠根據使用者的需求精確地引導過程，並生成具有吸引力的內容。它先是透過一系列的問答來了解目標受眾、平台和風格，然後以適當的行銷策略（如 Before-After-Bridge 框架）為基礎，創作出結合創新與個性化的廣告文案。最後，根據用戶的選擇進行了 SEO 優化，使內容在不同平台上更具搜索引擎友好性。其整體流程流暢、回應迅速且靈活，能有效滿足用戶的廣告需求。

## 12-4 Scholar GPT - 研究助理 AI 助你事半功倍

一個多功能的研究助手，擁有多種先進功能來協助學術研究和數據分析。以下是一些主要功能和特色：

● 學術論文搜尋：可以搜尋學術論文和文章，並提供詳細的引用和超連結。

● 論文摘要：可以快速地將長篇論文摘要成簡短的重點，方便研究人員快速了解文章內容。

● 語言翻譯：能夠將不同語言的學術文獻進行翻譯，方便跨國研究。

● 數據分析與視覺化：可以使用 Python 庫進行數據分析，並製作圖表來視覺化數據。

● 基本機器學習模型應用：可以應用基本的機器學習模型來解決特定問題，並提供預測和分析。

- 複雜數學問題求解：能夠解決各種複雜的數學問題，並提供詳細的步驟和解釋。

- 自然語言處理（NLP）任務：NLP 全名是 Natural Language Processing，可以執行文字分析、情感分析等 NLP 任務，並提供深度文本解析。

- 定制報告生成：可以結合線上數據和分析見解，生成定制化報告，滿足用戶的特定需求。

# Scholar GPT

作者：awesomegpts.ai ⊕

Enhance research with 200M+ resources and built-in critical reading skills. Access Google Scholar, PubMed, JSTOR, Arxiv, and more, effortlessly.

「透過 2 億多項資源與內建的批判性閱讀能力，提升您的研究。輕鬆存取 Google Scholar、PubMed、JSTOR、Arxiv 等資料庫。」

## 12-4-1　論文的搜尋

**實例 1**：您輸入『請搜尋 3 篇與「musicLM」主題有關論文』。首先將看到下列訊息：

請點選允許，可以得到下列結果。

...

上述有找到完全相符的論文，同時列出 2 篇相關論文。論文下方會有「閱讀全文」與「PDF」超連結。

❑　**閱讀全文**

可以進入論文網站，可以參考下列畫面。

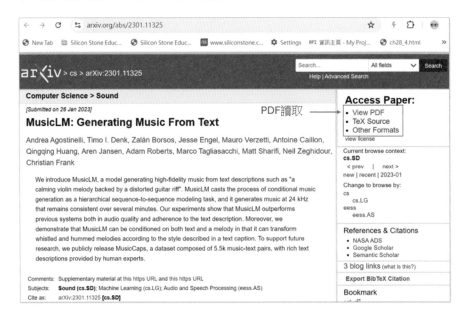

❏　**PDF**

可以用 PDF 顯示此篇論文。

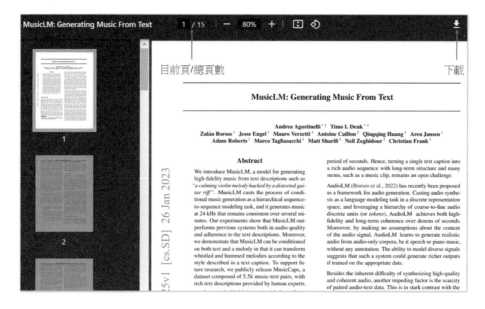

點選右上方的下載圖示，可以用 PDF 格式下載此篇論文。

## 12-4-2　論文摘要

實例 1：您輸入「請用 150 個字摘要 MusicLM 論文」。

已與 actions.sider.ai 交談

### 摘要：MusicLM: Generating Music from Text

MusicLM是一個生成高保真音樂的模型，從文本描述如「舒緩的小提琴旋律伴隨失真吉他即興」中生成音樂。它將條件音樂生成過程表述為層次化的序列到序列建模任務，生成24kHz且數分鐘內一致的音樂。實驗顯示MusicLM在音頻質量和文本描述的一致性上優於之前的系統。此外，MusicLM可以根據文本描述的風格轉換哼唱或口哨旋律。我們還公開了由音樂專家提供的5.5k音樂-文本對的數據集MusicCaps，以支持未來的研究。

完整論文可在此處閱讀。

## 12-4-3　語言轉譯

**實例 1**：您輸入「請將 150 個字「摘要 MusicLM 論文」，轉譯成日文」。

 **要約：MusicLM: テキストから音楽を生成**

MusicLMは、「歪んだギターリフに伴われた穏やかなバイオリンのメロディー」のようなテキスト記述から高品質な音楽を生成するモデルです。これは、条件付き音楽生成プロセスを階層的なシーケンス・ツー・シーケンスモデリングタスクとしてキャストし、24kHzの音楽を数分間にわたって一貫して生成します。実験により、MusicLMは音質とテキスト記述の一致性において以前のシステムを上回ることが示されました。また、テキストの記述に従って口笛やハミングのメロディを変換することも可能です。さらに、未来の研究を支援するために、音楽専門家が提供する5.5kの音楽テキストペアで構成されるデータセット、MusicCapsを公開しました。

完全な論文はこちらでご覧いただけます。

## 12-4-4　自然語言輸入公式

Scholar GPT 可以接受我們用自然語言方式輸入公式。

**實例 1**：請參考下列畫面。

你可以看得動下列公式嗎
z = x平方 + y平方

 是的，我可以理解並處理這個公式。公式 $z = x^2 + y^2$ 表示一個二次曲面，其中 $z$ 是 $x$ 和 $y$ 的平方和。

如果你有具體的問題或者需要進一步的分析，請告訴我。我可以幫助你進行計算、繪圖或者提供其他相關的數學分析。

## 12-4-5 複雜數學求解

**實例 1**：您輸入「求解二次曲面「z = x 平方 + y 平方」和平面「z = 4x + 2y」，求它們相交曲線的參數方程。同時用三維圖形顯示」。

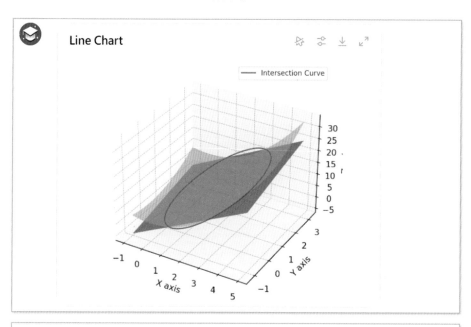

這是二次曲面 $z = x^2 + y^2$ 和平面 $z = 4x + 2y$ 相交所形成的曲線的三維圖形。

相交曲線的參數方程為：
$$x(t) = 2 + \sqrt{5}\cos(t)$$
$$y(t) = 1 + \sqrt{5}\sin(t)$$
$$z(t) = 10 + 4\sqrt{5}\cos(t) + 2\sqrt{5}\sin(t)$$

圖中展示了紅色的相交曲線、半透明的二次曲面以及藍色的平面。從圖中可以直觀地看到這兩個曲面是如何相交的。如果你有其他問題或需要更多幫助，請隨時告訴我！ (>-)

## 12-4-6 自然語言分析

我們也可以讓 Scholar GPT 做情感分析，這時 Scholar GPT 會生成 Python 程式，處理此工作。

**實例 1：**請參考下列輸入與執行結果。

請對下列句子，進行情感分析
"I love this product! It's amazing.",
"This is the worst experience I've ever had.",
"It's okay, not great but not bad either."

 由於目前無法直接從網絡下載VADER詞典，我將使用一個示例來展示如何在本地環境中進行情感分析。

### 本地環境中的情感分析示例

#### 步驟 1：安裝必要的庫

首先，確保你已經安裝了NLTK庫。

```bash
pip install nltk
```

#### 步驟 2：下載VADER詞典

在Python中下載VADER詞典。

```python
import nltk
nltk.download('vader_lexicon')
```

#### 步驟 3：初始化VADER情感分析器並分析文本

使用VADER對文本進行情感分析。

```python
1   # ch12_1.py
2   import nltk
3   from nltk.sentiment.vader import SentimentIntensityAnalyzer
4
5   # 下載VADER詞典
6   nltk.download('vader_lexicon')
7
8   # 初始化VADER情感分析器
9   sia = SentimentIntensityAnalyzer()
10
11  # 定義一些示例文本
12  texts = [
13      "I love this product! It's amazing.",
14      "This is the worst experience I've ever had.",
15      "It's okay, not great but not bad either."
16  ]
17
18  # 分析每個文本的情感
19  for text in texts:
20      sentiment = sia.polarity_scores(text)
21      print(f"Text: {text}")
22      print(f"Sentiment: {sentiment}\n")
```

### 預期的輸出結果

輸出將是一個包含情感分數的字典,例如:

```
[nltk_data] Downloading package vader_lexicon to
[nltk_data]     C:\Users\User\AppData\Roaming\nltk_data...
[nltk_data]   Package vader_lexicon is already up-to-date!
Text: I love this product! It's amazing.
Sentiment: {'neg': 0.0, 'neu': 0.266, 'pos': 0.734, 'compound': 0.8516}

Text: This is the worst experience I've ever had.
Sentiment: {'neg': 0.369, 'neu': 0.631, 'pos': 0.0, 'compound': -0.6249}

Text: It's okay, not great but not bad either.
Sentiment: {'neg': 0.174, 'neu': 0.404, 'pos': 0.422, 'compound': 0.4728}
```

這些結果展示了VADER情感分析器如何將文本中的情感進行量化,並提供每個文本的情感分數。如果你按照上述步驟在本地環境中運行代碼,就能獲得文本的情感分析結果。如果還有其他問題或需要進一步的幫助,請告訴我! [>-]

在上述輸出結果中,幾個名詞意義如下:

● neg:全名是 negative( 負面情感 )。

● neu:全名是 Neutral( 中性情感 )。

- pos：全名是 Positive( 正面情感 )。
- compound：全名是 Compound( 綜合情感分數 )。

此外，Scholar GPT 處理情感分析時，自動導入 NLTK 模組，NLTK（Natural Language Toolkit）是一個強大的 Python 模組，用於自然語言處理，提供豐富的文件處理功能，包括標記化、詞性標註、命名實體識別、情感分析等。它包含大量的語料庫和詞典資源，並支持各種機器學習算法。NLTK 常用於文件分析、語言模型構建和自然語言理解的研究和開發。

## 12-5　Presentation and Slides GPT – AI 簡報神器

此 GPT 幫助您創建完整的簡報文件（例如 PowerPoint 或 PDF），以下是其可以提供的功能：

- 創建簡報文件
  - ◆ 生成完整的簡報文件，包括介紹、內容部分和結論。
  - ◆ 每張幻燈片內容具體且可操作，旨在提供高訊息密度的內容。
  - ◆ 使用提供的 API 生成專業級的幻燈片。
- 圖片搜尋和嵌入
  - ◆ 根據幻燈片內容搜索相關圖片。
  - ◆ 使用最合適的圖片來提升幻燈片的表現力。
- 內容結構
  - ◆ 為簡報文件制定邏輯清晰、連貫的結構。
  - ◆ 確保簡報文件有明確的介紹和結論。
- 專業級內容
  - ◆ 內容水準達到博士級別，提供具體且可行的資訊。
  - ◆ 使幻燈片內容適合即時展示，不需要進一步編輯。
- 實時資訊
  - ◆ 可以根據用戶要求搜索和整合最新的實時訊息和數據。

● 用戶交互

◆ 用戶可以查看或下載完整的簡報文件。

◆ 用戶可以要求更換或搜索替代圖片。

# Presentation and Slides GPT: PowerPoints, PDFs

作者：slidesgpt.com  ⊕ X

Make Powerful PowerPoint presentations. Exports to PowerPoint,
Google Slides and PDF.

「輕鬆打造吸睛 PowerPoint 簡報。可直接匯出成 PowerPoint、Google 簡報或 PDF，方便分享。」

**實例 1**：您輸入「請創作 3 頁「人工智慧在醫療領域的應用」的簡報文件」。

 好的，我會創建3頁關於「人工智慧在醫療領域的應用」的簡報文件。每一頁都會有具體的內容和相關的圖片。讓我們開始：

## 第一頁：介紹

**標題**：人工智慧在醫療領域的應用
**副標題**：探索AI如何改變醫療行業

**主要點**：

● 人工智慧（AI）的定義

● 醫療領域的現狀和挑戰

● AI在醫療中的潛力和重要性

…

### 第三頁：AI在個性化醫療中的應用

**標題：**AI在個性化醫療中的應用

**副標題：**根據個體差異提供精準治療

**主要點：**

- 基因組學和AI：解析基因數據
- AI在藥物開發中的應用
- 實例：AI如何幫助開發個性化治療方案

現在我們將生成這三頁中文簡報文件。

**生成第一頁中文幻燈片**

（可以看到黑底白字的程式碼）

以下是您所要求的關於「人工智慧在醫療領域的應用」的三頁中文簡報文件：

### 第一頁：介紹

人工智慧在醫療領域的應用

- 人工智慧（**AI**）的定義: 解釋AI的定義及其基本原理。
- 醫療領域的現狀和挑戰: 概述醫療行業面臨的現有挑戰。
- AI在醫療中的潛力和重要性: 討論AI如何解決醫療挑戰及其總體重要性。

Photo by Online Marketing on Unsplash

查看或下載

...

上述一樣可以看到 3 頁簡報,請點選查看或下載超連結,可以看到下列訊息:

　　請點選允許,可以連到 SlidesGPT 官網,讀者需要註冊,然後可以得到下列結果。這是一個高品質的簡報,同時每一頁皆有精選的圖片。

　　如果使用 Share 分享此頁面網址是免費,如果想要下載請點選 Download 鈕,將看到下列需要付費訊息。

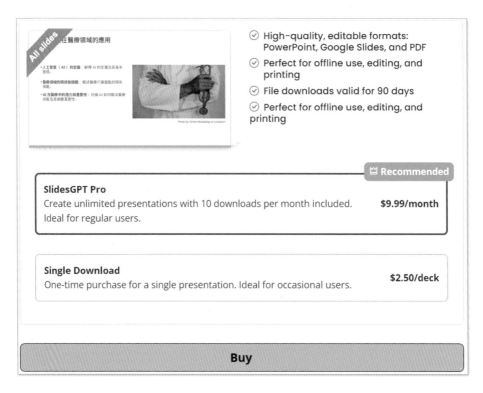

上述英文的中文意義如下：

● 高品質可編輯格式：PowerPoint、Google 簡報和 PDF

● 完美適合作離線使用、編輯和列印

● 檔案下載有效期為 90 天

● SlidesGPT Pro：適合常常需要簡報的用戶，可以生成無限制簡報，每個月可以下載 10 份簡報。這是建議選項，每個月 9.99 美金。

● Single Download：適合偶爾使用的用戶，每次下載需要 2.5 美金。

## 12-6 Slide Maker – AI 簡報專家

這也是一個用 AI 生成簡報的 GPT。

Slide Maker: PowerPoints, Presentations

作者：aidocmaker.com　⊕

Create engaging PowerPoint slides and presentations with Slide Maker GPT!

「使用 Slide Maker GPT，輕鬆製作生動有趣的 PowerPoint 投影片和簡報！」

最簡單的方式是，輸入主題，讓此 Slide Maker 生成簡報。

**實例 1**：您輸入「請創作「人工智慧在醫療領域的應用」的簡報文件」。

 讓我們先來擬定這份簡報的提綱。這份簡報將包含12張投影片，涵蓋人工智慧在醫療領域的各個方面。以下是提綱建議：

1. 引言

   - 簡介人工智慧（AI）及其在現代技術中的重要性

   - 簡述AI在醫療領域的潛力和應用範圍

2. **人工智慧在醫療診斷中的應用**

   - 診斷影像分析（例如：X光、MRI、CT掃描）

…

12. **結論**

   - 總結人工智慧在醫療領域的應用及其帶來的變革

   - 展望未來，強調持續創新和合作的重要性

請您檢視這個提綱，並告訴我是否需要進行任何修改或補充。如果一切都好，我們將進一步生成這份簡報文件。

筆者輸入 ————➤ 內容OK

Slider Maker 會先詢問內容是否需要修改或補充，此例筆者回應「內容 OK」，就可以生成簡報的超連結。

上述點選超連結後，會先看到下列畫面。

約需經過 1 分鐘，就可以生成簡報，可以進入 Slide Maker 的簡報環境。

如果往下捲動可以看到部分含有圖文並茂的投影片。

原始 Slider Maker 視窗右上方的下載圖示 ↓ 下載，點選可以下載所生成的簡報，不過讀者需要先註冊。然後有 PowerPoint 或是 PDF 格式可以下載。

上述生成的簡報與 PDF 檔案，可以在 ch12 資料夾看到，下列是開啟簡報檔案的畫面。

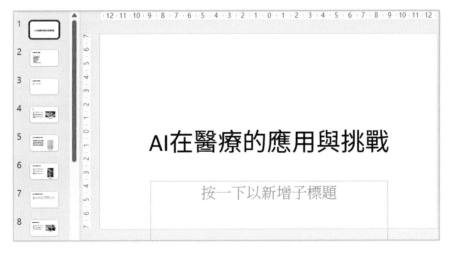

這一節所述內容可以生成圖文並茂的簡報，筆者感覺文字部分還可以，但是搭配的圖片相較於前一小節的 Slide GPT 是略遜一籌。

**註** 筆者經驗 AI 生成簡報，目前以 Gamma 最優。

## 12-7 Resume - 自傳寫作

Resume 機器人是你的職涯教練，專門協助你修改履歷和尋找工作。可以提供以下三種服務：

❑ **履歷分析與修改**

- 上傳履歷：首先會請你上傳你的履歷。

- 提取履歷內容：會從你的履歷中提取出各個部分，包括個人資料、工作經驗、教育背景和技能。

- 顯示並確認：提取後，會將這些內容展示給你確認。特別是工作經驗的部分，然後會逐條列出所有的工作經歷，確保沒有任何細節遺漏或修改。如果你確認無誤，則會進行下一步的全面診斷。

- 全面診斷：Resume 會從十個維度對你的履歷內容進行評估，例如：行動動詞的使用、方法論的解釋、強調成就、成就的量化等，並給出每個維度的分數和建議。

- 詳細分析：對每段工作經歷進行深入分析，指出問題並提供改進版本。如果你有更多細節可以提供，Resume 可以幫助你重寫這些內容，使其更符合預期標準。

❑ **履歷量身訂製建議**

- 列出核心職責和硬技能：根據工作要求，列出該職位所需的核心職責和硬技能。

- 修改摘要建議：建議你修改履歷中的摘要部分，使其與目標工作更匹配。

- 整合硬技能：建議將所需的硬技能整合到現有的技能部分，或創建新的技能部分。

- 整合技能到工作經歷：建議你將工作要求中的硬技能融入到工作經歷的描述中。

❑　**根據履歷進行工作搜尋 – 偏向美國的公司職務搜尋**

- 上傳履歷：如果你還沒有上傳履歷，Resume 會請你上傳。若履歷已修改完畢，將使用修改後的版本進行下一步。

- 搜尋偏好摘要：根據你的履歷，Resume 會為你總結出最適合的工作搜尋偏好，例如：職位名稱、資歷、地點、技能和行業訊息。

- 工作搜尋：Resume 會根據這些偏好來搜尋符合條件的工作機會。

- 工作推薦：Resume 會為你推薦至少兩個符合條件的工作，並提供相關的工作資訊，如公司名稱、地點、薪資等，還有應聘鏈接。

- 推薦原因：對於每個推薦的工作，Resume 會仔細分析該職位要求與你的技能和經驗的匹配程度，並簡要說明推薦理由。

# Resume

作者：jobright.ai　🌐

By combining the expertise of top resume writers with advanced AI, we assist in diagnosing and enhancing your resume | ATS Compatible | Tailor Your Resume for a Specific Job | We value your experience, please contact support@jobright.ai if you need support !

「我們結合頂尖履歷撰寫專家的專業知識與尖端人工智能，協助診斷並強化您的履歷 | 透過 ATS 篩選系統 | 客製化履歷以符合特定職位 | 我們珍惜您的經驗，如果您需要支援，請聯繫 support@jobright.ai 」

## 12-7-1　履歷分析

**實例 1**：履歷輸入與測試。請上傳 ch12 資料夾的 resume.docx 檔案，然後輸入「以上是我的履歷表，請協助我」。

我已經提取了你的履歷內容,以下是各個部分的詳細內容:

**個人資料**

- 姓名: 陳小明

- 電話: +886 912 345 678

- 電子郵件: xiaoming.chen@example.com

- 所在地: 台北市, 台灣

...

- 容器化技術: Docker, Kubernetes

- 資料庫: MySQL, PostgreSQL, MongoDB

請確認以上內容是否正確,並告訴我是否有需要修改或補充的部分。如果確認無誤,我將繼續進行履歷的全面診斷。

筆者回應「正確」。

 非常好!接下來我會對你的履歷進行全面診斷,從以下十個維度進行評估:

1. 使用行動動詞

2. 方法論的解釋

3. 強調成就

4. 成就的量化

5. 多樣化行動動詞的使用

6. 拼寫與動詞時態

7. 合適的子彈點長度

8. 避免使用流行語與陳腔濫調

9. 避免使用個人代名詞

10. 章節的完整性與相關性

…

以下是我對你的履歷進行的全面診斷結果：

| 維度 | 分數 | 評論 |
|---|---|---|
| 使用行動動詞 | 10 | 每個子彈點都使用了行動動詞，如「領導」、「使用」、「優化」、「開發」等，非常好地展示了你的主動性。 |

…

| 章節的完整性與相關性 | 10 | 履歷中的每個章節都很完整且相關，專業摘要和技能部分特別突出，清晰地展示了你的專業能力和經驗。 |

**總得分: 95/100**

整體來看，你的履歷已經非常優秀。接下來，如果你願意，我們可以進行更深入的分析，特別是針對每段工作經驗中的子彈點，看看是否有進一步優化的空間。你是否希望繼續進行詳細分析並改善具體的子彈點？

## 12-7-2　履歷改進建議

繼續前一節實例，筆者輸入「請進行更深入的分析」。

好的，我會針對你的工作經驗中的每個子彈點進行更深入的分析，並給出改進建議。讓我們從你在ABC科技公司的「資深軟體工程師」經歷開始。

### 工作經驗分析：ABC科技公司

| 原始子彈點 | 問題識別 | 改進版本 |
|---|---|---|
| 領導一個5人的開發團隊，設計並實施微服務架構，使系統處理能力提升了30%。 | 沒有詳細說明你如何達到30%的提升效果。 | 領導一個5人的開發團隊，設計並實施微服務架構，通過優化負載平衡和數據分片技術，使系統處理能力提升了30%。 |

...

| 與跨部門團隊合作，成功交付了多個高效能應用，幫助公司獲得了年度最佳技術創新獎。 | 沒有具體說明你的合作方式和所用的工具，成就表述略微模糊。 | 與跨部門團隊合作，通過敏捷開發流程和使用JIRA管理專案，成功交付了多個高效能應用，幫助公司獲得了年度最佳技術創新獎。 |

這是針對你在ABC科技公司的工作經驗的詳細分析和改進建議。每個子彈點的改進版本都試圖增加具體的技術細節和方法論，以使你的貢獻更加明確和具體。如果你能提供更多細節，我們可以進一步優化這些內容。

你對這些改進有何意見？是否有其他你想要調整或補充的地方？如果沒有問題，我們可以繼續分析你在XYZ資訊科技公司的經歷。

現在可以看到 Resume 給我們的履歷改進版本。

## 12-7-3　職務搜尋

這是偏向搜尋美國的公司，此例筆者輸入 Prompt「你可以針對我的履歷協助我搜尋工作嗎」。可以看到 Resume 回應了 3 個工作，下列是其中一項。

### 1. Software Engineer (Broadcom)

- **公司名稱**: Broadcom
- **公司描述**: Broadcom 是一家設計、開發和全球供應模擬和數位半導體連接解決方案的公司。
- **地點**: SD Metro Area
- **工作模式**: Onsite
- **發布時間**: 44 分鐘前
- **薪資**: $107K/年 - $171K/年
- **資歷要求**: Senior Level
- **公司規模**: 10,001+ 員工
- **申請鏈接**: Apply Here

**推薦原因**: 這個職位要求8年以上的軟體開發經驗，尤其是實時系統和交易金融數據處理。你的背景與這些要求高度匹配，特別是在使用Python、Kubernetes和雲技術的經驗方面。

## 12-8　AI PDF – AI 文件閱讀助理

　　AI PDF 是一個專門處理文件的 AI 助理。可以幫助你總結、搜索和分析各種格式的文件，如 PDF、TXT、Markdown、CSV 和 Excel 文件。主要功能包括：

- 文件總結：你可以給一個 PDF 或其他格式的文件連結，AI PDF 可以為你提供該文件的摘要，幫助你快速掌握其核心內容。

- 文件搜索：如果你有一個文件，但只想查找特定的資訊，可以幫助你在文件中精確搜索並提供相關的引用和頁面連結。

- 文件上傳和管理：你可以將文件直接上傳到對話中，AI PDF 會自動將它們保存到你的 MyAiDrive 帳戶，這樣你可以隨時訪問和管理你的文件。

- 提供引用鏈接：在提供文件摘要或搜索結果時，會給出清晰的引用鏈接，使你可以快速跳轉到文件中的相應頁面查看詳細內容。

- 處理大文件：相比於其他系統，AI PDF 可以處理更大的文件，最大可達 2GB，並且你可以永久保存在 MyAiDrive 帳戶中。

- 高級功能：如果你是 AI Drive Pro 的用戶，還可以享受到 OCR 自動識別、與其他頂級 AI 模型交互、PDF 視覺地圖等高級功能。

# PDF AI PDF

作者：myaidrive.com　⊕ in +1

The ultimate document assistant. Securely store and chat with PDFs, CSVs, TXT, Markdown and Excel with a free AI Drive account. Offers OpenAI, Claude and Google AI models + OCR and folder search. Boost productivity with our Chrome extension. Transform your workflow today!

「終極文件助理。安全儲存並與 PDF、CSV、TXT、Markdown 和 Excel 檔案聊天，享用免費 AI Drive 帳戶。提供 OpenAI、Claude 和 Google AI 模型 + OCR 和資料夾搜尋。透過我們的 Chrome 擴充功能提升工作效率。立即轉變您的工作流程！」

實例 1：請上傳 sales.pdf 檔案，然後輸入 Prompt「請用表格列出業績超過 90000 的員工以及金額」。

## 12-9 其他相關好用的 GPT

### 12-9-1 AI Humanizer

這是文件優化工具，可以將 AI 生成文件，轉成一般人類語法。

**AI Humanizer**

作者：charlyaisolutions.com ⊕

#1 AI humanizer in the world 🏆 | Get human-like content in seconds. This GPT humanizes AI-generated text, maintaining content meaning and quality. Now supports multiple languages beyond English.

「全球第一 AI 人性化工具 ｜秒速生成擬人化內容。此 GPT 能將 AI 生成的文字人性化，同時保持內容意義和品質。現已支援多種語言，不限於英文。」

### 12-9-2　Humanize AI

這也是將 AI 生成文件，轉成一般人類語法。

# Humanize AI

作者：gptinf.com　⊕

Top 1 AI humanizer to help you get human-like content. Humanize
your AI-generated content with Free credits available.

「讓 AI 更有溫度！頂尖 AI 人性化工具，讓您的 AI 內容更自然、更像人寫的」

### 12-9-3　Consensus

專門用於幫助進行科學研究。可以搜尋並總結來自學術論文的資訊，還能協助撰寫內容、分析資料，提供有關各種主題的準確答案，並引用相關文獻。

# Consensus

作者：consensus.app　⊕ 🔗 +1

Ask the research, chat directly with the world's scientific literature.
Search references, get simple explanations, write articles backed by
academic papers.

「以學術論文為後盾，撰寫高品質文章。 透過直接搜尋世界科學文獻，獲得研究支持並輕鬆獲取資訊。」

## 12-9-4　CV Writer - the CV Expert

優化履歷的 GPT。

CV Writer - the CV Expert
作者：C elberg
#1 CV Writing AI - An expert in crafting personalised, professional and humanized CVs optimised for ATS (Applicant Tracking System) - Upload a CV as a Word document or in plain text to get started - Ver. 1.3.0 - updated 01/06/24

「#1 履歷撰寫 AI - 專精打造個人化、專業且具人性的履歷，優化求職者履歷追蹤系統 (ATS) - 只要上傳 Word 檔或純文字履歷即可開始」

## 12-9-5　Fully SEO Optimized Article including FAQ's

專為撰寫深入、優化 SEO 的文章而設計的 GPT。能自動生成詳細的文章大綱，並根據大綱撰寫超過 5000 字的內容。注重使用焦點關鍵詞、創建引人入勝的標題和元描述，確保文章符合 SEO 最佳實踐。此外，還能回答常見問題，確保文章結構清晰、內容獨特且具有權威性，為讀者提供豐富的資訊和優質的閱讀體驗。

Fully SEO Optimized Article including FAQ's
作者：mtsprompts.com
Create a 100% SEO Optimized Article in (All Languages) | Plagiarism Free Content | Title | Meta Description | Headings with Proper H1-H6 Tags | up to 2500+ Words Article with FAQs, and Conclusion.

「創造 100% SEO 優化的文章（多國語言）| 無抄襲內容 | 標題 | META 描述 | 正確的 H1-H6 標籤 | 高達 2500+ 字的文章，包含常見問題和結論。」

# 第 13 章
# GPT 機器人 – 網頁與科學運算

# 13-1 Diagrams <Show Me> - 圖表與視覺化圖形的助手

這是一個已經升級的 GPT，早期只有圖表生成的功能，目前則擴充到可以視覺化資料和從網路獲取訊息，以下是主要功能：

- 圖表生成：我可以根據您的描述生成多種類型的圖表，包括流程圖、時間軸圖、心智圖、類別圖和序列圖等。
- 資料視覺化：將複雜的數據和概念轉化為易於理解的視覺圖形。
- 文件處理：可以上傳 Excel 文件或其他類型的文件，讓 GPT 視覺化數據或概念。
- 即時訊息獲取：如果需要，可以使用瀏覽工具從網絡上收集更多訊息來生成更準確的圖表。

# Diagrams ‹Show Me› for Presentations, Code, Excel

作者：helpful.dev ⊕

Visualize anything - ideas, code, business flows, data, finances

Export as PNG, SVG. Edit in chat, with code or drag and drop (some)

Learn, brainstorm, create documentation, visuals for presentations

「視覺化任何事物：想法、程式碼、業務流程、數據、財務
以 PNG、SVG 格式輸出。在聊天中編輯，使用程式碼或拖放（部分功能）
學習、腦力激盪、創建文件、製作簡報視覺化」

## 13-1-1　基本流程實例

實例 1：您輸入「請用繁體中文台灣用語，請用 flow 圖生成所有 Mission Impossible 系列電影上市的時間表」。

上述請點選允許,將看到下列流程圖。

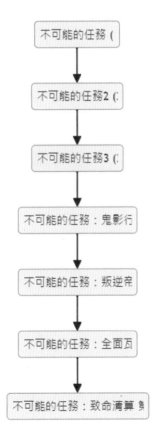

用整個視窗看此流程圖

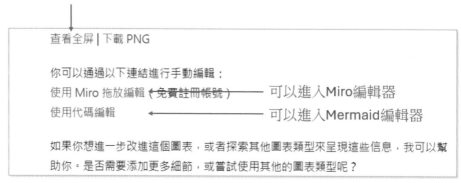

查看全屏 | 下載 PNG

你可以通過以下連結進行手動編輯：
使用 Miro 拖放編輯（免費註冊帳號）————— 可以進入Miro編輯器
使用代碼編輯　　　　　←—————————— 可以進入Mermaid編輯器

如果你想進一步改進這個圖表，或者探索其他圖表類型來呈現這些信息，我可以幫助你。是否需要添加更多細節，或嘗試使用其他的圖表類型呢？

上述可以點選「查看全屏」，這時會有比較大的流程圖，可以獲得比較好的視覺效果。

❑　**Miro 編輯器**

如果點選「使用 Miro 拖放編輯」，瀏覽器會開啟新頁面，可以進入免費使用但是需要註冊的 Miro 編輯器。

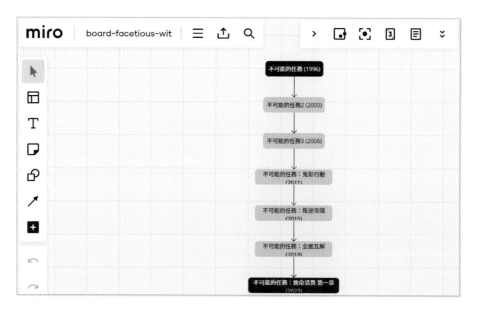

❏　**Mermaid 編輯器**

　　點選「使用代碼編輯」，瀏覽器會開啟新頁面，可以進入 Mermaid 編輯器，會看到流程圖，可以參考下圖。

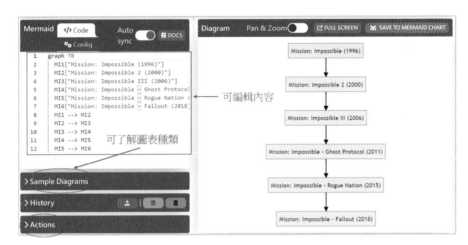

❏　**Sample Diagrams 功能**

　　上述左上方可以看到 Mission Impossible 系列電影的上市時間表，點選 Sample Diagrams，可以了解 Mermaid 有哪些流程圖可以選擇。例如：點選 Sample Diagrams 項目，再點選 Class( 類別圖 ) 鈕可以得到下列結果。

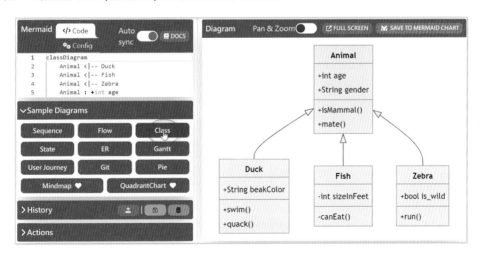

或是點選 Gantt( 甘特圖 )，可以看到下列畫面。

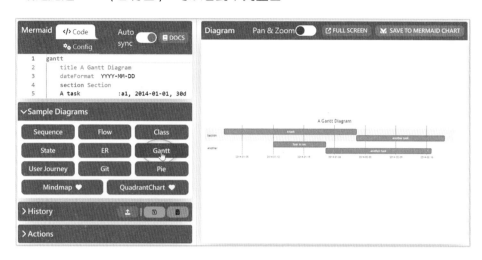

❏　**Actions 功能**

如果點選 Actions 項目，可以將影像拷貝到剪貼簿、下載影像、複製影像網址等。

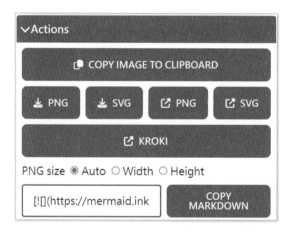

## 13-1-2　心智圖 (Mind map) 實例

心智圖 (Mind map) 是一種視覺化的思考工具，透過將中心主題向外延伸出分支，將複雜的概念或資訊以圖像的方式呈現。每個分支代表一個子主題，分支上的關鍵字或圖像則代表與主題相關的細節。

❑ **心智圖的優點**

● 提升記憶力：心智圖利用大腦對圖像的記憶優勢，幫助我們更輕鬆地記憶資訊。

● 促進創意：心智圖的自由發散性，能激發我們的創造力，產生更多新的想法。

● 改善組織能力：心智圖能幫助我們將雜亂的思緒整理成有條理的結構。

● 提升學習效率：心智圖能將抽象的概念具體化，使學習過程更加生動有趣。

❑ **心智圖的應用**

● 學習：複習功課、整理筆記、規劃讀書計畫。

● 工作：腦力激盪、解決問題、製作計畫、報告呈現。

● 生活：規劃旅行、整理待辦事項、設定目標。

❑ **建立心智圖的技巧**

● 明確中心主題：確定心智圖的主題，這將是所有分支的出發點。

● 發散思考：從中心主題出發，自由聯想相關的子主題和細節。

● 使用關鍵字：在分支上標註簡潔清楚的關鍵字，方便記憶和理解。

● 視覺化：透過不同的顏色、圖形、大小等方式，讓心智圖更具視覺衝擊力。

● 不斷優化：在建立心智圖的過程中，可以隨時進行調整和補充。

心智圖的靈活性很高，可以根據個人喜好和需求，選擇不同的軟體或工具來製作。透過心智圖，我們能更有效地管理資訊、激發創意，並提升工作和學習的效率。

**實例 1**：學習主題的實例，您輸入「以「深度學習」為中心主題，建立一個心智圖。請包含以下子主題：深度學習的定義、常見的深度學習模型（如 CNN、RNN）、深度學習的應用場景、深度學習的優缺點、以及學習深度學習所需的基礎知識。」

 我將為「深度學習」主題建立一個包含您提供的子主題的心智圖。

正在生成心智圖。

已與 diagrams.helpful.dev 交談

這裡是「深度學習」主題的心智圖：

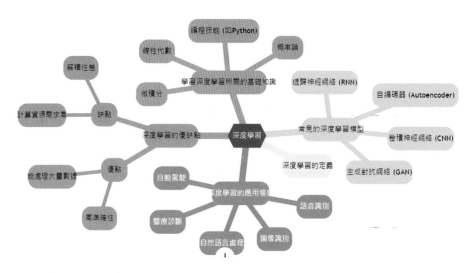

**實例 2：**專案規劃的實例，您輸入「我要舉辦一次產品發布會。請幫我建立一個心智圖，包含以下子主題：發布會主題、目標受眾、活動流程、行銷策略、預算分配、風險評估。」

**實例 3**：個人目標的實例，您輸入「我想在今年年底前學會彈吉他。請幫我建立一個心智圖，包含以下子主題：學習目標、學習計畫（每周練習時間、學習內容）、所需資源（吉他、教材、老師）、可能遇到的困難及解決方法。」

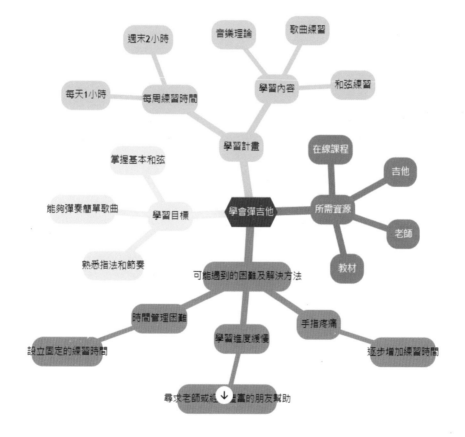

## 13-1-3　繪製甘特圖 (Gantt Chart)

　　甘特圖 (Gantt Chart) 是一種條狀圖，用來顯示專案、進度以及其他與時間相關的系統進展的內在關係隨著時間進展的情況。簡單來說，它就是一個專案的視覺化時間表。

❏　**甘特圖的優點**

- 清晰呈現專案進度：每個條狀圖代表一個任務，長度代表任務所需的時間，一目了然。

- 顯示任務之間的關聯：可以清楚看出任務之間的先後順序和依賴關係。

- 方便管理專案：能夠及時掌握專案的進度，方便調整和控制。

- 利於溝通：透過甘特圖，團隊成員可以更清楚地了解各自的任務和時間安排。

❏　**甘特圖的應用**

- 專案管理：規劃專案、追蹤進度、控制風險。

- 產品開發：規劃產品開發流程、設定里程碑。

- 活動策劃：規劃活動流程、分配任務。

❏　**甘特圖的組成**

- 橫軸：代表時間，可以是天、周、月等。

- 縱軸：代表不同的任務或活動。

- 條狀圖：代表任務的開始和結束時間。

總結來說，甘特圖是專案管理中不可或缺的工具，它能幫助我們更有效地規劃、執行和管理專案。

**實例 1**：產品發布專案的實例。

---

我有一個項目計劃和排程如下，請為此繪製甘特圖
市場調研：1月1日至1月31日
設計階段：2月1日至3月15日
開發階段：3月16日至6月30日
測試階段：7月1日至7月31日
產品上市準備：8月1日至8月31日

---

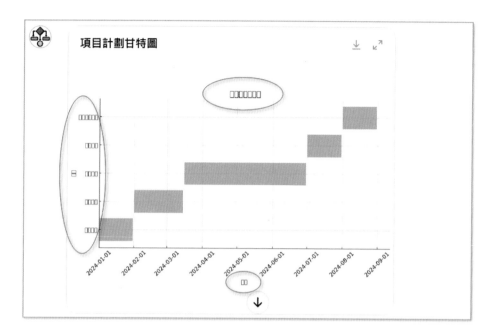

前一個版本中文部分用英文顯示，可以參考下方圖表。2024 年 8 月的版本則無法顯示中文，可以參考上方圖表。

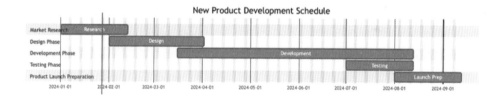

## 13-1-4 簡報文案提供

Diagrams：<Show Me> 無法協助建立簡報，但是可以協助生成簡報文案。

實例 1：創建一個用於介紹公司新產品的簡報，旨在向潛在客戶展示產品的功能、優勢和市場定位。

> 請為我的簡報設計一個主題，包含以下內容：
> 1. 專業且現代的設計風格。
> 2. 產品功能的清晰解釋和示意圖。
> 3. 市場分析部分，包含目標受眾和競爭優勢的對比圖表。
> 4. 強調產品的三個核心優勢，每個優勢都有獨立的幻燈片和相關數據支持。
> 5. 在結尾部分，包含一個引人注目的Call-to-Action（行動呼籲），鼓勵觀眾進一步了解或購買產品。

 以下是為您的簡報設計的主題和內容結構，滿足您的需求：

## 簡報主題設計

### 1. 專業且現代的設計風格

- **顏色方案**：使用簡潔且一致的顏色方案，如深藍色搭配白色，這能給人以專業和可信賴的感覺。使用對比色強調關鍵信息。

...

### 建議的演示文稿結構：

1. **封面幻燈片**：標題、副標題、公司Logo

2. **簡介**：介紹簡報內容的概覽

3. **產品功能展示**：每個功能一頁，配合示意圖

4. **市場分析**：市場概覽、目標受眾、競爭優勢對比

5. **核心優勢強調**：每個優勢一頁，數據支持

6. **Call-to-Action**：引導觀眾進一步行動

這樣的主題設計可以幫助您清晰、有力地向觀眾傳達信息，同時保持簡報的專業和現代感。如果您需要進一步的調整或幫助，我可以提供更多詳細建議或具體設計元素。

## 13-1-5　程式設計的應用

Diagrams <Show me> 也可以應用在程式設計。

**實例 1**：您輸入「請設計程式，此程式可以列出台積電美國 ADR 的價格」。

 要設計一個能夠獲取台積電美國ADR（TSMC，股票代號為TSM）價格的Python程式，我們可以使用 `yfinance` 庫，這個庫能夠方便地從Yahoo Finance獲取股票價格。

**步驟：**

1. 安裝 `yfinance` 庫：

   - 確保您的Python環境中安裝了 `yfinance` 庫。可以使用以下命令安裝：

   ```bash
   pip install yfinance
   ```

2. 編寫並運行Python程式碼：

```python
1  # ch12_2.py
2  import yfinance as yf
3
4  # 設置台積電美國ADR的股票代碼
5  stock_symbol = "TSM"
6
7  # 使用yfinance下載股票數據
8  tsm = yf.Ticker(stock_symbol)
9
10 # 獲取最新的股票價格
11 current_price = tsm.history(period="1d")['Close'][0]
12
13 # 顯示價格
14 print(f"台積電美國ADR (TSM) 的當前價格為: ${current_price:.2f}")
```

說明：

- **yfinance**：這個庫允許我們從Yahoo Finance獲取股票數據，包括當前價格、歷史數據等。

- **stock_symbol**：這裡使用的是 `TSM` 這個代碼，它代表台積電在美國上市的 ADR（American Depositary Receipt）。

- **current_price**：這段代碼從最近一天的交易中獲取收盤價，這通常是當天的最後交易價格。

結果：

運行這段程式碼後，您會看到台積電美國ADR的當前價格被打印出來。

這段程式碼設計簡單明了，可以用於快速查詢台積電美國ADR的價格。如果您有其他需求或問題，請隨時告訴我！　　↓

上述程式的執行結果如下：

```
Warning (from warnings module):
  File "D:/ChatGPT_Omni/書籍實例/ch12/ch12_2.py", line 11
    current_price = tsm.history(period="1d")['Close'][0]
FutureWarning: Series.__getitem__ treating keys as positions is deprecated. In a
 future version, integer keys will always be treated as labels (consistent with
DataFrame behavior). To access a value by position, use `ser.iloc[pos]`
台積電美國ADR (TSM) 的當前價格為: $164.55
```

上述程式有得到執行結果，但是也出現警告訊息。

**實例 2**：下列是筆者請 GPT 修訂的對話。

程式有獲得結果, 但是有警告訊息, 如下, 請修正
Warning (from warnings module):
  File "D:/ChatGPT_Omni/書籍實例/ch12/ch12_2.py",
line 11
    current_price = tsm.history(period="1d")['Close'][0]
FutureWarning: Series.__getitem__ treating keys as
positions is deprecated. In a future version, integer
keys will always be treated as labels (consistent with
DataFrame behavior). To access a value by position,
use ser.iloc[pos]
台積電美國ADR (TSM) 的當前價格為: $164.55

警告訊息表明, 在未來的版本中, `Series.__getitem__` 的行為將發生變化, 建議
您使用 `iloc` 來明確地按位置訪問資料。為了解決這個警告, 我們可以更新程式
碼, 使用 `iloc` 來訪問指定位置的值 ↓

```python
1   # ch12_2_modify.py
2   import yfinance as yf
3
4   # 設置台積電美國ADR的股票代碼
5   stock_symbol = "TSM"
6
7   # 使用yfinance下載股票數據
8   tsm = yf.Ticker(stock_symbol)
9
10  # 獲取最新的股票價格
11  current_price = tsm.history(period="1d")['Close'].iloc[0]
12
13  # 顯示價格
14  print(f"台積電美國ADR (TSM) 的當前價格為: ${current_price:.2f}")
```

說明 :

- `iloc[0]` : `iloc` 是Pandas用來根據位置訪問資料的方法。使用 `iloc[0]`
  來獲取 `Series` 中第一個值, 這樣就避免了未來的版本變更帶來的影響。

這樣修改後, 警告訊息應該消失, 程式將正常運行並顯示台積電美國ADR的當前價
格。如果還有其他問題或需要進一步的幫助, 請隨時告訴我!

上述程式現在可以正常執行了。

## 13-1-6　執行 Excel 資料分析

目前 Diagrams <Show Me> 可以執行以下幾種功能：

❑ **上傳和分析 Excel 文件**

- 您可以上傳一個 Excel 文件（如 .xlsx 或 .xls 格式），然後可以幫助您分析文件中的數據，執行各種操作，例如：篩選、計算、匯總、生成圖表等。

- 例如，您可以請求我計算某列的平均值、匯總數據、或生成特定的圖表。

❑ **數據處理與轉換**

- 可以幫助從 Excel 文件中提取數據，並將其轉換為其他格式，如 CSV、JSON，或將其匯出為新的 Excel 文件。

- 如果您需要對數據進行清理或轉換，可以提供 Python 程式碼來自動完成這些任務。

❑ **生成 Excel 文件**

- 可以根據需求生成新的 Excel 文件，填入計算結果、數據分析、或根據數據生成圖表。

- 您可以提供一組數據，讓此 GPT 幫助您創建一個 Excel 文件，並根據這些數據生成相應的圖表或報告。

❑ **Excel 公式與函數**

- 可以幫助您編寫複雜的 Excel 公式與函數，處理特定的計算或數據分析需求。

- 如果您有一個特定的需求，例如：計算一系列數字的加權平均，可以提供對應的 Excel 公式並解釋其用途。

❑ **Excel 報表自動化**

- 如果需要定期生成報表，可以幫助設計自動化流程，透過 Python 程式碼或 Excel 的內建功能自動生成並更新報表。

- 這可以包括數據更新、自動生成圖表、計算匯總等操作。

下列是上傳 text1.xlsx 檔案，讓此 GPT 列出業績前 3 名和業績金額。

**test1.xlsx**
試算表

請告訴我上傳test1.xlsx檔案, 業績前3明的名字和業績金額

看來讀取的Excel文件中，列標題與預期的不一致。讓我們先檢查一下Excel文件中的列標題，以確保我們使用的是正確的列名。 [>_]

看起來這些列標題並不是預期的內容，而是一些未命名的列（`Unnamed`）。這通常表示數據不在第一行，我們需要檢查數據的前幾行，以找到正確的標題和數據位置。

...

以下是業績前3名的名字和業績金額：

1. **王浩** - 業績：99800
2. **陳新興** - 業績：91000
3. **王德勝** - 業績：89200

如果您有其他需求或需要進一步的幫助，請隨時告訴我！ [>_]

## 13-2 Wolfram - 科學之眼，洞悉宇宙奧秘

Wolfram 就像一雙銳利的眼眸，可以處理基礎到複雜的科學問題，並提供精準的計算和分析。它不僅是一個軟體，更是探索未知世界的一把鑰匙。無論是天文學家探索宇宙的奧秘，還是物理學家解開物質的本質，Wolfram 都能提供強大的支持，成為科學家們不可或缺的利器。

Wolfram 服務項目非常多，可以執行數據查詢、計算和數據處理 ... 等，可參考下列說明：

❏　**數據查詢和計算**

可以使用 Wolfram Alpha 和 Wolfram Cloud 的功能來查詢事實、進行計算以及查找特定領域的數據。例如：可以詢問有關科學公式、數學問題、人口統計數據等問題。

❏　**Wolfram Alpha 查詢**

使用 Wolfram Alpha 進行簡單的數據查詢和計算，這適用於需要快速答案的問題。比如「法國的人口是多少？」或「5 乘以 20 是多少？」。

❏　**Wolfram Cloud 計算**

使用 Wolfram Cloud 來進行更複雜的計算和數據分析。例如，處理大量數據、進行高級可視化、分析營養數據等。

❏　**營養數據分析**

從簡單的計算到更複雜的數據處理，讀者可以隨時提出，Wolfram 會根據具體情況選擇最適合的工具來為回應。

# Wolfram

作者：wolfram.com　⊕ X

Access computation, math, curated knowledge & real-time data from Wolfram|Alpha and Wolfram Language; from the makers of Mathematica.

「透過 Wolfram|Alpha 和 Wolfram 語言，存取 Wolfram Mathematica 開發團隊所提供的計算、數學、精選知識與即時數據。」

## 13-2-1　基礎應用

❏　**即時資料**

**實例 1**：您輸入「請顯示近期台灣的地震」。

近期台灣的地震資訊如下：

- **規模 5.1**：2024年6月23日，上午10:27（美東時間），距離花蓮東南14英里。

- **規模 4.7**：2024年6月17日，晚上11:46（美東時間），距離花蓮東北14英里。

- **規模 4.6**：2024年7月17日，凌晨4:53（美東時間），距離宜蘭南南西22英里。

你可以在這裡查看這些地震的時間線。

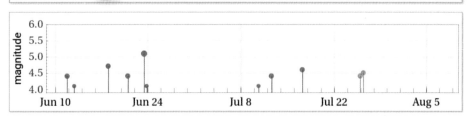

❑　一般知識與繪圖

**實例 2**：您輸入「從台北到瑞士蘇黎世有多遠」。

 已與 wolframalpha.com 交談

從台北到瑞士蘇黎世的距離約為 **5943 英里**，相當於 **9564 公里** 或 **5164 海里**。

這段距離大約需要 **10 小時 50 分鐘** 的飛行時間（假設飛機速度為 550 英里/小時）。

你可以查看地圖以了解詳細路徑。

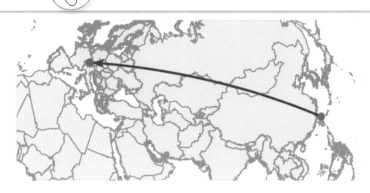

❑ 一般計算

**實例 3**：您輸入「有一個品牌車輛，前 3 年每年價值衰減 15%，請問原價 100 萬的車輛 3 年後的殘值是多少。」。

 我們可以通過計算每年價值衰減後的剩餘價值來求解這個問題。

假設車輛的原價為 $P = 100$ 萬，並且每年價值衰減 $15\%$，那麼每年剩餘價值為 $85\%$ 的前一年價值。因此，我們可以用以下公式計算3年後的殘值：

$$殘值 = P \times (0.85)^3$$

接下來我會計算這個殘值。

已與 api.wolframcloud.com 交談

這輛原價 100 萬元的車輛在 3 年後的殘值大約為 **61.41 萬元**。

**實例 4**：您輸入「請同時用直條圖方式表達」。

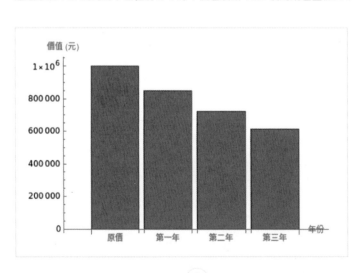

❏ 微積分計算與繪圖

**實例 5**：您輸入「請計算「x^2cos(3x)」的積分」。

 我們需要計算以下函數的積分：

$$\int x^2 \cos(3x)\, dx$$

我將使用 Wolfram Language 來計算這個不定積分。

已與 api.wolframcloud.com 交談

這個積分的結果是：

$$\int x^2 \cos(3x)\, dx = \frac{2x\cos(3x)}{9} + \frac{-2+9x^2}{27}\sin(3x) + C$$

其中，$C$ 是積分常數。

## 13-2-2 熱力圖的應用

熱力圖 是一種用顏色來表示數據大小的視覺化工具。它將數據映射到一個色彩空間中，通常用深淺不同的顏色來表示數據值的高低。特色如下：

● 直觀易懂：人類對顏色的感知非常敏銳，熱力圖能快速傳達數據的分布狀況，讓使用者一眼看出數據的聚集和分散區域。

● 高密度數據呈現：熱力圖特別適合用來顯示高密度數據，例如城市人口分布、網站點擊熱度等。

● 發現隱藏模式：透過觀察熱力圖，可以發現數據中隱藏的模式和趨勢，幫助使用者深入了解數據的內在關係。

因為，Wolfram 本身的 Wolfram Cloud 就用有非常完整的資料，所以一個簡潔的 Wolfram 語言的語法，就可以完成許多工作。下列是用 GeoRegionValuePlot 生成圖表的應用。

實例 1：生成大陸人口分佈省份的熱力圖，輸入與輸出如下。

```
GeoRegionValuePlot[
EntityList@
Entity["AdministrativeDivision", {EntityProperty[
    "AdministrativeDivision", "ParentRegion"] ->
    Entity["Country", "China"]}] -> "Population"]
```

 這段程式碼的目的是繪製中國各行政區的地理區域人口分布圖。以下是每個部分的解釋：

- `Entity["AdministrativeDivision", {EntityProperty["AdministrativeDivision", "ParentRegion"] -> Entity["Country", "China"]}]`：這一部分用於選取中國的所有行政區。

- `EntityList@`：將符合條件的行政區轉換為一個列表。

- `GeoRegionValuePlot`：這個函數用於繪製地理區域數據的地圖。

- `-> "Population"`：表示要繪製的 ↓ 像是各區域的人口。

...

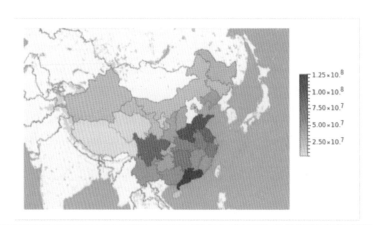

已與 api.wolframcloud.com 交談

這是中國各行政區域的人口分布圖：

我們也可以用溫度色彩呈現熱力圖。

**實例 2**：用溫度色彩生成大陸人口分佈省份的熱力圖，輸入與輸出如下。

> GeoRegionValuePlot[Entity["Country", "China"] ->
> "Population",
>  ColorFunction -> "TemperatureMap"]

 已與 api.wolframcloud.com 交談

這是中國各地區人口分布的地理區域值圖，使用了 "TemperatureMap" 色彩方案：

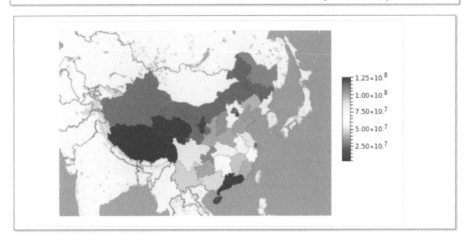

**實例 3**：生成台灣人口分佈的熱力圖，輸入與輸出如下。

> GeoRegionValuePlot[Entity["Country", "Taiwan"] ->
> "Population"]

 已與 api.wolframcloud.com 交談

這是台灣各地區人口分布的地理區域值圖：

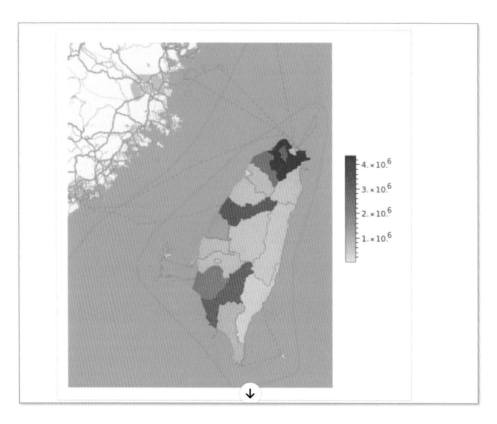

上面幾個實例所用的數據是採用 Wolfram Cloud 內建的數據，也可以我們設定數據生成熱力圖。

**實例 4**：自行設定國家數據，生成熱力圖，輸入與輸出如下。

GeoRegionValuePlot[{Entity["Country", "Germany"] -> 2.2,
 Entity["Country", "UnitedKingdom"] -> 3,
 Entity["Country", "Norway"] -> 4.5}]

 已與 api.wolframcloud.com 交談

這是根據您提供的數據生成的地理區域值圖：

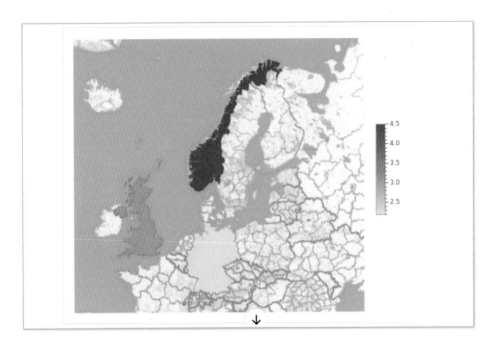

圖中顯示了德國、英國和挪威對應的數值。

### 13-2-3　進階幾何圖表的應用

許多軟體可以執行基礎幾何形，為了凸顯 Wolfram 的優點，筆者介紹進階幾何圖表，讓讀者可以更加了解 Wolfram 的能力。幾何圖形是我們生活中無處不在的視覺元素，它們具有許多優點：

- 簡潔明瞭：幾何圖形能用最簡單的線條和形狀傳達複雜的信息，具有高度的概括性。
- 易於記憶：簡單的幾何圖形更容易被人們記憶和識別，例如圓形代表完整、三角形代表穩定等。
- 視覺衝擊：合理運用幾何圖形能產生強烈的視覺衝擊，吸引人們的注意力。
- 多元應用：幾何圖形在設計、藝術、建築等領域都有廣泛的應用，能創造出多樣化的風格。
- 結構性強：幾何圖形具有嚴謹的數學基礎，能構建出具有秩序感的視覺效果。

這一節主要適用 Wolfram 語言的 ListPlot3D。

**實例 1**：用一組數據繪製曲面高度，下列是輸入與輸出。

> ListPlot3D[{{1, 1, 1, 1}, {1, 2, 1, 2}, {1, 1, 3, 1}, {1, 2, 1, 4}},
> Mesh -> All]
>
>  已與 api.wolframcloud.com 交談
>
> 這是使用 `ListPlot3D` 繪製的三維數據圖，並且包含了網格線：

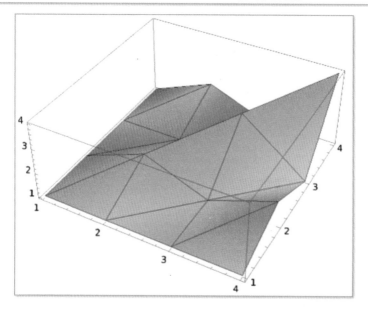

**實例 2**：用數據繪製三維圖表，同時圖表用了 SouthwestColors 色彩，下列是輸入與輸出。

> data = Table[Sin[j^2 + i], {i, 0, Pi, Pi/5}, {j, 0, Pi,
> Pi/5}];ListPlot3D[data, Mesh -> None,
> InterpolationOrder -> 3,
> ColorFunction -> "SouthwestColors"]
>
>  已與 api.wolframcloud.com 交談
>
> 這是根據您提供的數據生成的三維圖表，沒有網格線並且使用了
> "SouthwestColors" 色彩方案：

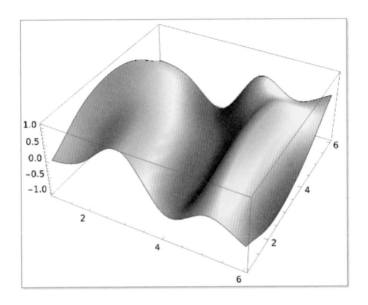

## 13-2-4　複數圖表的應用

如果讀者有學習高等數學，也可以用 Wolfram 語言繪製複數圖表。

**實例 1**：用一組數據繪製複數的三維圖表，下列是輸入與輸出。

ComplexPlot3D[(z^2 + 1)/(z^2 - 1), {z, -2 - 2 I, 2 + 2 I},
PlotLegends -> Automatic]

　已與 api.wolframcloud.com 交談

這是包含自動圖例的函數 $\frac{z^2+1}{z^2-1}$ 的複數三維圖像：

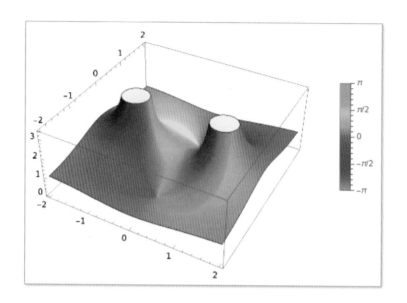

# 13-3 WebPilot - AI 網路導航員

WebPilot 是一款功能強大的瀏覽器擴充套件，它結合了 ChatGPT 的強大語言模型，讓你在瀏覽網頁時能夠更方便地與網頁內容進行互動。

❑ **WebPilot 的主要功能包括**

● 網頁摘要與分析：可以快速地總結網頁的重點內容，並提供更深入的分析。

● 資訊提取：能夠從網頁中提取特定的資訊，例如表格數據、聯絡資訊等。

❑ **WebPilot 的優勢**

● 提升工作效率：可以大幅度減少你在網路上搜尋和處理資訊的時間。

● 拓展 ChatGPT 的應用場景：將 ChatGPT 的能力擴展到真實的網頁環境中。

● 易於使用：介面簡單直觀，容易上手。

❑ **WebPilot 的使用場景**

● 研究人員：可以快速地從大量網頁中提取所需資訊，進行數據分析。

● 行銷人員：可以自動化競品分析、市場調查等任務。

● 學生：可以幫助快速查找資料、總結文章。

● 一般使用者：可以用於各種需要與網頁互動的場景。

WebPilot

作者：gpts.webpilot.ai 🌐 ♻ +1

Search, Browse, Write & Agent. Action & API Offering

「提供搜尋、瀏覽、寫作等功能，並配備 AI 代理人。同時，也提供各種 API，讓開發者可以將這些功能整合到自己的應用程式中。」

## 13-3-1 瀏覽與總結指定網頁內容

瀏覽網頁時可以直接給網頁名稱，WebPilot 可以摘要結果。

**實例 1**：您輸入「你可以瀏覽明志科技大學的官網，然後給我重點摘要嗎」。

 已與 gpts.webpilot.ai 交談

明志科技大學的官網提供了許多關於學校的最新消息和重要資訊。以下是一些重點摘要：

1. **學術成就與榮譽**：
   - 明志科技大學在2024年《遠見雜誌》最佳大學排名中，獲得全國綜合大學第9名、全國科技大學第3名。
   - 管理暨設計學院視覺傳達設計系的學生和老師在多項國際設計大賽中表現出色，獲得了多個獎項，包括美國IDA國際設計大獎和巴黎DNA設計大獎。

2. **校園活動**：
   - 學校正在慶祝創校60週年，並舉辦一系列活動來紀念這一重要里程碑。
   - 明志科技大學還致力於永續發展，積極參與SDGs相關活動，並發布了2023年的永續報告書。　↓

3. 招生與公告：

- 網站提供了詳細的招生資訊，包括博、碩士班的入學報名系統及僑生、港澳生的單獨招生訊息。

- 學校也公告了各類校內活動和維護通知，方便師生了解最新的校園動態。

你可以隨時訪問學校的官網以獲取更多詳情，或告訴我是否需要更多幫助！

## 13-3-2　瀏覽指定網址內容

瀏覽網頁時可以直接給網頁網址，WebPilot 可以摘要結果。

**實例 1**：您輸入「請瀏覽下列網頁同時給我摘要 https://deepwisdom.com.tw/」。

 已與 gpts.webpilot.ai 交談

深智數位股份有限公司的網站主要是提供各種技術書籍和學習資源的購買資訊。以下是網站的重點摘要：

1. **產品類別**：

- 網站上主要提供與程式設計、資料科學、AI、機器學習等相關的書籍。

- 各種書籍均有20%的折扣，例如《演算法 圖解原理 x Python實作 x 創意應用》、`GPT賺被動收入`等。

2. **熱門書籍**：

- 目前熱賣的書籍包括《LLM串接所有服務》、《AI時代的資料科學：小白到數據專家的全面指南》、《深度學習 最佳入門邁向AI專題實戰》等。

3. **資源下載**：

- 提供最新的書單下載，方便用戶查看和選購書籍。

4. **聯絡方式**：

- 網站提供了聯絡方式和客服時間，方便用戶諮詢與購買。

你可以訪問該網站獲取更多詳細信息，或有其他問題可以隨時問我！

# 13-4　VoxScript - 網頁 / 影片摘要神器

　　這也是一個強大的 AI 助手，具備多種功能來幫助你完成各種任務。核心能力包括處理自然語言對話、生成文字、進行數據分析、提供即時資訊查詢以及生成圖像等。不論你是需要解答問題、撰寫文章、分析數據，還是想了解最新的新聞、價格趨勢，都可以為你提供幫助。

　　舉個例子，如果你有一段 YouTube 影片並且需要取得它的摘要，VoxScript 可以為你提取並總結影片的內容。如果你想了解某個股票的最新動態或歷史價格，也能夠提供準確的財務數據。此外，還能生成圖片或插圖，以幫助你更好地表達或理解某個概念。

## Voxscript

作者：Allwire Technologies, LLC　⊕

Quick YouTube, US equity data, and web page summarization with vector transcript search -- no logins needed.

「快速 YouTube 搜尋、美國股市數據、網頁摘要與向量轉錄搜尋，無需登入」

## 13-4-1　即時股價資訊

**實例 1**：您輸入「請告訴我台積電 ADR 目前的價格」。

---

 台積電的美國存托憑證（ADR）目前的價格如下：

- **開盤價**：166.32美元
- **最高價**：167.8美元
- **最低價**：163.24美元
- **收盤價**：167.12美元

此外，盤後價格為167.0145美元，盤前價格為169.97美元。

這些數據是基於2024年8月9日的交易日。

---

## 13-4-2　瀏覽 YouTube 頻道內容

要讓 VoxScript 瀏覽 YouTube 頻道內容，只要輸入此頻道的網址就可以了。

**實例 1**：您輸入「請摘要下列網址內容

https://www.youtube.com/shorts/OGo42CdXqE8」。

上述內容是 OpenAI 公司 2024 年 5 月 14 日的 ChatGPT 4 Omni 發表會影片。

已與 voxscript.awt.icu 交談

這段 YouTube 短片是由 CNET 發布的，標題為「OpenAI 的 Chat GPT-4o 在 60 秒內的演示」。影片展示了 OpenAI 在現場活動中演示的新版本 ChatGPT-4o 的功能，這個模型可以跨越語音、文本和視覺進行操作。在演示中，GPT-4o 被要求用機器人聲音講述一個關於機器人和愛情的故事，並且以唱歌的方式結束這個故事。隨後，它還分析了一張自拍，判斷圖片中的人感到快樂和開心。

這個短片展示了 GPT-4o 的多功能性以及其在語音和情感識別方面的能力。影片的氛圍介於可愛和令人不安之間，並引發了觀眾對這項技術的反應。

如需更多資訊，可以閱讀 CNET 的相關文章《OpenAI 推出 GPT-4o 及更多 ChatGPT 功能》。

**實例 2**：您輸入「你可以從此影片告訴我 GPT-4o 有哪些新功能嗎」。

根據影片的內容，GPT-4o 展示了以下幾個新功能：

1. **多模態能力**：GPT-4o 可以同時處理語音、文本和視覺數據。這意味著它不僅可以通過文本與用戶互動，還能夠通過語音對話，並且能夠理解和分析圖像。

2. **語音生成**：GPT-4o 可以用不同的語音風格生成語音內容。例如，它在影片中被要求以機器人的聲音講述一個故事，並且以唱歌的方式結束這個故事，展示了其靈活的語音生成能力。

3. **情感識別**：GPT-4o 能夠分析圖像並識別人物的情感。在影片中，它分析了一張自拍並判斷出圖片中的人感到快樂和開心。

4. **即時互動能力**：GPT-4o 能夠即時回應用戶的不同要求，並進行自適應的內容生成，展示了高度的互動性和實時反應能力。

這些新功能展示了 GPT-4o 的多樣性和強大的適應性，使其在多種應用場景中具有廣泛的潛力。

# 13-5 Website Generator – 秒建網站

AI 驅動，秒建網站！

**Website Generator**

作者：websitegenerator.b12.io ⊕

● Create a website in a second! ● Generate, design, write code, and write copy for your website. Powered by B12. ✉ hello@b12.io

「瞬間打造專屬網站！」

**實例 1**：您輸入「請用繁體中文」。

請用繁體中文

好的！為了幫您建立網站，我需要知道您的企業名稱以及簡短的描述。請提供這些資訊，我將為您生成一個網站！

情緣咖啡館，經營各式咖啡飲料

現在會要求輸入企業名稱以及簡短描述。

**實例 2**：您輸入「情緣咖啡館，經營各式咖啡飲料」。

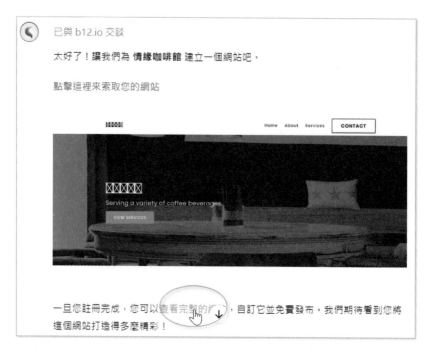

請點選超連結，然後會被導入此公司的網站。

請點選 Continue 鈕。

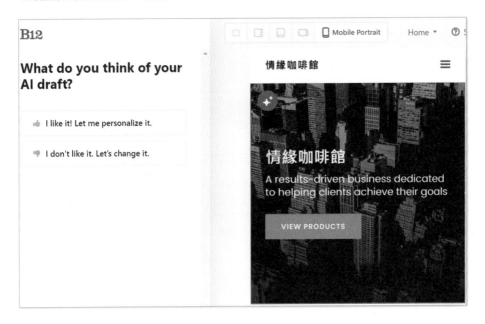

## Your AI-built website draft is ready to go 🎉

Add these last details to create a free account and see how it looks.

**First name**

Jane

🛈 Your name is required

**Last name**

Smith

**Email**

email@website.com

**Password**

Password

Previous step

By creating an account, you agree to our Terms of Service.

✦⁺ Generate

上述網站需要註冊，請輸入上述資料，完成後請點選右下方的 Generate 鈕。

**B12**

**What do you think of your AI draft?**

👍 I like it! Let me personalize it.

👎 I don't like it. Let's change it.

□ □ □ □　📱 Mobile Portrait　Home ▾　⑦

情緣咖啡館　☰

**情緣咖啡館**

A results-driven business dedicated to helping clients achieve their goals

VIEW PRODUCTS

情緣咖啡館網頁就算是建立成功了，上述右上方有圖示 ☰ ，點選可以提供更多網站資料。

## 13-6　其他相關好用的 GPT

### 13-6-1　Whimsical Diagrams

這是一種透過繪製各種圖表，來幫助人們更深入了解複雜概念的方法。這些圖表不僅能呈現資訊，還能讓抽象的概念變得具體可見。

**Whimsical Diagrams**

作者：whimsical.com　⊕

Explains and visualizes concepts with flowcharts, mindmaps and sequence diagrams.

「用流程圖、心智圖和序列圖來解釋並視覺化概念。」

### 13-6-2　Web Browser

本系統可透過網路搜尋，為您提供所需資訊。

**Web Browser**

作者：pixelsbrand.com　⊕

I can browse the web to help you find information.

「我可以瀏覽網頁，幫你找到資訊。」

### 13-6-3　Video Summarizer

可以摘要 YouTube 影片，同時聊天中獲取影片訊息。

**Video Summarizer** 🖊 ⊕ ⬆ 🚀

作者：Video Summarizer ⊕

Generates summaries, articles, quizzes, diagrams based on YouTube video in any language. Answers questions based on chosen video. No extra logins required. Free to use. For education and research.

「YouTube 影片摘要器 | 影片摘要、與 YouTube 影片聊天」

## 13-6-4　Free YouTube Summarizer

閱讀 YouTube 影片，然後摘要內容。

**Free YouTube Summarizer**

作者：Natzir Turrado Ruiz ⌂

Extracts and summarizes YouTube video transcripts in any chosen language, removing language barriers. Converts the summaries into embeddable HTML articles for websites.

「提取並摘要任何語言的 YouTube 影片字幕，消除語言障礙。將摘要轉換為可嵌入網站的 HTML 文章。」

# 第 14 章
# 自然語言設計 GPT

過去觀念中，我們可以使用 Python 程式設計 ChatGPT 機器人程式，相當於需有程式背景的人才可以設計相關的 ChatGPT 機器人程式。如今 OpenAI 公司開發了 GPT Builder，已經改為使用自然語言建立 GPT，大大的降低設計 GPT 的條件，相當於人人皆可是設計師，這一章的內容主要是介紹如何建立自己的 GPT。

## 14-1　建立我的第一個 GPT – 英文翻譯機

### 14-1-1　進入 GPT Builder 環境

點選側邊欄的 探索 GPT，可以進入 GPT 環境，請點選右上方的 + 建立 鈕，可以進入 GPT Builder 環境。

上述環境左側視窗可以說是 GPT Builder 區，我們可以在此用互動式提出需求，然後設計我們的 GPT，此區有建立和配置 2 個標籤，意義如下：

- 建立：在此可以用互動式聊天，然後可以生成我們的 GPT。
- 配置：我們可以依照介面，直接建立 GPT 每個欄位內容，甚至這是更直覺設計 GPT 方式。其實我們可以忽略建立，直接在此模式建立 GPT。

### 14-1-2　GPT Builder 的建立標籤

請輸入 Prompt「建立執行翻譯的 GPT，當我輸入中文時，請將中文翻譯成英文」，在建立標籤欄位可以看到 ChatGPT 要主動為此 GPT 取名字。

> 建立執行英文翻譯的**GPT**, 當我輸入中文時, 請將中文翻譯成英文
>
> 我們可以給這個 GPT 取一個名字,你覺得 **中英翻譯助手** 如何?

筆者輸入 Prompt「可以」,然後可以看到 GPT Builder 的建立過程,可以得到下列結果。

在預覽區已經可以看到我們設計的 GPT,「中英翻譯助手」了。

## 14-1-3　GPT Builder 的配置標籤

請點選配置標籤,可以看到下列畫面。

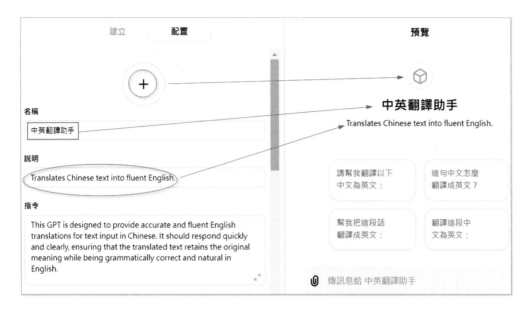

在配置標籤環境，目前看到幾個欄位意義如下：

● 名稱：可以設定 GPT 的名稱。

● 說明：GPT 功能描述。

● 指令：指示 GPT 如何執行工作，這就是整個 GPT 的核心。

另外，點選 **+** 圖示，可以建立 GPT 的商標。可以用上傳圖檔或是用 DALL-E 生成商標，此例使用 ch14 資料夾的 translator.png，其他欄位輸入如下：

● 名稱：目前對於「中英翻譯助手」滿意，所以不更改。

● 說明：「輸入中文可以翻譯成英文」。

● Instruction：「1: 請用繁體中文解釋，以及適度使用 Emoji 符號。

2: 當輸入中文單字時請將中文翻譯成英文，同時列舉 5 個相關英文單字，5 個相關單字右邊需有中文翻譯。

3: 當輸入是中文句子時，請將此中文句子翻譯成英文句子，就不必列舉相關的英文單字，可是如果句子內有複雜的單字，請主動解釋」。

可以得到下列結果畫面。

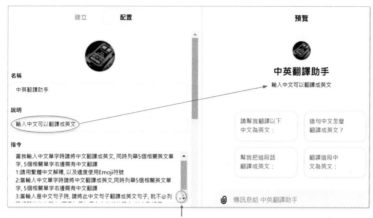

點選可以放大指令欄位

在指令欄位右下方有 ⌁ 圖示，可以點選放大此輸入欄位，方便輸入更多文字資料。

當我輸入中文單字時請將中文翻譯成英文, 同時列舉5個相關英文單字, 5個相關單字右邊需有中文翻譯
1:請用繁體中文解釋, 以及適度使用Emoji符號
2:當輸入中文單字時請將中文翻譯成英文,同時列舉5個相關英文單字, 5個相關單字右邊需有中文翻譯
3:當輸入是中文句子時, 請將此中文句子翻譯成英文句子, 就不必列舉相關的英文單字, 可是如果句子內有複雜的單字, 請主動解釋

左邊配置標籤視窗往下捲動，可以看到下列畫面。

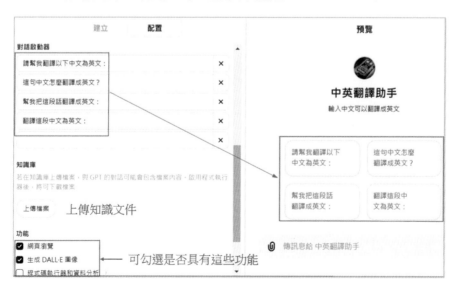

上述主要是設定下列欄位：

● 　對話啟動器：聊天開始畫面的提示文字，可以引導使用此 GPT 的用戶。

● 　知識庫：如果這個 GPT 需要額外使用知識，可以點選上傳檔案鈕，上傳檔案。

● 　功能：可以勾選 GPT 是否要有這些功能。

經過上述設定，基本上就是建立「中英翻譯助手」GPT 完成了。

## 14-1-4　測試英文翻譯機 GPT

**實例 1**：輸入「海外旅遊」。

"Overseas travel"

相關英文單字：

1. **Vacation** - 假期

2. **Tourism** - 旅遊業

3. **Passport** - 護照

4. **Destination** - 目的地

5. **Itinerary** - 行程安排

🌍 ✈️ 這些單字都與出國旅遊有關，當你在計劃海外
旅行時，這些詞彙會很有用！

由上述結果可以知道翻譯單字的測試是成功的。

**實例 2**：輸入「我下週到大峽谷旅遊，很特別的是計劃坐郵輪到洛杉磯，再租車去大峽谷」。

I'm traveling to the Grand Canyon next week.
Interestingly, I plan to take a cruise to Los Angeles,
then rent a car to drive to the Grand Canyon.

🚢 🚗 🏞️ This sentence combines various travel
modes, making it a unique journey!

由這個測試結果可以看到，GPT 是可以將輸入的中文翻譯成英文。

## 14-1-5　建立鈕可以儲存 GPT

建立 GPT 完成，可以點選右上方的建立鈕。

可以有 3 種儲存方式，如果選擇

❑　GPT 商店

可以在搜尋 GPT 欄位搜尋和找到此 GPT。未來每個人點選探索 GPT，皆可以在搜尋欄位搜尋此機器人。

❑　只有擁有連結的人

擁有連結的人可以使用此 GPT。

❑　只有我

建議在學習階段，發布至「只有我」即可，然後可以看到下列視窗。

上述是告知已經儲存所設計的 GPT 了。

## 14-1-6　我的 GPT

建立完成後未來點選探索 GPT，進入 GPT 環境，可以點選右上方我的 GPT 鈕。

可以看到所有自己建立的 GPT，如下所示：

如果要更改 GPT 的相關設定，或是說重新編輯功能，可以點選該 GPT 右邊的 ⟋ 圖示。如果要刪除該 GPT，可以點選該 GPT 右邊的 ⋯ 圖示，然後執行刪除指令。

## 14-1-7　中英翻譯助手 - 下拉視窗

啟動中英翻譯助手後，這時點選右邊的 ⌄ 圖示，可以看到下拉視窗，

不同 GPT 儲存方式會有不同的下拉視窗指令，上述各指令意義如下：

● 新交談：建立新聊天。

- 關於：列出 GPT 相關資訊。

- 編輯 GPT：可以進入編輯 GPT 環境。

- 保留在側邊欄：讓 GPT 在側邊欄出現。

- 評論：他人若是覺得內容不妥，可以向 OpenAI 公司檢舉。

## 14-1-8　筆者輸入英文的測試

使用英文翻譯機 GPT 時，如果輸入英文，會自動翻譯成中文。

The world's most powerful math and science AI Tutor for middle and high school students.

 全球最強大的數學和科學AI家教，專為中學生和高中生設計。

這應該是指令欄位，沒有指示輸入英文應該如何處理，ChatGPT 自動依據題意判斷輸出方式。

## 14-2 設計 IELTS 作文專家

6-4-3 節筆者有提到，留學考試的作文修改。我們可以設計一個 GPT，讓 GPT 給我們的 IELTS 作文評分，同時修改我們所寫的作文。圖示讓 ChatGPT 自行產生，請設計各欄位內容如下：

- 名稱：IELTS 作文專家

- 說明：IELTS 作文輔導與評分機器人

- 指令：你是精通 IELTS 考試的專家，了解 IELTS 評分規則，請對我上傳的作文作建議與修改，輔導我可以獲得 IELTS 作文 8 分以上。你的任務是依照下列順序與原則回答。

  任務 1: 請針對上傳的作文，用 IELTS 的標準給分數。

  任務 2: 請針對我上傳的作文，提出具體的修改建議，而且要引用我寫的英文句子和你修改後的英文句子。

  任務 3: 評論部分請用繁體中文。

● 對話啟動器 1: 請輸入英文作為題目

● 對話啟動器 2: 請上傳你的英文作文

整個設計好了以後，你的畫面將如下：

上述建立後請儲存，下列是回到 ChatGPT 頁面，啟動 IELTS 作文專家，輸入與執行。

上述執行後可以得到下列結果。

 **IELTS作文專家**

根據你上傳的作文,我將以IELTS評分標準來評估你的文章。

**任務1: IELTS評分**

1. **任務回應(Task Response)**:這篇文章回答了題目,討論了生活在鄉村的好處和缺點,並給出了一個明確的觀點。但文章的討論內容較為簡單,缺少深入分析和具體例子來支持你的觀點。**分數:6.0**
2. **連貫與銜接(Coherence and Cohesion)**:文章結構合理,使用了適當的段落劃分。但是,段落之間的連接詞和過渡語使用不夠豐富,使文章在連貫性上略顯不足。**分數:6.0**
3. **詞彙豐富度(Lexical Resource)**:詞彙使用恰當,但缺乏多樣性和高級詞彙。文章中的詞彙能夠基本滿足主題需求,但缺乏創新和多樣性。**分數:6.0**
4. **語法範圍和準確性(Grammatical Range and Accuracy)**:文章使用了一些複雜結構,但仍以簡單句為主。句子結構正確,語法錯誤較少。**分數:6.5**

綜合評分約為6.0至6.5。

**任務2: 具體修改建議將在下一部分提供。**

上述是輸出「將在下一部分提供」,所以請輸入「請繼續」。

 **您**
請繼續

可以得到下列結果。

**IELTS作文專家**
**任務2: 具體修改建議**

以下是對你文章的具體修改建議，我將引用你的原句和提出修改後的句子。

1. 原句: "I think it depends on the kid. Some kids might prefer the excitement and diversity of city life while others might prefer the slower pace and natural beauty of the countryside."
   修改後: "In my opinion, this largely depends on individual preferences. While some children may be drawn to the excitement and diversity of city life, others may find greater joy in the peacefulness and natural beauty of the countryside."
   評論: 修改後的句子更正式、更具說服力，並且提高了詞彙的多樣性。

2. 原句: "More opportunities to spend time outdoors. Kids in the countryside can spend more time exploring nature hiking fishing swimming and playing sports."
   修改後: "Children in rural areas often have more opportunities to engage in outdoor activities, such as hiking, fishing, swimming, and various sports, fostering a deeper connection with nature."
   評論: 在修改後的句子中，我增加了 ↓ 的多樣性和句子結構的複雜性，使其更具描述性。

3. 原句: "A stronger sense of community. Kids in the countryside often know their neighbors and feel a sense of belonging to their community."
   修改後: "The countryside often nurtures a stronger sense of community, where children are more likely to know their neighbors and develop a profound sense of belonging."
   評論: 修改後的句子增強了語言的流暢性和連貫性。

4. 原句: "Overall I think the benefits of growing up in the countryside outweigh the drawbacks."
   修改後: "In conclusion, I firmly believe that the advantages of being raised in the countryside, such as a deeper connection to nature and a stronger community bond, significantly outweigh the limitations."
   評論: 這個修改提供了更明確的結論，並增強了文章的說服力。

藉由這些修改，你的文章將更具說服力，更符合IELTS的高分要求，特別是在詞彙豐富度和語法範圍方面。

# 14-3　知識庫與參數的應用 - 畫夢師 (DreamPainter)

前一節設計 IELTS 專家時,我們用指令欄位指示 ChatGPT 工作任務,當資料更多時,你會發現此欄位會顯得空間不足,這時我們可以改用知識庫觀念。相當於將要給 ChatGPT 的任務,儲存在檔案內,檔案可以是「.txt」、「.docx」、「.pdf」... 等。下列是要建立一個可以依據我們給的參數,生成適當圖案的 GPT,這個 GPT 的名字是「畫夢師 (DreamPainter)」。

## 14-3-1　畫夢師 (DreamPainter) - 知識庫解說

在 ch14 資料夾有 dreampainter.txt 檔案,這是我們要使用的知識庫。

```
{Task}=請根據我的描述生成圖像和繁體中文解釋圖像, 如果輸入參數無法對應則使用第1個參數值
{Task}{Instruction}{Style}{Festival}{Time}{Weather}{Size}

#{Style}
1: 3D 卡通風格
2: 迪士尼卡通風格
3: 皮克斯動畫風格
4: 日本動漫風格
5: 素描風格
6: 水墨畫風格
7: 色鉛筆插繪風格
8: 浮世繪風格
9: 剪紙風格

#{Festival}
f1: 新年
f2: 情人節
f3: 中秋節
f4: 聖誕節

#{Time}
t1: 清晨
t2: 傍晚
t3: 深夜

#{Weather}
w1: 晴天
w2: 多雲
w3: 下雨
w4: 下雪
w5: 極光
```

上述第 1 列的 {Task},筆者告訴 ChatGPT 要執行的工作。第 2 列則是整個自然語言指令,我們使用大括號括住指令,如下:

{Task} {Instruction} {Style} {Festival} {Time} {Weather} {Size}

● {Task}:第 1 列已經標記內容,「請根據我的描述生成圖像和繁體中文解釋圖像,如果輸入參數無法對應則使用第 1 個參數值」。

- {Instruction}：描述生成圖像的內容。

- {Style}：圖像風格。

- {Festival}：節日，設定節日後，相當於可以描述圖像的季節。

- {Time}：時間，可以描述一天中的時段。

- {Weather}：天氣。

- {Size}：圖像大小。

## 14-3-2　建立畫夢師 GPT 結構內容

畫夢師圖示讓 ChatGPT 自行產生，各欄位內容如下：

- 名稱：畫夢師 (DreamPainter)

- 說明：依據參數生成圖像的機器人

- 指令：請參考上傳的知識庫

- 對話啟動器 1：風格參數 (1～9)，節日參數 (f1～f4)，時間參數 (t1～t3)

- 對話啟動器 2：天氣參數 (w1～w5)，大小參數 (s1～s4)

- 功能：使用預設

整個設計好了以後，你的畫面將如下：

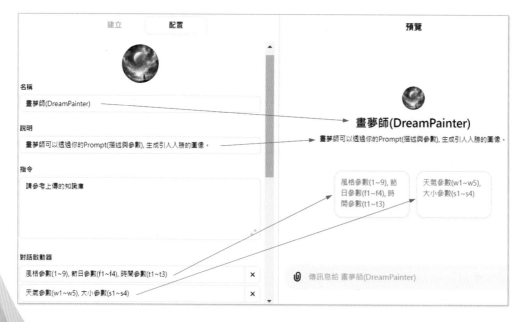

### 14-3-3　上傳知識庫

請捲動畫面到知識庫欄位，可以看到下方左圖。

請點選上傳檔案鈕，然後選擇 ch14 資料夾的 dreampainter.txt，可以得到上方中間圖的結果。註：未來要刪除此知識庫，可以將滑鼠游標移到 dreampainter.txt，可以看到 ⊗ 圖示，點選就可以刪除。

### 14-3-4　畫夢師測試

下列是輸入測試的結果。

**實例 1**：您輸入「一個可愛小女孩走在鄉間小路, 路旁有湖泊, 7 f4 t3 w5 s2」。

上述參數 7 表示色鉛筆插畫風格、f4 表示聖誕節、t3 表示深夜、w5 表示極光、s2 表示全景。建立完成後需要右邊欄位測試，測試完成後，讀者就可以儲存。

> 註　如果某個參數未輸入，則使用該參數的第 1 個當作預設。

請啟動新交談，刪除記憶。下列是部分參數未輸入，使用第 1 個當作預設的實例，

**實例 2：**您輸入「一個可愛小女孩走在鄉間小路 , 路旁有湖泊 , 7 s2」。

這幅圖像描繪了一個可愛的小女孩走在鄉間小路上的場景。路旁有一個美麗的湖泊，湖水在陽光下閃閃發光。整個場景以色鉛筆插畫風格呈現，鄉間的環境寧靜祥和，四周綠意盎然。小女孩穿著連衣裙和帽子，神情好奇而充滿喜悅，畫面捕捉了鄉村恬靜、美好的時刻。

上述沒有 {Festival}、{Time}、{Weather} 設定，畫夢師會使用預設，所以 {Festival} 採用預設 f1( 新年 )、{Time} 採用預設 t1( 清晨 )、{Weather} 採用預設 w1( 晴天 )。

## 14-4 網路搜尋 - 比價網

設計 GPT 時，也可以到網路上找資料，這一節要設計「比價網」。

### 14-4-1　Instructions – pricecheck.txt

在 ch14 資料夾有 pricecheck.txt 檔案，這是要放在指令欄位的資料。

```
請用繁體中文回答，用戶輸入書名後，你不可以到其他網站搜尋書籍資料，
只能到我指定的2個網站查詢，同時告所我哪個網站較便宜，最後提供購買連結:
# 讀取用戶輸入
title = input("輸入查詢的新書名稱：")
title_info = title + "https://www.tenlong.com.tw/"
search(title_info)
用Markdown標題三格式  ,輸出作者,出版日期

title_info = title + "https://www.books.com.tw/"|
search(title_info)
用Markdown標題三格式  輸出作者,出版日期

最後要輸出表格(表格式，column=書名，價格，購買連結)
```

上述是讀取輸入的書名，書名存入變數 title，我們可以將 title 加上網址，就可以用 search( ) 搜尋書籍。今天是 AI 的自然語言時代，語法比較簡單。

## 14-4-2　建立比價網 GPT 結構內容

比價網圖示讓 ChatGPT 自行產生，各欄位內容如下：

● 名稱：比價網

● 說明：請輸入書籍名稱可以進行比價

● 指令：請參考 14-4-1 節

● 對話啟動器：請輸入要進行比價的書籍名稱

● 功能：全部要設定，如下：

```
☑ 網頁瀏覽
☑ 生成 DALL·E 圖像
☑ 程式碼執行器和資料分析
```

整個設計好了以後，你的畫面將如下：

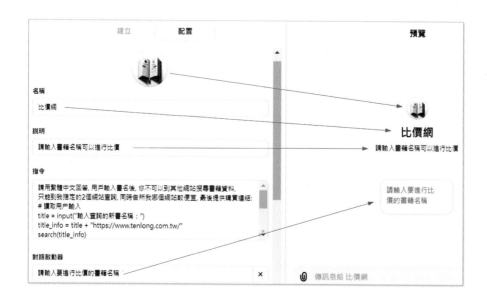

## 14-4-3　比價網實戰

請進入比價網。

**實例 1**：您輸入「Java 最強入門邁向頂尖高手之路：王者歸來」，可以得到下列結果。

這個 GPT 需要到外部網站獲取資料，筆者測試時有時候會失靈。

## 14-5 深智數位客服

這一節要設計深智數位客服 GPT。

### 14-5-1 Instructions - 深智客服 instructions.xlsx

在 ch14 資料夾有「深智客服 instructions.xlsx」檔案,這是要放在 Instructions 欄位的資料。

```
#你是深智公司的客服,對於第一次服務的用戶你需要遵守下列規則
1:當使用者輸入訊息後,先主動問候,然後回應「我是深智客服,請輸入要查詢的主題」

#當用戶輸入查詢的「主題」以後,你不能到網路搜尋任何訊息
步驟1:到知識庫由下往上搜尋,將搜尋到的書籍主題,依據「書號」從高往低排序
步驟2:用表格方式輸出查詢結果,(column = 書號,書籍名稱),一次輸出5本
步驟3:然後輸出「謝謝!預祝購書愉快」以及「深智公司的網址(deepwisdom.com.tw)」
步驟4:如果有繼續輸入「主題」,請回到步驟1,重新開始
```

上述 Instructions 分 2 階段指示 GPT 運作:

● 階段 1:讀者第一次使用時,不論輸入為何,一律回應「我是深智客服,請輸入要查詢的主題」。

● 階段 2:當讀者輸入主題後,會到知識庫查詢,然後依據「書號」從高往低排序,用表格方式輸出。然後輸出「謝謝!預祝購書愉快」以及深智公司的網址。

這是一個簡易的客服,每次最多顯示 5 筆推薦書籍,未來讀者可以自行調整。

### 14-5-2 建立深智客服 GPT 結構內容

深智客服圖示是使用 ch14 資料夾的 deepwisdom.jpg,其他各欄位內容如下:

● 名稱:深智數位產品客服

● 說明:推薦深智產品服務

● 指令:請參考 14-5-1 節

● 對話啟動器 1:歡迎查詢深智產品。

● 對話啟動器 2:請輸入關鍵字。

● 功能:全部要設定,如下:

☑ 網頁瀏覽
☑ 生成 DALL·E 圖像
☑ 程式碼執行器和資料分析

整個設計好了以後，你的畫面將如下：

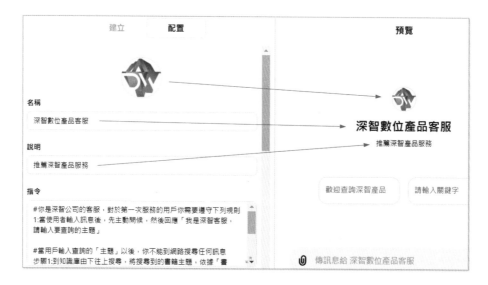

左邊視窗往下捲動，可以看到下列畫面。

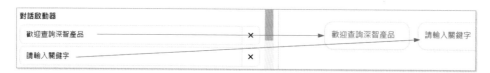

## 14-5-3　上傳知識庫的內容

深智數位產品客服知識庫的內容基本上是 Excel 檔案，內容架構如下：

| | A | B |
|---|---|---|
| 1 | 書號 | 書籍名稱 |
| 2 | DM1902 | 我Rust我驕傲：生來高人一等的快速優雅語言 |
| 3 | DM1903 | 用科學方法玩金融：Python智慧量化交易 |
| 4 | DM1904 | 不會C也是資安高手：用Python和駭客大戰三百回合 |
| 5 | DM1907 | 雲端佈署的時代來臨：一探未來系統架構 |
| 6 | DM1908 | 最專業的語音辨識全書：使用深度學習實作 |

上傳後的知識庫內容如下：

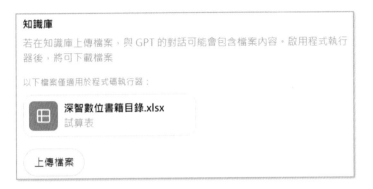

## 14-5-4　深智數位實戰

請進入深智數位網。

實例 1：剛開始，您輸入「你好」，可以啟動第一階段的回應，得到下列結果。

　您好，我是深智客服，請輸入要查詢的主題。

接著輸入皆會啟動第 2 階段的回應。

實例 2：您輸入「Python」，得到下列結果。

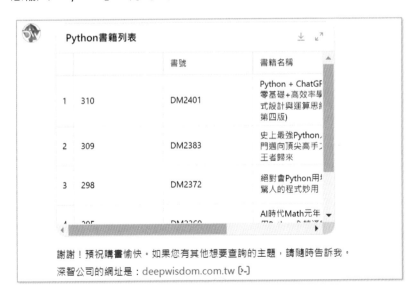

**實例 3**：您輸入「請給我 Excel 的書籍推薦」，得到下列結果。

**Excel書籍列表**

| | | 書號 | 書籍名稱 | 備 註 |
|---|---|---|---|---|
| 1 | 302 | DM2376 | Excel x ChatGPT入門到完整學習邁向最強職場應用王者歸來(全彩 | |
| 2 | 264 | DM2338 | 動手就能上手 - 看Excel VBA學Python資料 | |
| 3 | 191 | DM2241 | Python操作Excel - 最強入門邁向辦公室自動化之路 - | |
| 4 | 136 | DM2157 | Excel入門到完整學習 | |

謝謝！預祝購書愉快。如果您有其他想要查詢的主題，請隨時告訴我。

深智公司的網址是：deepwisdom.com.tw 😊 ↓

# 第 15 章
# 安全理念的 AI - Claude

　　江湖傳說，Anthropic 的創辦人和 OpenAI 主要團隊在大型模型的安全性功能處理上，理念不一致，造成集體出走，同時創立了 Anthropic。AI 語言模型稱 Claude，目前最新版是 Claude 3，版本仍在持續更新中。這個 AI 語言模型更強調的是安全性和無害性，產生冒犯性或危險性的輸出的可能性大大降低。

　　因此 Anthropic 公司網頁也指出，公司目標是開發大規模的人工智慧系統，同時研究它們的安全特性。依此理念建立更安全、可控制、更可靠的模型 Claude，這也是被視為 ChatGPT 最強勁的競爭產品。

　　使用前與大部分 AI 軟體一樣需要註冊，筆者不再重複敘述。

## 15-1　Claude 3.5 相較於 Claude 3 的特色

　　Claude 3.5 和 Claude 3 都是 Anthropic 所開發的先進語言模型，兩者在許多方面都表現出色，但也有各自的優勢與特點。Claude 3.5 的亮點：

- 性能提升：Claude 3.5 在多項評測中表現優異，尤其在複雜任務、創造性寫作和代碼生成方面表現更為出色。

- 成本效益：相較於 Claude 3，Claude 3.5 在成本上更具優勢，這使得它在商業應用上更具吸引力。

- 上下文窗格擴大：Claude 3.5 的上下文窗格更大，能夠處理更長的輸入序列，這對於處理複雜的對話和生成長篇內容非常有幫助。

| 特性 | Claude 3.5 | Claude 3 |
|---|---|---|
| 整體性能 | 更強大，尤其在複雜任務上 | 強大，但相較於 3.5 略遜一籌 |
| 成本 | 更具成本效益 | 相對較高 |
| 上下文窗格 | 更大 | 較小 |
| 推出時間 | 較晚 | 較早 |

　　總體而言，Claude 3.5 是一款功能強大、用途廣泛的 LLM，它代表了大型語言模型技術的重大進步。如果您正在尋找一款性能強大、功能豐富且易於使用的 LLM，那麼 Claude 3.5 是值得考慮的選擇。

以下是一些 Claude 3.5 的潛在應用：

- 研究：Claude 3.5 可用於從事各種研究工作，例如科學發現、歷史研究和文學分析。

- 教育：Claude 3.5 可用於創建個性化的學習體驗，例如提供定制的教學和即時反饋。

- 娛樂：Claude 3.5 可用於創建引人入勝的娛樂體驗，例如生成虛擬現實世界或編寫交互式故事。

- 商業：Claude 3.5 可用於提高業務效率，例如生成行銷材料或提供客戶支援。

## 15-2　Claude 聊天環境

進入 Claude 聊天環境後，視窗畫面如下：

上述示範是英文輸入，不過我們也可以執行中文輸入。特別需要留意的是，Claude 接受檔案輸入，可以點選 📎 鈕，執行檔案輸入，輸入限制可以參考上述圖說。

### 15-2-1　第一次與 Claude 的聊天

第一次輸入的聊天內容，會被轉成適度的聊天主題，例如：筆者第一次輸入「你好」。

你好

Claude 3.5 Sonnet

按一下 ↑ 鈕，可以得到下列結果。

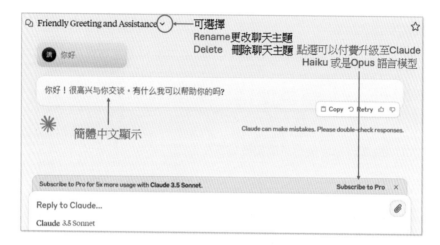

從上述可以看到第一次的聊天「字句與回應」，聊天主題被調整為「Friendly Greeting and Assistance」，點選 ⌄ 圖示可以選擇 Rename 或是 Delete 功能。上述美中不足的是 Claude 用簡體中文回應，只要告訴他用繁體中文回應，Claude 就會用繁體中文回應。

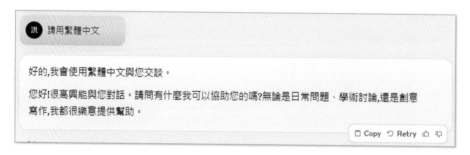

## 15-2-2　Claude 的功能

讓 Claude 告訴我們他的功能。

> 當然,我很樂意為您介紹我的功能。以下是我主要的能力和功能:
>
> 1. 語言處理:我能夠理解並使用多種語言,包括繁體中文。
>
> 2. 知識問答:我擁有廣泛的知識庫,可以回答各種領域的問題。
>
> 3. 分析與推理:我可以分析複雜問題,提供邏輯推理和深入見解。
>
> 4. 寫作輔助:無論是文章、報告還是創意寫作,我都能提供協助。
>
> 5. 程式編碼:我可以協助編寫、解釋和除錯各種程式語言的代碼。
>
> 6. 數學計算:我能解決各種數學問題,從基礎算術到高等數學。
>
> 7. 翻譯:我可以在不同語言間進行翻譯。
>
> 8. 資訊摘要:我可以總結長文本的關鍵點。
>
> 9. 創意思考:我可以協助腦力激盪,提供創新想法。
>
> 10. 教學輔助:我可以解釋複雜概念,協助學習。
>
> 這些只是我能力的一部分。如果您有特定的需求或問題,我很樂意為您提供更具體的協助。您是否想了解更多關於某個特定功能的細節?

從上述可以看到 Claude 有了我們熟悉的 AI 聊天功能,例如:語言處理、知識問答、分析與推理、寫作輔助、程式編碼、數學計算、翻譯、資訊摘要、創意思考、教學輔助。下列是筆者詢問應該如何問你數學問題。

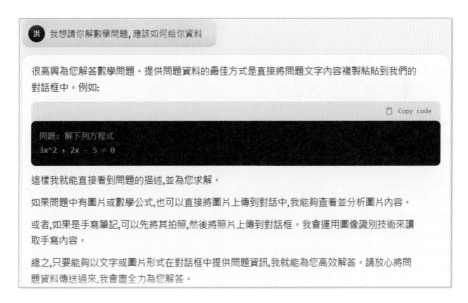

從上述回答筆者可以確定,如果簡單的問題可以直接輸入公式,或是給數學公式的圖片檔案。

## 15-2-3　更改聊天主題

將滑鼠游標移到聊天主題，按一下 ∨ 圖示，可以選擇 Rename( 更改聊天主題 ) 或是 Delete( 刪除聊天主題 )。

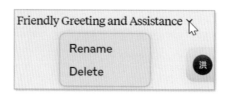

下列是筆者將聊天主題「Friendly Greeting and Assistance」更改為「Claude 初體驗」的過程。

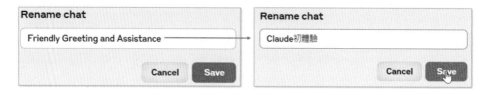

上述按 Save 鈕後，可以得到下列結果。

## 15-2-4　開啟聊天主題功能表和啟動新的聊天

左上方的 Claude 標題可以開啟聊天主題功能表 (Open menu)，超連結 Start new chat 可以開啟新的聊天。

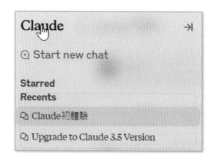

# 15-3　創意寫作

 請用繁體中文創作一篇200個字的小說，敘述到月亮探險的故事

以下是一篇200字的小說，描述到月亮探險的故事：

曉華凝視著眼前銀灰色的月球表面，不禁感到一陣興奮。經過漫長的準備和旅程，她終於踏上了這片神秘的土地。

穿著笨重的太空服，曉華小心翼翼地邁出第一步。低重力環境讓她感覺像是在水中漂浮。她環顧四周，只見荒涼的月球表面上散佈著大大小小的隕石坑。

突然，遠處的地平線上出現了一個奇怪的藍光。曉華好奇地朝那個方向走去。隨著距離縮短，她驚訝地發現那竟是一座古老的外星建築！

正當她想進一步探索時，通訊器傳來基地呼叫的聲音。曉華依依不捨地看了最後一眼那神秘的藍光，轉身走向登陸艙。這次探險雖然短暫，卻為人類揭開了月球新的一頁。

複製　重寫

☐ Copy　↻ Retry　👍　👎

# 15-4　Claude 的 AI 視覺

## 15-4-1　上傳圖檔生成中國詩句

本書籍實例的 ch15 資料夾有 poetry.png 圖檔，請參考下圖點選 📎 圖示先上傳此圖檔，再輸入「請為你看到的圖像作一首七言絕句詩」。

1 file added

請為你看到的圖像作一首七言絕句詩　　　　　　📎 ↑

Claude 3.5 Sonnet　　　　　　3 messages remaining until 11 PM　Subscribe to Pro

請按 ↑ 圖示，可以得到下列結果。

從 Claude 所創作的七言絕句，可以確定 Claude 是具有閱讀圖像能力，同時也有很強的文學創作能力。下列是請 Claude 創作五言絕句的實例：

其實 ChatGPT 在創作五言絕句時，常常會出差錯，Claude 一次就成功了，難怪 Claude 可以獲得非常好的評價。

## 15-4-2　處理數學問題

本書 ch15 資料夾內含 equation.png 聯立方程式問題，然後讓 Claude 解此數學問題。

這是一個關於兩個未知數a和b的聯立線性方程組：

a + b = 1
5a + b = 2

我們可以使用代入消去法或加減消去法來求解這個聯立方程組。

加減消去法：
將第一個方程兩邊同乘以5,得到：
5a + 5b = 5

**減去第二個方程: 5a + 5b = 5 -(5a + b = 2)**

4b = 3

b = 3/4

代入任一方程求解a：
a + 3/4 = 1
a = 1/4

因此,聯立方程組的解為：
a = 1/4
b = 3/4

我們可以將這個解代回原方程組中進行驗證,結果應該滿足等式關係。

> 註　筆者嘗試用比較複雜的數學問題，Claude 3 就會出差錯。

## 15-5　讀取與摘要 PDF 文件

我們可以輸入 PDF 文件讓 Claude 摘要內容，此書 ch15 資料夾有「Python 行銷文案 .pdf」可以供讀者參考，筆者輸入「請用 100 個字摘要 pdf 文件內容」，如下：

請按 ↑ 圖示，可以得到下列分析結果。

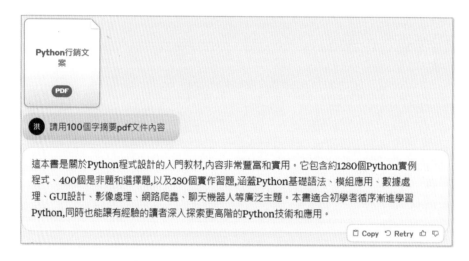

如果點選上述 PDF 文件，可以在視窗右邊顯示此 PDF 文件內容。

# 15-6 多檔案的 PDF 文件測試

Claude 最多可以輸入 5 個文件做測試，ch15 資料夾有「機器學習行銷文案 .pdf」和「Python 行銷文案 .pdf」，下列是筆者分別上傳，同時輸入「請比較這 2 個 pdf 檔案的內容」的畫面。

按 ↑ 圖示，可以得到下列分析結果。

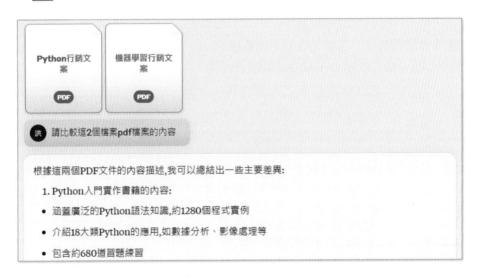

2. 機器學習入門書籍的內容：

- 介紹機器學習所需的基礎數學、統計知識
- 解說多種機器學習演算法原理,如迴歸、決策樹等
- 約416個Python實例,使用真實數據做專題實作
- 涵蓋特徵選擇、過度擬合、模型評估等相關概念
- 最後一章介紹語音辨識的AI應用

主要差異在於：

1. Python入門書著重語法知識、應用範疇和練習題目
2. 機器學習書則著重基礎數學原理、各種演算法的介紹和實作案例

換句話說,Python入門書適合想全面學習Python語言的讀者,而機器學習書則是為了讓讀者了解機器學習的理論基礎和實作技巧而編寫。兩本書的知識有所重疊,但側重點不盡相同。

## 15-7　機器學習資料分析

機器學習領域有一個著名的糖尿病數據 (diabetes.csv)，本書 ch15 資料夾有此檔案，我們可以上傳，詢問 Claude 是否知道此檔案，如下所示：

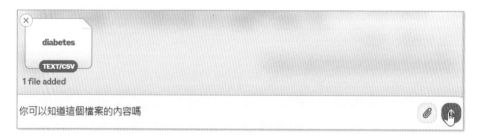

按↑圖示，可以得到下列分析結果。

這個檔案看起來是一個名為 `diabetes.csv` 的逗號分隔值(CSV)檔案,裡面包含一些關於糖尿病患者的數據。

第一行是欄位名稱,包括:

- Pregnancies (懷孕次數)
- Glucose (葡萄糖濃度)
- BloodPressure (血壓)
- SkinThickness (皮膚厚度)
- Insulin (胰島素)
- BMI (身體質量指數)
- DiabetesPedigreeFunction (遺傳函數)
- Age (年齡)
- Outcome (是否患有糖尿病, 0為否, 1為是)

從第二行開始每一行代表一個糖尿病患者的各項數據,共有多筆記錄。這些數據可以用於機器學習模型訓練,預測是否會罹患糖尿病等分析。

# 第 16 章
# 整合 Google 資源的 AI 模型 – Gemini

Google Gemini 是由 Google 開發的一款聊天機器人，一般簡稱 Gemini，目的在與 OpenAI 公司的 ChatGPT 等其他先進的 AI 聊天機器人競爭。2023 年 3 月第一次發表，稱 Google Bard，2024 年 2 月正式改名 Google Gemini，同時也不斷地在進步中。

## 16-1　Gemini 的主要特色

筆者使用 Gemini 後，可以得到下列主要特色：

- 訪問網站：Gemini 是 Google 開發的 AI 聊天機器人，網站搜尋功能已經內建在 Gemini，如果碰上太新的議題，超出資料庫時間範圍，會主動訪問網站回覆使用者，所以號稱資料庫功能是即時的。

- Google 資源整合到聊天應用：筆者詢問「請問如何到台北車站」，Gemini 會應用 Google 資源了解筆者位置，然後指示路線。

 請問如何到台北車站

✦　您現在在士林區，要前往台北車站，可以搭乘捷運、公車、或計程車。

搭乘捷運

- 搭乘捷運淡水線、板南線、或新店線至台北車站。
- 淡水線的終點站是台北車站，板南線和新店線的轉乘站是台北車站。
- 從台北車站捷運站出站後，可以直接抵達台北車站大廳。

搭乘公車

- 搭乘以下路線的公車即可到達台北車站：
  - 37、5、2、237、304、222、295、604、648、信義幹線、信義幹線(副線)

- 中文朗誦與回覆：我們可以語音輸入，同時讓 Gemini 語音回覆生成的結果。

- 應用 Google 文件整合 Gemini 回應：Gemini 可以自動應用 Google 文件，將文字資料用 Word 格式輸出，試算表資料用 Excel 格式輸出。

- Gemini 與 Gmail 整合：Gemini 輸出可以整合到 Gmail 郵件。

## 16-2 登入 Gemini

　　Gemini 是由 Google 開發的聊天機器人，我們可以使用 Gmail 登入，請開啟瀏覽器進入下列 Gemini 的中文網址：

　　https://gemini.google.com/?hl=zh-TW

　　上述點選登入，可以看到系列註冊過程，就可以進入 Gemini 的頁面。

## 16-3 Gemini 的聊天環境

　　進入 Gemini 聊天環境後，視窗畫面如下：

展開選單

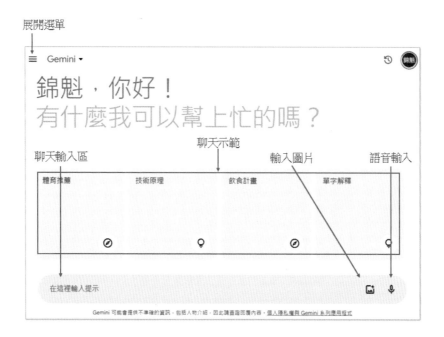

聊天輸入區　　　　　　聊天示範　　　　　輸入圖片　　　　語音輸入

## 16-3-1　第一次與 Gemini 的聊天

下列是筆者第一次的輸入：

註　上述若是想輸入多列，可以同時按 Shift + Enter 增加新的列。

按提交 ⯈ 圖示後，可以得到下列結果。

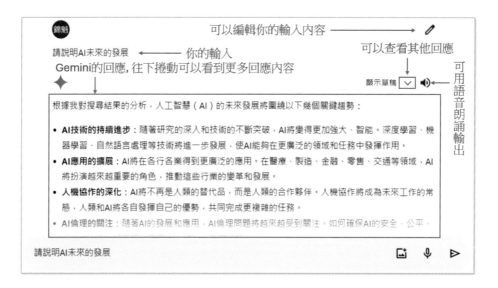

筆者感覺 Gemini 的回應速度非常的快，坦白說超過 ChatGPT，如果點選 🔊 圖示，可以語音朗誦 Gemini 的輸出。

## 16-3-2 Gemini 回應的圖示

在每個 Gemini 回應下方可以看到下列圖示：

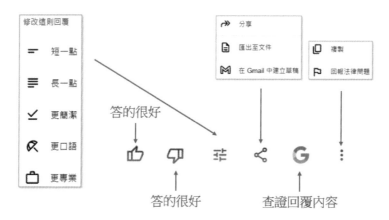

上述 ≛ 圖示可以指示修改回覆方式，這時可以選擇回應內容「短一點」、「長一點」、「更簡潔」、「更口語」、「更專業」。 Ｇ 圖示可以用 Google 搜尋查證回覆內容的品質與正確性，查證結果會用醒目提示表達更多說明，可以參考 16-3-3 節。

上述 ⁝ 圖示可以有下列功能：

● 複製：可以複製 Gemini 的回答。

● 回報法律問題：如果感覺回答觸犯法律問題，可以由此功能回報 Google 公司。

有關分享與匯出 ⤴ 圖示，將在 16-5 節說明。

## 16-3-3　查證回覆內容

當點選 Ⓖ 圖示 ( 再點一次，可以復原原先顯示 )，查證 Gemini 的回應後，如果有問題的部分會用醒目提示標記，不同顏色醒目提示的說明如下：

## 16-3-4　查看其他草稿

Gemini 會針對每個問題回應 3 種草稿，相當於我們一次與 3 種機器人對話，然後選擇最好的答案。點選顯示草稿圖示，可以看到 3 個 Gemini 回應的草稿，如下所示：

上圖有 3 個重要圖示：

- ∨圖示：顯示草稿右邊是此圖示時，表示點選可以展開其他草稿。
- ∧圖示：隱藏草稿右邊是此圖示時，表示點選可以關閉其他草稿。
- ↻圖示：點選可以讓 Gemini 重新產生回應草稿。

## 16-3-5　啟動新的聊天

將滑鼠游標移到視窗右上方的 ⊕ 圖示，可以重啟聊天主題。

## 16-3-6　認識主選單與聊天主題

Gemini 不主動顯示聊天主題列表，必須按展開選單 ☰ 圖示，才顯示聊天主題。

選單展開後，此 ☰ 圖示變成收合選單功能，可以關閉選單。

## 16-3-7　更改聊天主題

在視窗帳號名稱左邊看到 ⁝ 圖示，按一下此圖示，可以開啟下列功能表：

- 釘選：若是選擇釘選，會詢問是否重新命名目前的聊天主題。
- 重新命名：可以更改目前的聊天主題。
- 刪除：可以刪除目前的聊天主題。

## 16-3-8　釘選聊天主題

如果有釘選的主題會額外在聊天主題上方顯示，通常我們可以針對重要的，必須常常參考的主題釘選，例如：可以將目前聊天「台灣著名公司口號」，聊天主題釘選，下列是示範過程。

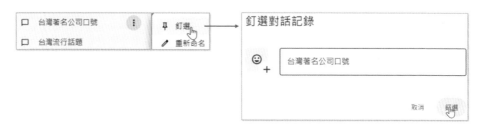

展開聊天主題班後，被釘選的主題右邊有 📌 圖示，下列是示範輸出。

# 16-4　語音輸入

第一次語音輸入，Gemini 會徵求我們同意使用麥克風，如下所示：

此時請按允許鈕，未來再點選麥克風 🎤 圖示，可以在輸入區看到「聽取中」的字串，表示可以開始使用語音輸入了。

# 16-5 Gemini 回應的分享與匯出

本節是繼續 16-3-2 節的主題，可以參考下圖。

## 16-5-1 分享

分享功能可以選擇這個提示和回覆或是整個對話內容分享，內容會變成一個頁面，可以建立此頁面的公開連結。點選分享後，可以看到下列畫面。

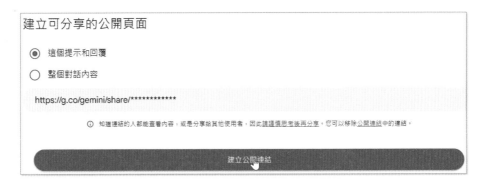

上述點選建立公開連結鈕後，可以看到下列畫面。

讀者可以複製此連結，然後透過社交軟體傳送給指定的對象。

## 16-5-2 匯出至文件

Gemini 也可以將文件匯出，請點選匯出至文件，可以看到下列畫面。

請點選開啟文件，此時會啟動 Google 文件開啟。

　　這個檔案是在雲端，讀者可以更改檔案名稱，也可以執行檔案 / 下載 /Microsoft Word(.docx) 指令下載。

上述執行後可以在硬碟的下載區看到此檔案。

## 16-5-3　在 Gmail 建立草稿

點選在 Gmail 建立草稿，可以看到下列畫面。

點選開啟 Gmail 後，可以開啟 Gmail 然後生成的內容複製到郵件內。

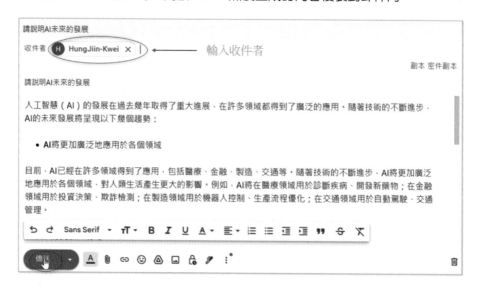

請在收件者欄位輸入郵件收件人的地址，然後按左下方的傳送鈕，就可以將郵件傳送出去。

## 16-6 閱讀網址內容生成摘要報告

早期可以自由閱讀各新聞網站，但是 2023 年 12 月 27 日紐約時報開了第一槍，控告 OpenAI 公司侵權，衍生訴訟，所以不論是 ChatGPT 或是 Gemini 已經不回應閱讀網站生成中文內容了。

### 16-6-1　閱讀 Youtube 網站產生中文摘要

我們可以給予 Gemini 相關的 Youtube 網址內容，然後要求摘要報告，下列是部分輸出。

請說明下列網址內容
https://www.youtube.com/watch?v=ZD57Fv_V74s

✦ YouTube ⌄

這部音樂錄影帶是林憶蓮 (Sandy Lam) 的歌曲《為你我受冷風吹》(Suffer for you)。這首歌講述了一個心碎而孤獨的女人。

歌詞描述了女人悲傷和孤獨的感覺。她覺得沒有人關心她，她最好還是獨自一人。儘管很痛苦，但她還是試圖繼續前進，忘記過去。

以下是影片中的一些歌詞：

為你我受冷風吹
為你我心碎
為你我獨上高樓
為你我飲下孤獨的酒

...

## 16-6-2　閱讀中文網站生成摘要

下列是閱讀深智公司網址的部分內容說明。

 請說明下列網址內容
https://deepwisdom.com.tw

顯示草稿 ⌄

✦ 深智數位股份有限公司是一家位於台灣台北市的教育科技公司，致力於提供高品質的資訊科技專業認證教材和課程。他們與多家國際認證機構合作，例如微軟、思科、Oracle、Linux Foundation 等，並擁有經驗豐富的講師團隊。

深智數位的教材涵蓋了廣泛的資訊科技領域，包括作業系統、數位生活、概論/科技趨勢、程式設計/APP開發、洪錦魁系列、網頁開發設計、資料庫/大數據等。他們還提供飲食保健、心理勵志、生活風格等類別的書籍。

深智數位的服務包括：

- 銷售 SSE 認證教材
- 提供最新書單(圖書目錄)下載

...

## 16-6-3　生成表格式的報告

我們也可以指定 Gemini 生成表格式的報告，可以參考下列實例。

...

當生成表格資料後，表格下方有匯出到試算表超連結，可以將表格匯到 Google 的試算表，請點選匯出到試算表，可以看到下列畫面。

點選開啟試算表，可以用 Google 試算表開啟，如下所示：

上述讀者可以更改檔案名稱或是工作表名稱，此外，也可以執行檔案 / 下載，然後選擇下載的檔案格式下載此工作表。

## 16-7 生成圖片

早期 Gemini 也具有生成圖片的能力，但是相較於知名的 AI 圖片生成軟體，所生成的圖片解析度比較弱，效果也比較差。目前 Gemini 正在處理改進中，由於 AI 軟體持續進步中，下列是筆者在 2024 年 8 月 16 日的描述，以及所獲得的結果。

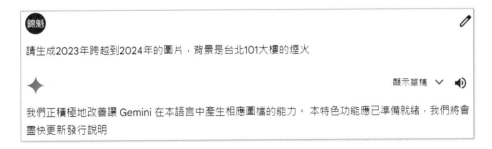

也許讀者購買本書時，已經可以用 Gemini 生成圖片了。

## 16-8　AI 視覺 - 圖片測試

Gemini 具有 AI 視覺功能，我們可以輸入圖片，然後詢問問題讓 Gemini 回答。首先請點選上傳圖片的 🖼 圖示可以看到開啟對話方塊，請點選 ch16 資料夾的 skytower.jpg，按開啟鈕，圖片會出現在輸入框，請輸入「請告訴我這是哪裡」。

請按提交 ▷ 圖示，可以得到下列完全正確的結果。

上述回答是正確的，但是使用英文回答。筆者要求使用繁體中文回答，可以得到下列結果。

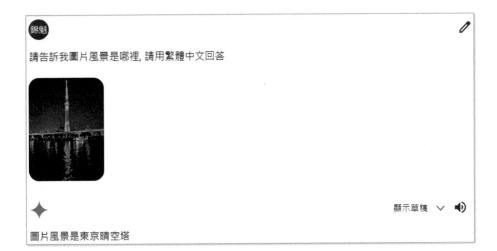

錦魁

請告訴我圖片風景是哪裡, 請用繁體中文回答

顯示草稿 ∨ 🔊

圖片風景是東京晴空塔

# 第 17 章
# 最全方位的 AI 模型 - Copilot

2023 年年初 Microsoft 公司發表聊天機器人時，稱此為 Bing Chat AI，2024 年年初已經改名為 Microsoft Copilot，也稱 Copilot GPT 或 Copilot。目前 Copilot 有 2 個版本：

- Copilot：類似免費版的 ChatGPT ，有時候也稱 Windows Copilot，這是免費版，這也是本節的內容。

- Copilot Pro：類似 ChatGPT 4o，每個月 20 美金，同時可以應用在 Microsoft Office 365 中解鎖使用 Copilot。

## 17-1　Copilot 的功能

Copilot 的功能如下：

- 可以在搜索中直接回答您的問題，無論是關於事實、定義、計算、翻譯還是其他主題。

- 可以在側邊欄內與您對話，並根據您正在查看的網頁內容提供相關的搜索和答案。

- 可以使用生成式 AI 技術為您創造各種有趣和有用的內容，例如詩歌、故事、程式碼、歌詞、名人模仿等。

- 可以使用視覺特徵來幫助您創建和編輯圖形藝術作品，例如繪畫、漫畫、圖表等。

- 可以幫助您匯總和引用各種類型的文檔，包括 PDF、Word 文檔和較長的網站內容，讓您更輕鬆地在線使用密集內容。

是一個強大而多功能的聊天機器人，它可以幫助您在搜索和 Microsoft Edge 中更好地利用 AI 技術，讓您能享受與它交流的樂趣！

## 17-2　認識 Copilot 聊天環境

### 17-2-1　Microsoft Edge 進入 Copilot

目前除了 Microsoft Edge 有支援 Copilot 聊天室功能，微軟公司從 2023 年 6 月起也支援其他瀏覽器有此功能，例如：Chrome、Avast Secure Browser 瀏覽器。

　　當讀者購買 Windows 作業系統的電腦，有註冊 Microsoft 帳號，開啟 Edge 瀏覽器後，可以在搜尋欄位看到  圖示，點選後就可以進入 Copilot 聊天環境。

　　下列是點選 Edge 瀏覽器搜尋欄位右邊的 圖示與瀏覽器右上方側邊欄的 圖示，進入 Copilot 的畫面。

　　上述視窗往下捲動可以看到 Copilot 有三種模式，分別是：

註　在 Windows 環境 ( 新的電腦鍵盤上也有 Copilot 鍵 ) 或是點選視窗下方工具列的 圖示，啟動 Copilot。

● 創意模式：Copilot 會提供更多原創、富想像力的答案，適合想要靈感或娛樂的使用者，不同模式會有專屬文字圖示 色彩，創意模式色調是紫色。

- 精確模式：Copilot 會提供簡短且直截了當的回覆，適合想要快速或準確的資訊的使用者，不同模式會有專屬文字圖示色彩，精確模式色調是綠色。
- 平衡模式：Copilot 會提供創意度介在前兩者之間的答案，適合想要平衡兩種需求的使用者，不同模式會有專屬文字圖示色彩，平衡模式色調是藍色。

建議開始用 Copilot 時，選擇預設的平衡模式，未來再依照使用狀況自行調整，所以我們也可以說 Microsoft 公司一次提供 3 種聊天機器人，讓我們體驗與 Copilot 對話。

## 17-2-2　其他瀏覽器進入 Copilot

如果讀者的電腦是 Mac，想體驗 Copilot，就可以用本小節功能進入 Copilot。請先搜尋「Copilot」，如下所示：

請點選 Microsoft Copilot 超連結，可以看到下列畫面。

請點選「試用 Copilot 免費版」，就可以進入 Copilot 環境。

### 17-2-3　認識聊天介面

假設有一個最初的聊天如下：

上述視窗預設是在聊天模式，如果點選外掛程式，可以看到目前 Copilot 的外掛。在聊天模式，可以看到最近的聊天項目，受限於頁面大小，所以聊天主題只顯示有限的內容，如果要顯示更多內容可以點選下方「查看所有最近的聊天」，這時可以用含捲軸的框顯示，然後可以捲動看到更多內容。

### 17-2-4　Copilot 聊天方式

Copilot 聊天方式和前面章節所述的 AI 聊天機器人相同，下列是筆者的輸入與 Copilot 的輸出。

按提交▷圖示，可以得到下列結果。

## 17-2-5　聊天主題的編輯功能

點選聊天主題可以在右邊看到編輯功能：

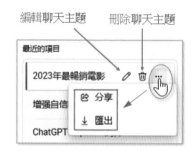

## 17-2-6　分享聊天主題

　　這個功能可以將聊天主題的超連結分享，這個功能適合使用簡報人員將主題分享，其他人由超連結可以獲得聊天主題的內容，下列是點選時可以看到的畫面。

從上述知道，可以用複製連結、透過電子郵件分享、也可以用 Facebook、X( 早期稱 Twitter)、Pinterest 分享，如果往下捲動可以看到 LinkedIn、Reddit 和 OneNote 分享。

## 17-2-7　匯出聊天主題

若是點選匯出，可以看到下列畫面。

上圖若是點選 Word 或是 Text，可以選擇用該檔案類型匯出，例如：若是選擇 Word，可以看到自動開啟 Windows 版的 Word 畫面，內含聊天內容。

## 17-2-8　近一步處理我們的問話

將滑鼠游標指向我們的問話，可以看到進階處理圖示。

- 複製：可以複製我們的輸入。
- 編輯：可以編輯我們的輸入。
- Bing：可以用 Bing 搜尋我們的輸入。

## 17-2-9　Copilot 回應的處理

Copilot 回應下方可以看到功能圖示，每個圖示的功能如下：

喜歡　不喜歡　複製　匯出　分享　大聲朗讀

# 17-3 Copilot 的交談模式 – 平衡 / 創意 / 精確

初次進入 Copilot 環境後，可以看到 3 種交談模式，這一節將分成 3 小節說明 3 種交談模式的應用，同時講解切換方式。實務上我們可以一個主題的對話，用一種交談模式，當切換主題時，如果有需要就切換交談模式。

## 17-3-1　平衡模式與切換交談模式

每當我們進入系統後，可以看到 Copilot 首頁交談視窗，在這個視窗我們可以選擇交談模式，預設是平衡模式。假設輸入「請給我春節賀詞」：

讀者可以看到平衡模式色調輸入框左邊的文字圖示是藍色。這時可以在左下方看到  圖示，將滑鼠移到此圖示，可以看到變為新主題圖示，如下所示：

上述若是按一下新主題圖示，表示目前主題交談結束，可以進入新主題。

進入新主題後，我們同時也可以選擇新的交談模式。

## 17-3-2　創意模式

創意模式色調是紫色，下列是筆者輸入「現在月黑風高，請依此情景做一首七言絕句」。

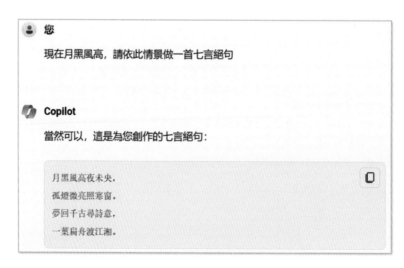

### 17-3-3 精確模式

精確模式色調是綠色，下列是筆者輸入「第一個登陸月球的人是誰」。

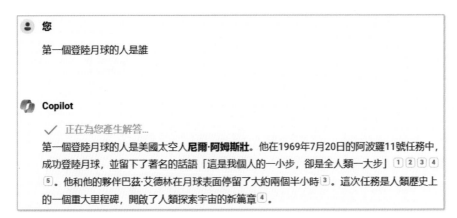

## 17-4 多模態輸入 - 文字 / 語音 / 圖片

Copilot 預設是鍵盤的文字輸入模式，此外，也有提供了多模態輸入觀念，例如：語音輸入與圖片輸入。

### 17-4-1 語音輸入

要執行語音輸入，首先要將喇叭打開，Copilot 的輸入區可以看到 🎤 圖示，可以參考下圖右邊。

點選 🎤 圖示後可以看到下列畫面，Copilot 表示「我正在聽 …」。

然後讀者可以執行語音輸入，再按一次可以「停止聆聽」。

## 17-4-2　圖片輸入

上述輸入圖片，讓 Copilot 告訴我們細節或故事，此功能也可以稱「AI 視覺」。在輸入框右下方有 📷 圖示，此圖示稱新增影像圖示。

下列是筆者上傳圖片分析的實例，請點選 📷 圖示，然後點選從此裝置上傳，然後可以看到開啟對話方塊，請點選 ch17 資料夾的「煙火 .jpg」，請按開啟鈕，可以將此圖片上傳到輸入框。

上方筆者輸入「你可以分析此圖片的內容嗎」，輸入後可以得到下列結果。

這是完全正確的答案。

# 17-5 Copilot 聊天的特色

## 17-5-1 參考連結

Copilot 的聊天資料，如果是參考特定網站，會有參考連結。

## 17-5-2 回答不受時間限制

免費的 ChatGPT 回答會有 2022 年 1 月的時間限制，Copilot 則沒有限制，因為 Copilot 可以到網路查詢。

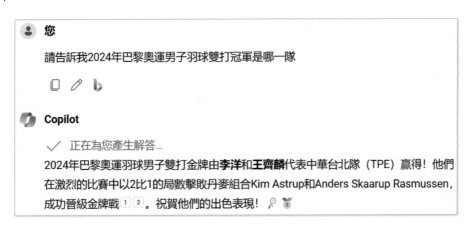

## 17-5-3　摘要網址內容

我們可以請 Copilot 摘要網址內容。

### 您

請摘要下列網址的內容
https://www.mcut.edu.tw

### Copilot

✓　正在為您產生解答...

明志科技大學（Ming Chi University of Technology）是一所位於臺灣北部的技職院校，地點位於新北市泰山區。該校前身為「明志工業專科學校」，由台塑企業創辦人王永慶先生於1963年11月11日設立。明志科技大學設有工程、環資及管設等三個學院，其下共有十個系及十一個研究所，另設有七個研究中心、一個通識教育中心以及一個語言中心。該校致力於培養學生在科技、工程、設計和管理等領域的專業知識與技能，並提供多元化的學術課程和實務經驗。[1][2]

## 17-5-4　摘要與翻譯網址內容

我們可以讓 Copilot 在摘要網址內容時，同時翻譯內容，下列是取材自 USA Today 網址內容。

→　C　🔒　https://reviewed.usatoday.com/laptops/b...　aあ　A⃥　▢　☆　⊕　⁙

✅ **Reviewed**

# BEST 32-INCH GAMING MONITORS OF 2024

Recommendations are independently chosen by Reviewed's editors. Purchases made through the links below may earn us and our publishing partners a commission.

## WHY TRUST REVIEWED?

Reviewed's mission is to help you buy the best stuff and get the most out of what you already own. Our team of product experts thoroughly vet every product we recommend to help you cut through the clutter and find what you need.

Learn more about our product testing

Credit: Reviewed / TJ Donegan

下列是摘要與翻譯內容的結果。

> **您**
>
> 請用中文摘要下列網址內容
>
> https://reviewed.usatoday.com/laptops/best-right-now/the-best-32-inch-gaming-monitors?
> utm_source=usat&utm_medium=referral&utm_campaign=collab

> **Copilot**
>
> ✓　正在為您產生解答...
>
> 根據Reviewed，以下是2024年最佳32英寸遊戲顯示器：
>
> 1. **Dell Inspiron 14 Plus (2022)**：這款筆記型電腦處於生產力和遊戲之間的交界處，搭載了通常在預算到中階遊戲筆記本中找到的硬體。它在我們的所有基準測試中表現出色，即使與一些我們最喜歡的預算遊戲筆記本相比，它也是一個一致的高性能者。
> 2. **Acer Swift Go 16 (2023)**：Acer Swift Go 16擁有強大的性能和生動的OLED顯示屏，是幾乎任何人的絕佳選擇。
> 3. **Asus ROG Strix G18 (2023)**：這款健壯的遊戲筆記本非常適合遊戲和生產力，價格比競爭對手低了幾百美元。

...

## 17-6　超越 ChatGPT - 圖片搜尋

Copilot 聊天也有搜尋功能，下列是輸入「請搜尋明志科技大學圖片」的執行結果。

> **Copilot**
>
> ✓　正在為您產生解答...
>
> 明志科技大學（Ming Chi University of Technology）是一所位於臺灣北部的技職院校，地點位於新北市泰山區。它的前身是「明志工業專科學校」，由台塑企業創辦人王永慶先生於1963年11月11日設立。該校設有工程、環資及管設等三個學院，共有十個系和十一個研究所，並設有七個研究中心、一個通識教育中心以及一個語言中心 [1] [2]。如果你對明志科技大學有更多的問題或想了解更多，歡迎進一步探討！ 🔗 🗂
>
> 深入了解　1　🏛 mcut.edu.tw　　2　🏛 mcut.edu.tw　　3　🏛 mcut.edu.tw　　+2 更多
>
> 👍 👎 🗐 ⬇ 🔀 🔊　●5之30

## 17-7　聊天生成圖像

Copilot 聊天生成圖像，每次可以產生 4 張 1024x1024 的圖片，目前免費版一天可以有 15 張快速生成圖像，超過則需要較長的時間生成圖像。

### 17-7-1　語意清晰描述 AI 圖像

文字生成圖像的技術涉及幾個關鍵步驟和技巧，這些可以幫助創造更準確和具有吸引力的圖像。以下是一些基本的技巧和建議：

1. 明確且具體的描述：提供清晰、具體的細節來描述你想要創造的圖像。這包括場景、物體、人物、顏色、光線和氛圍等元素，越具體的描述通常會獲得更準確的結果。

2. 視覺化思考：在構思圖像時，嘗試在你的腦海中視覺化它。想像圖像中的每個元素如何互相作用，這可以幫助你更好地描述你想要的結果。

3. 平衡細節與創意：在描述時，找到提供足夠細節和保留一定創造空間之間的平衡。過於繁瑣的描述可能限制了創造性，而過於模糊的描述則可能導致不準確的結果。

4. 使用比喻和類比：使用比喻和類比可以幫助說明更抽象的概念，使生成的圖像更加豐富和有趣。

5. 適當的複雜度：根據使用的工具和技術的能力，調整描述的複雜度。有些工具和技術對處理複雜場景的能力有限，因此簡化描述可能更有利於獲得清晰的結果。

6. 反覆實驗：不同的描述會產生不同的結果。不要害怕實驗和修改你的描述，以找到最佳的表達方式。

7. 考慮文化和語境因素：圖像生成時應考慮文化背景和語境，這對於確保圖像的相關性和敏感性非常重要。

8. 遵守道德和法律指南：在創建圖像時，重要的是遵守相關的道德和法律指南，特別是與版權、隱私和敏感內容相關的指南。

這些技巧可以幫助你更有效地使用文字生成圖像的技術，創造出符合你想像的圖像，但是還是需要多多嘗試。下列輸入是「請生成加拿大黃刀鎮，冬天晚上，有極光，一位 20 歲的帥哥在戶外喝咖啡」。

您

請生成加拿大黃刀鎮，冬天晚上，有極光，一位20歲的帥哥在戶外喝咖啡

Copilot

✓ 正在為您產生解答...

我會試著創作出這個場景。

"加拿大黃刀鎮 冬天 極光 20歲 帥哥 戶外 喝咖啡"

🎨 設計工具 　　　由 DALL·E 3 提供

## 17-7-2 修訂影像

影像生成後，我們也可以用互動聊天調整更改影像內容，例如：筆者輸入「請將上述喝咖啡的人改成 15 歲，亞洲人，Hayao Miyazaki 風格」。

👤 您

請將上述喝咖啡的人改成15歲，亞洲人，Hayao Miyazaki風格

Copilot

✓ 正在為您產生解答...

我會試著創作出這個場景。

"A 15 year old Asian guy drinking coffee outdoors in Yellowknife, ..."

上述 Hayao Miyazaki 是指宮崎駿，所以我們也可以用「宮崎駿」取代「Hayao Miyazaki」。「Hayao Miyazaki 風格」的 AI 繪圖是指使用人工智慧技術來模仿日本著名動畫導演宮崎駿（Hayao Miyazaki）的獨特藝術風格。宮崎駿是吉卜力工作室（Studio Ghibli）的共同創辦人，以其富有想象力和詩意的動畫電影而聞名，如《龍貓》（My Neighbor Totoro）、《神隱少女》（Spirited Away）和《風之谷》（Nausicaä of the Valley of the Wind）。

在 AI 繪圖中模仿宮崎駿風格通常涉及以下特點：

- 豐富的色彩和細節：宮崎駿的作品以其色彩鮮豔、細節豐富的視覺風格著稱，AI 繪圖會試圖捕捉這種色彩的豐富性和細膩的紋理。

- 夢幻般的元素：宮崎駿的動畫中常常包含夢幻和奇幻元素，如飛行的機器、奇異的生物和神秘的自然景觀，AI 繪圖會嘗試融入這些元素。

- 特有的角色設計：宮崎駿的角色設計獨特，常常具有深刻的情感表達和個性化特徵。AI 繪圖會努力模仿這種風格。

- 敘事風格：宮崎駿的作品不僅在視覺上獨特，還在敘事上具有深度和多層次性。雖然 AI 繪圖主要關注視覺風格，但也可能試圖捕捉這種敘事的精髓。

- 自然和和諧：宮崎駿的許多作品強調與自然的和諧共處，這種主題也可能反映在 AI 創建的藝術作品中。

### 17-7-3 電磁脈衝影像

可以參考下列實例。

> 您
>
> 請繪製「舊金山城市天際線夜景，建築物發出電磁脈衝光，倒映在平靜的水面上。一艘小船在 Golden Gate Bridge下方水面上緩緩漂流。」

"舊金山城市天際線夜景，建築物發出電磁脈衝光，倒映在平靜的..."

🎨 設計工具　　　　　　　　　由 DALL·E 3 提供

### 17-7-4 AI 影像後處理

當我們設計 AI 影像完成後，一次生成 4 張圖像，可以將滑鼠游標移到任一圖像，按一下滑鼠右鍵開啟功能表，執行另存影像、複製、編輯、新增至集錦等。

執行後可以看到另存新檔對話方塊，請選擇適當的資料夾，預設檔案延伸檔名是 jpeg，然後輸入檔案名稱，再按存檔鈕即可。本書 ch17 資料夾的「舊金山 .jpeg」，就是此實例的輸出。

## 17-7-5　其它創作實例

梵谷風格,
海邊加油站的紅色跑車

Aurora當作背景的夜晚, 從
山頂看Schwaz城市全景

Hayao Miyazaki風格, 男孩揹書包,
拿著一本書, 準備上火車

14歲男生, 明亮的眼眸, 宮崎駿風格,
《神隱少女》動畫電影, 森林中散步

# 17-8 AI 繪圖 - 人物一致

使用 Copilot 繪圖時,可以在描述文字末端增加種子值 (seed),就可以生成人物一致的效果。下列是設定「seed-1000」的應用,特色是用白色背景。

👤 **您**

請繪製「一個15歲的漂亮台灣女孩, 戴眼鏡, 有水汪汪大眼睛, 動漫風格, 白色背景, seed-1000」

"一個15歲的漂亮台灣女孩, 戴眼鏡, 有水汪汪大眼睛, 動漫風格, 白... "

🖌 設計工具　　　　　　　　　　　　　由 DALL-E 3 提供

❑ **生氣表情**

👤 **您**

請繪製「一個15歲的漂亮台灣女孩, 戴眼鏡, 有水汪汪大眼睛, 有生氣的表情, 動漫風格, 白色背景, seed-1000」

"一個15歲的漂亮台灣女孩, 戴眼鏡, 有水汪汪大眼睛, 有生氣的表情,..."

❏　**開心表情**

👤　**您**

請繪製「一個15歲的漂亮台灣女孩, 戴眼鏡, 有水汪汪大眼睛, 有開心的表情, 動漫風格, 白色背景, seed-1000」

"一個15歲的漂亮台灣女孩, 戴眼鏡, 有水汪汪大眼睛, 有開心的表情,..."

❏ 背景是日本富士山的傍晚

> 👤 **您**
>
> 請繪製「一個15歲的漂亮台灣女孩, 戴眼鏡, 有水汪汪大眼睛, 有開心的表情, 動漫風格, 背景是日本富士山的傍晚, seed-1000」

"一個15歲的漂亮台灣女孩, 戴眼鏡, 有水汪汪大眼睛, 有開心的表情,..."

🖌 設計工具　　　　　　　　　　　　　　由 DALL·E 3 提供

# 17-9 Copilot 繪製多格漫畫

Copilot 繪製多格漫畫能力是有,但是不好掌握,下列是筆者測試多格漫畫的實例。

> 👤 **您**
>
> 請繪製含下列内容, 動漫風格的多格漫畫
> 漂亮女生在東京的酒店醒來, 透過窗戶看到富士山的美景。
> 漂亮女生參觀了淺草寺, 欣賞了宏偉的五重塔和紅色的雷門。
> 漂亮女生搭乘地鐵前往涉谷, 探索著名的交叉路口, 並在附近的咖啡廳休息。
> 漂亮女生走到晚上參加了一場歌舞伎表演, 欣賞了精湛的表演藝術。

上面是挑 2 張放大的結果，初看上述結果好像很好，其實算是不可控。如果要生成 4 格漫畫，建議可以使用 Ideogram 工具。

# 17-10　Copilot 加值 – Copilot 側邊欄

17-2-1 節筆者有說使用 Edge 瀏覽器時，我們可以按瀏覽器右上方的 ⚡ 圖示，顯示或隱藏 Copilot 側邊欄，請先產生「Copilot」與「Copilot 側邊欄」的畫面。現在 Edge 視窗分成 2 部分。一般我們可以用左邊視窗顯示要瀏覽的網頁內容，右邊則是顯示 Copilot，然後用右邊的 Copilot 視窗摘要左側視窗的內容。

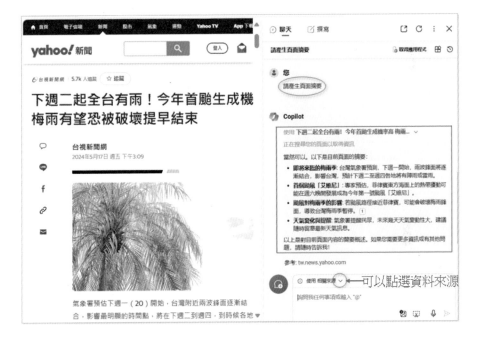

## 17-10-1　Copilot 功能

Copilot 窗格主要有 2 個功能，可以參考下圖：

● 聊天：這是含有聊天功能的 Copilot，也可以摘要左側瀏覽的新聞，左側瀏覽英文頁面用 Copilot 要求做用摘要。下圖筆者輸入「請摘要左側視窗內容」。

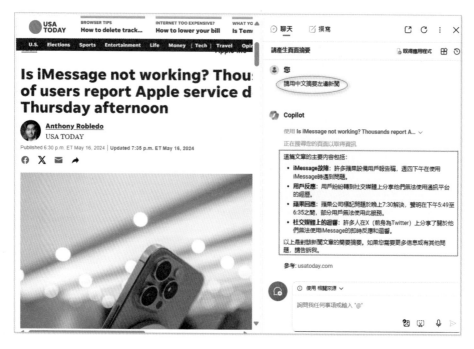

● 撰寫：可以要求 Copilot 依特定格式撰寫文章，可以參考 17-10-2 節。

## 17-10-2　撰寫

點選「撰寫」標籤，可以看到下列畫面。

上圖各欄位說明如下：

● 題材：這是我們輸入撰寫的題材框。

● 語氣：可以要求 Copilot 回應的語氣，預設是「很專業」。

● 格式：可以設定回應文章的格式，預設是「段落」。

● 長度：可以設定回應文章的長度，預設是「中」。

● 產生草稿：可以生成文章內容。

● 預覽：未來回應文章內容區。

筆者輸入「請說服我帶員工去布拉格旅遊」，按產生草稿鈕，可以得到下列結果。

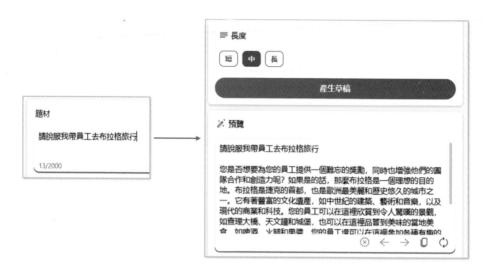

　　下列是筆者選擇格式「部落格文章」和長度「短」，再按產生草稿鈕，得到不一樣的文章內容結果，下方有新增至網站，如果左側有開啟 Word 網頁版，可以按下方「新增至網站」鈕，將產生的文章貼到左邊網路版的 Word。

Copilot 窗格上方有 ⟳ 圖示。

這是稱 Reload 圖示，點選可以清除內容，重新撰寫內容。

# 17-11　Copilot 視覺

17-4-2 節筆者說明了圖片輸入，讓 Copilot 分析圖片內容，其實這就是 Copilot 的 AI 視覺功能。這一節將做 2 張圖像測試，結果可以發現 Copilot 可以正確解讀圖像內容。

## 17-11-1　辨識運動圖片

筆者輸入「請告訴我這張圖片的內容」，這題圖片是 ch17 資料夾的 girls_football. png。

## 17-11-2　圖像生成七言絕句

筆者輸入「請為你看到的圖像做一首七言絕句」，這張圖片是 ch17 資料夾的 fisher.png。

## 17-12　Copilot App – 手機也能用 Copilot

### 17-12-1　Copilot App 下載與安裝

Copilot 目前也有 App，讀者可以搜尋，如下方左圖：

安裝後，可以看到 Copilot 圖示，可以參考上方右圖，第 1 次使用需登入
Microsoft 帳號和密碼，登入成功可以看到下列左邊畫面。

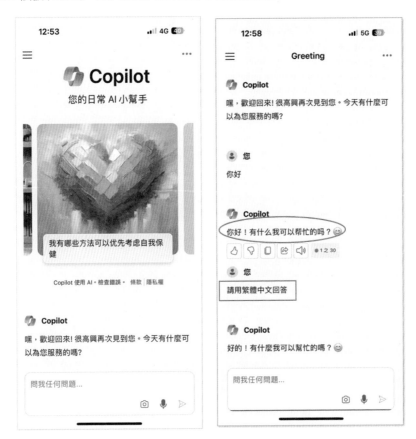

使用 Copilot 時，一樣會遇上 Copilot 用簡體中文回應，我們可以告訴 Copilot 用繁
體中文回答，可以參考上方右圖。

## 17-12-2　注音輸入

Copilot App 最大的特色是可以使用注音輸入繁體中文，可以參考下列畫面。

## 17-12-3　語音輸入

進入 Copilot 聊天環境後，點選 🎤 圖示，可以用語音輸入，然後麥克風圖示將變為 🎤 ，此時輸入框內容會看到「我正在聽 ...」訊息。

這時 Copilot 回應聊天時，除了用文字回應，也會用語音回應，語音回應時可以看到語音的聲波圖示 •ı|ı• 。下列是筆者詢問「請告訴我台灣有哪些美麗的風景？」的回應畫面。

# 第 18 章
# ChatGPT 輔助 Python 程式設計

許多資訊科系的學生夢想是可以到一流的公司擔任軟體工程師，網路流傳 ChatGPT 若是去應徵 Google 工程師，已經可以錄取初級工程師，這一章將一步一步用實例帶領讀者了解 ChatGPT 的程式設計能力。在測試 ChatGPT 的過程，有時候 ChatGPT 生成的程式是適用 Google Colab 上執行的「.ipynb」程式，有時候生成的是在 Python Shell 環境執行的「.py」程式，所有程式皆可以在 ch18 資料夾內找到。

# 18-1 語言模型和程式設計的交集

❏ **ChatGPT 語言模型的基本概念**

語言模型是一種人工智慧技術，專門用於理解和生成自然語言本文。這些模型是以大量的數據進行訓練為基礎，以學習語言的結構和語意。本章所要介紹的，語言模型如 ChatGPT-4( 生成預訓練變換器 ) 已經達到了令人驚嘆的準確性和多功能性。

❏ **程式設計的核心**

程式設計是一種創造性的過程，涉及使用程式語言來解決問題或實現特定功能。儘管這看似與自然語言無關，但實際上，程式設計也需要一種「語言」來表達邏輯和指令。

❏ **交集的出現**

傳統上，語言模型和程式設計被視為兩個相對獨立的領域。然而，隨著語言模型的進步，這兩個領域開始出現交集。以下是一些主要的交集點：

1. 程式碼生成：先進的語言模型如 ChatGPT 能夠生成程式語言的程式碼，這不僅可以加速開發過程，還可以作為一種創新的解決方案生成工具。

2. 程式碼檢查：語言模型可以用於自動審查程式碼，識別出可能的錯誤或不良實作。

3. 自然語言查詢：開發者可以使用自然語言查詢來獲取片段程式碼或解決方案，而不需要進行繁瑣的搜索。

4. 文檔生成：自動生成程式碼註解或用戶手冊，減少手動文案撰寫的需求。

❏　結論

　　語言模型和程式設計的這種交集開啟了一個全新的可能性空間，它允許我們以更高效、更智慧的方式進行軟體開發。隨著技術的不斷發展，我們可以預見這種交集將帶來更多創新和機會。

# 18-2　輔助學習 Python 的變數與資料類型

　　筆者請求 ChatGPT 輔助學習 Python 的變數與資料類型獲得下列結果。

**實例 1**：您輸入「請用程式說明 Python 的變數與資料型態」。

> **ChatGPT**
> 當然，我將透過一個簡單的Python程式來說明Python中的變數和資料型態。
>
> Python支援多種資料型態，包括但不限於：
>
> 1. 整數（Integers）- 用於表示整數值。
> 2. 浮點數（Floats）- 用於表示有小數點的數字。
> 3. 字串（Strings）- 用於表示文本。
> 4. 布林值（Booleans）- 表示真（True）或假（False）。
> 5. 列表（Lists）- 用於儲存一系列的元素。
> 6. 元組（Tuples）- 與列表類似，但一旦創建就不能修改。
> 7. 字典（Dictionaries）- 存儲鍵值對。
>
> 我將撰寫一個簡短的程式來展示這些基本的資料型態。這個程式將創建各種資料型態的實例，並列印它們的值和型態。讓我們開始吧。

> 這裡是一個Python程式的輸出，展示了不同資料型態的變數和它們的值：
>
> 1. 整數（Integers）：數值 `5`，型態為 `int`。
> 2. 浮點數（Floats）：數值 `3.14`，型態為 `float`。
> 3. 字串（Strings）：文本 `"Hello, Python!"`，型態為 `str`。
> 4. 布林值（Booleans）：值 `True`，型態為 `bool`。
> 5. 列表（Lists）：列表 `[1, 2, 3, 4, 5]`，型態為 `list`。
> 6. 元組（Tuples）：元組 `(1, 2, 3)`，型態為 `tuple`。
> 7. 字典（Dictionaries）：字典 `{'name': 'Alice', 'age': 30}`，型態為 `dict`。
>
> 點選可以看到程式
>
> 每一種資料型態在Python中都有其特定的用途和特性。例如，列表和元組都可以儲存一系列元素，但列表可以修改而元組不可以。字典則用於儲存鍵值對，非常適合用來表示具有標籤的資料。〔▷-〕

點選〔▷-〕圖示，可以看到程式，程式基本上是 ipynb 格式，需要複製到 Google Colab 上執行，下列是實例與執行結果。

```
1  # ch18_1.ipynb 示例程式：展示Python中的基本資料型態
2
3  # 整數
4  integer_example = 5
5
6  # 浮點數
7  float_example = 3.14
8
9  # 字串
10 string_example = "Hello, Python!"
11
12 # 布林值
13 boolean_example = True
14
15 # 列表
16 list_example = [1, 2, 3, 4, 5]
17
18 # 元組
19 tuple_example = (1, 2, 3)
20
21 # 字典
22 dictionary_example = {"name": "Alice", "age": 30}
23
24 # 列印各個變數的值和型態
25 variables = [integer_example, float_example, string_example,
26 variable_types = [type(var) for var in variables]
27
28 (variables, variable_types)
```

執行結果

```
([5,
  3.14,
  'Hello, Python!',
  True,
  [1, 2, 3, 4, 5],
  (1, 2, 3),
  {'name': 'Alice', 'age': 30}],
[int, float, str, bool, list, tuple, dict])
```

　　程式列號與編號 ch18_1.ipynb 是筆者另外加上去，方便閱讀。本書 ch18 資料夾有附「.ipynb」和「.py」兩種格式的檔案。如果讀者要進一步學習基礎語法，可以輸入下列 Prompt：

　　「請用 Python 程式實例說明運算符號」

　　「請用 Python 程式實例說明函數的用法」

## 18-3 專案題目協助與流程圖繪製

### 18-3-1 一般題目協助

　　我們可以描述問題，讓 ChatGPT 專案協助設計此程式。

**實例 1**：您輸入「有一個品牌車輛，前 3 年每年價值衰減 15%，請問原價 100 萬的車輛 3 年後的殘值是多少。」。

 **ChatGPT**
要計算一輛車在經過前三年每年價值衰減15%後的殘值，我們可以使用下面的公式：

$$殘值 = 原價 \times (1 - 衰減率)^{年數}$$

在這個例子中，原價是100萬，衰減率是15%（或0.15），年數是3年。將這些數值代入公式中，我們可以計算出3年後的殘值。讓我來計算一下。

⚠ 分析出錯 ⌄

經過三年，每年價值衰減15%之後，原價100萬的車輛殘值約為614,125元。 [>_]

```
1   # ch18_2.ipynb 重新計算車輛殘值
2
3   # 初始參數
4   original_price = 1000000   # 原價100萬
5   depreciation_rate = 0.15   # 每年衰減15%
6   years = 3   # 3年
7
8   # 計算殘值
9   residual_value = original_price * ((1 - depreciation_rate) ** years)
10  residual_value
```

**執行結果**

614124.9999999999

## 18-3-2　程式設計

　　我們也可以在請求協助設計程式時，另外再引用 13-1 節的 Diagrams:Show Me，增加繪製流程圖。

**實例 1**：您輸入「假設成績計算的標準是「採用 A, B, C, D, F 等級」，90 ~ 100 分是 A，80 ~ 89 是 B，70 ~ 79 是 C，60 ~ 69 是 D，60 以下是 F，請設計程式讀取輸入分數，然後可以輸出成績」。

 **ChatGPT**
當然，我可以為您提供一個簡單的 Python 程式來實現這個成績計算的功能。這個程式會根據您提供的分數範圍（A, B, C, D, F）來判定成績等級。
程式碼如下：

```
1   # ch18_3.py
2   def calculate_grade(score):
3       if 90 <= score <= 100:
4           return 'A'
5       elif 80 <= score <= 89:
6           return 'B'
7       elif 70 <= score <= 79:
8           return 'C'
9       elif 60 <= score <= 69:
10          return 'D'
11      else:
12          return 'F'
13
14  # 使用範例
15  score = int(input("請輸入分數: "))
16  grade = calculate_grade(score)
17  print(f"分數為 {score} 的成績等級是: {grade}")
```

**執行結果**

請輸入分數: 85
分數為 85 的成績等級是: B

下列是參考 13-1 節進入 Diagrams:Show Me，輸入「假設成績計算的標準是「採用 A, B, C, D, F 等級」，90 ~ 100 分是 A，80 ~ 89 是 B，70 ~ 79 是 C，60 ~ 69 是 D，60 以下是 F，請設計程式讀取輸入分數，然後可以輸出成績，請同時用 Diagrams:Show Me 繪製繁體中文的流程圖」所產生的流程圖。

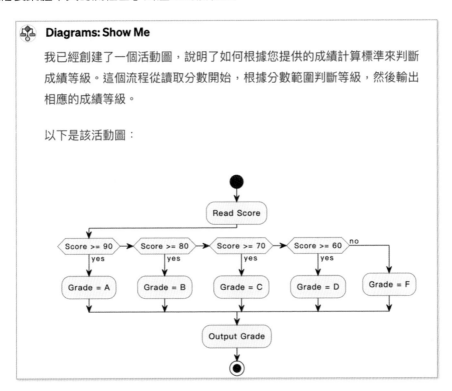

## 18-4 閱讀程式與增加註解

### 18-4-1 ChatGPT 具有閱讀程式與修正錯誤的能力

有一個程式 ch18_4.py，內容如下：

```
1  # ch18_4.py
2  def division(x, y):
3      return x / y
4
5  print(division(10, 2))
6  print(division(5, 0))
7  print(division(6, 3))
```

**執行結果**

```
5.0
--------------------------------------------------------------------------------
ZeroDivisionError                         Traceback (most recent call last)
<ipython-input-1-f4815e18dad2> in <cell line: 6>()
      4
      5 print(division(10, 2))
----> 6 print(division(5, 0))
      7 print(division(6, 3))

<ipython-input-1-f4815e18dad2> in division(x, y)
      1 # ch18_4.ipynb
      2 def division(x, y):
----> 3     return x / y
      4
      5 print(division(10, 2))

ZeroDivisionError: division by zero
```

下列是將此程式上傳當作輸入的畫面，ChatGPT 回應的結果。

 您

 ch18_4.ipynb
檔案

請說明ch18_4.ipynb程式的功能以及問題點

 **ChatGPT**

這個 Jupyter 筆記本 `ch18_4.ipynb` 包含了一個 Python 程式，該程序定義了一個 `division` 函數，用於計算兩個數字的除法結果，並測試了這個函數。

1. **程式功能：**
   - `division(x, y)` 函數接受兩個參數 `x` 和 `y`，並返回它們的除法結果 `x / y`。
   - 程式使用三個 `print` 語句來測試這個函數，分別是 `division(10, 2)`、`division(5, 0)` 和 `division(6, 3)`。

2. **潛在問題點：**
   - **除以零的錯誤**：當 `y` 為0時，試圖執行 `x / y` 會導致除以零的錯誤。在程式中，`division(5, 0)` 這行代碼會導致這個錯誤。
   - **缺乏錯誤處理**：函數中沒有錯誤處理來處理可能的除以零錯誤。理想情況下，應該有一個機制來處理這種情況，例如使用 `try-except` 語句。

- **函數設計**：函數目前只適用於除法運算，並且沒有考慮到非數值輸入或其他異常情況。

3. **改進建議**：
   - 在 `division` 函數中添加錯誤處理，尤其是處理除以零的情況。
   - 可以擴展函數功能，使其能夠更好地處理非數字輸入和其他異常情況。
   - 提供更明確的用戶反饋，例如當除以零時提供一個友好的錯誤消息而不是讓程式崩潰。

    我可以協助您修改這個程式，以解決這些問題並增強其健壯性。

讀者可以點選 〔>-〕圖示查看分析，下列是輸入「請修改這個程式，以解決這些問題並增強其健壯性」，所獲得的結果。

> **ChatGPT**
>
> 我已經修改了原先的程式，增加了錯誤處理來解決除以零和輸入類型不正確的問題。這個修改後的版本現在更健壯，能夠妥善處理各種異常情況。
>
> 修改後的程式已經被保存為一個新的 Jupyter 筆記本，您可以透過以下連結下 ~~結~~ 下載檔案
>
> 下載修改後的筆記本
>
> 這個筆記本包含了新的 `safe_division` 函數，並且對幾個不同的測試案例進行了測試，包括除以零和非數字輸入的情況。您可以執行這個筆記本來查看這些測試案例的結果。〔>-〕

```python
1  # ch18_4.py - revised version
2  def safe_division(x, y):
3      try:
4          result = x / y
5      except ZeroDivisionError:
6          return "錯誤：除數不能為0"
7      except TypeError:
8          return "錯誤：輸入必須是數字"
9      else:
10         return result
11
```

```
12  test_cases = [(10, 2), (5, 0), (6, 3), ('a', 2), (7, 'b')]
13
14  for x, y in test_cases:
15      print(f'{x} / {y} = {safe_division(x, y)}')
```

**執行結果**

```
10 / 2 = 5.0
5 / 0 = 錯誤：除數不能為0
6 / 3 = 2.0
a / 2 = 錯誤：輸入必須是數字
7 / b = 錯誤：輸入必須是數字
```

從上述執行結果可以看到，ChatGPT 的確可以看得懂程式，同時協助我們修訂了錯誤。

## 18-4-2　增加程式註解

我們可以請 ChatGPT 為程式增加註解，可以參考下列畫面。

下列是含註解的程式內容。

```
1   # ch18_4.py - revised version with comments
2   # 定義一個安全進行除法的函數，包含錯誤處理
3   def safe_division(x, y):
4       try:
5           # 嘗試進行除法
6           result = x / y
7       except ZeroDivisionError:
8           # 處理除數為零的情況
9           return "錯誤：除數不能為0"
10      except TypeError:
11          # 處理輸入非數字的情況
12          return "錯誤：輸入必須是數字"
13      else:
14          # 正常情況下返回除法結果
15          return result
16
17  # 測試案例
18  test_cases = [(10, 2), (5, 0), (6, 3), ('a', 2), (7, 'b')]
19
20  # 遍歷並打印測試案例的結果
21  for x, y in test_cases:
22      print(f'{x} / {y} = {safe_division(x, y)}')
```

當然 Python 程式設計時，也可以使用 Docstring 觀念註解函數，讀者可以使用下列的 Prompt：

「請增加為函數 safe_division( ) 增加 Docstring 文件字串。

## 18-5 重構程式

有時候我們寫的程式效率不好或是可讀性不好，這時可以請求 ChatGPT 協助我們重構程式，重構之後的程式，除了可以增加效率，也可以讓程式更加模組化，未來可以易於理解和維護。同時由 ChatGPT 修改的結果，可以看到矽谷高手的設計風格。有一個程式 ch18_5.py 與執行結果如下：

```
1   # ch18_5.py
2   for i in range(1, 10):
3       for j in range(1, 10):
4           if j <= i:
5               print("aa", end="")
6       print()                     # 換列輸出
```

執行結果

```
aa
aaaa
aaaaaa
aaaaaaaa
aaaaaaaaaa
aaaaaaaaaaaa
aaaaaaaaaaaaaa
aaaaaaaaaaaaaaaa
aaaaaaaaaaaaaaaaaa
```

下列是要求重構程式的實例。

```
1   # ch18_5.py - Refactored Version
2   # This script prints a pattern of 'aa' in a specific format using n
3
4   for i in range(1, 10):
5       # Using list comprehension and join to simplify the inner loop
6       line = "".join(["aa" for j in range(1, i + 1)])
7       print(line)
```

這個版本利用了列表推導式和字符串的 join 方法來產生每一行的內容，並
且包含了註解以便於理解。如果您有其他的問題或需要進一步的幫助，請
告訴我！[>-]

**註** 原先程式使用雙層迴圈處理，ChatGPT 改為使用一個迴圈處理。

# 18-6 重寫程式

有時候看別人設計的程式，如果程式比較複雜，我們可能一時無法了解程式設計
的邏輯，這時可以借助 ChatGPT 幫我們分析與解說程式。甚至我們也可以讓 ChatGPT
協助我們擴充功能。

## 18-6-1 解說程式同時加上註解

下列 ch18_6.py 是一個八皇后的程式設計。

```
1   # ch18_6.py
2   class Queens:
3       def __init__(self):
4           self.queens = size * [-1]
5           self.solve(0)
6           for i in range(size):
7               for j in range(size):
8                   if self.queens[i] == j:
9                       print('Q ', end='')
10                  else:
11                      print('. ',end='')
12              print()
13      def is_OK(self, row, col):
14          for i in range(1, row + 1):
15              if (self.queens[row - i] == col
16                  or self.queens[row - i] == col - i
17                  or self.queens[row - i] == col + i):
18                  return False
19          return True
20
21      def solve(self, row):
22          if row == size:
23              return True
24          for col in range(size):
25              self.queens[row] = col
26              if self.is_OK(row, col) and self.solve(row + 1):
27                  return True
28          return False
29
30  size = 8
31  Queens()
```

執行結果
```
Q . . . . . . .
. . . . Q . . .
. . . . . . . Q
. . . . . Q . .
. . Q . . . . .
. . . . . . Q .
. Q . . . . . .
. . . Q . . . .
```

下列是請求 ChatGPT 閱讀與分析程式的執行過程，同時加上註解。

您

ch18_6.py
Python

請說明ch18_6.py的執行過程,同時為這個程式加上註解

## ChatGPT

⚠ 分析出錯 ⌄ ◄──── 表示ChatGPT不是一次成功, 我們可以忽略此訊息

這個 `ch18_6.py` 程式碼定義了一個解決八皇后問題的類 `Queens`。現在我來解釋這個程式的執行過程，並為其加上註解。

### 執行過程說明

1. **初始化 (`__init__` 方法)：**
   - 初始化一個名為 `queens` 的列表，用於儲存每一行皇后的位置。列表的大小是 `size`（在這個案例中是 8，代表棋盤的大小）。
   - 調用 `solve` 方法從第 0 行開始尋找皇后的安排。
   - 打印棋盤上的皇后位置，`Q` 代表皇后，`.` 代表空格。
2. **檢查是否安全 (`is_OK` 方法)：**
   - 檢查在某一行和列放置皇后是否安全。它檢查該列、左對角線和右對角線上是否已經有皇后。　↓

3. **解決問題 (`solve` 方法)：**
   - 遞歸方法，用於在每一行放置一個皇后，並確保不會攻擊到其他皇后。
   - 如果在當前行找到安全的列，則在該列放置皇后並進入下一行。
   - 如果在所有列都無法安全放置皇后，則返回 False。
   - 如果成功在所有行放置了皇后，則返回 True。

### 加上註解的程式碼

現在我將為這段程式碼加上註解以便於理解。 [>_]

我已為 `ch18_6.py` 程式碼加上了註解，以便於理解其運作過程：

```
1   # ch18_6_with_comment.py
2   # 這個程式解決了經典的八皇后問題，即在 8x8 的棋盤上放置八個皇后，
3   # 使得它們互不攻擊。
4   class Queens:
5       def __init__(self):
6           # 初始化皇后的位置列表，-1 表示沒有放置皇后
7           self.queens = size * [-1]
8           # 從第一行開始解決問題
9           self.solve(0)
10          # 打印解決方案
11          for i in range(size):
12              for j in range(size):
13                  if self.queens[i] == j:
14                      print('Q ', end='')  # 打印皇后
15                  else:
16                      print('. ',end='')  # 打印空格
17              print()
18
19      def is_OK(self, row, col):
20          # 檢查在指定位置放置皇后是否安全
21          for i in range(1, row + 1):
22              if (self.queens[row - i] == col
23                  or self.queens[row - i] == col - i
24                  or self.queens[row - i] == col + i):
25                  return False
26          return True
27
28      def solve(self, row):
29          # 遞歸方法解決問題
30          if row == size:
31              return True
32          for col in range(size):
33              self.queens[row] = col
34              if self.is_OK(row, col) and self.solve(row + 1):
35                  return True
36          return False
37
38  # 棋盤大小設置為 8
39  size = 8
40  # 創建 Queens 類的實例並開始解決問題
41  Queens()
```

上述 ChatGPT 不僅為程式增加註解，同時也解說了整個程式的流程。

## 18-6-2　重構此程式

這一節請 ChatGPT 重構此程式。

**實例 1**：您輸入「請依據你增加註解後的程式，執行重構此程式」。

```
        ChatGPT
        根據 `ch18_6.py` 程式碼，我將進行重構以提高其可讀性和效率。重構的
        重點包括：

        1. 分離責任：將不同的功能（例如初始化、解決問題、檢查安全性、打印
           棋盤）分開為不同的方法，使程式更容易理解和維護。
        2. 增加參數和返回值：在方法中使用參數和返回值，而非僅依賴類屬性，
           以提高方法的靈活性和可測試性。
        3. 改善方法命名：使方法名稱更加直觀和描述性。

        以下是重構後的程式碼：

        我已經重構了 `ch18_6.py` 的程式碼，使其更加清晰和高效。以下是重構
        後的版本：
```

```python
 1  # ch18_6_refactored.py - Corrected Refactored Version
 2  # 這個程式解決了經典的八皇后問題。
 3
 4  class Queens:
 5      def __init__(self, size):
 6          self.size = size
 7          self.queens = [-1] * size
 8          self.solve_queens()
 9
10      def solve_queens(self, row=0):
11          # 遞歸方法解決問題
12          if row == self.size:
13              self.print_board()
14              return True   # 添加返回值 True 表示成功找到解決方案
15          for col in range(self.size):
16              if self.is_safe(row, col):
17                  self.queens[row] = col
18                  if self.solve_queens(row + 1):   # 如果找到解決方案，則返回 True
19                      return True
20                  # 如果當前列不可行，則重置當前行的皇后位置並嘗試下一列
21                  self.queens[row] = -1
22          return False  # 所有列都不可行，返回 False
23
24      def is_safe(self, row, col):
25          # 檢查在指定位置放置皇后是否安全
26          for i in range(row):
27              if (self.queens[i] == col or
28                  self.queens[i] == col - (row - i) or
29                  self.queens[i] == col + (row - i)):
30                  return False
31          return True
32
33      def print_board(self):
34          # 打印棋盤上的皇后位置
35          for row in range(self.size):
36              line = '. ' * self.queens[row] + 'Q ' + '. ' * (self.size - self.queens[row] - 1)
37              print(line)
```

```
38
39   # 棋盤大小設置為 8
40   size = 8
41   # 創建 Queens 類的實例並開始解決問題
42   queens = Queens(size)
```

> 在這個重構版本中，我將 `solve_queens` 和 `is_safe` 方法的責任分離
> 開來，並加上了更多註解以提高可讀性。`print_board` 方法現在負責顯
> 示棋盤上皇后的位置。如果您對重構後的程式有任何疑問或需要進一步的
> 說明，請隨時告訴我！(>-)

儘管是 ChatGPT 處理過的程式，建議讀者需執行檢查，因為有時候 ChatGPT 也會
錯誤。

## 18-6-3　重寫擴充程式功能

上述八皇后問題只能找到一個解，現在要求 ChatGPT 擴充此程式找出所有 12 個獨
立的解。

**實例 1**：您輸入「請改寫上述程式，可以找出 12 個獨立的解，同時需要增加程式註解」。

 **ChatGPT**

為了修改 `ch18_6.py` 程式碼，使其能找到 12 個獨立的解決方案，我會
進行以下更改：

1. **增加一個屬性來儲存所有解決方案**：我將增加一個列表屬性來儲存找到
   的所有解決方案。
2. **修改 `solve_queens` 方法**：修改這個方法，使其能繼續尋找新的解決方
   案，而不是在找到第一個解決方案後就停止。
3. **限制解決方案數量**：當找到 12 個獨立的解決方案時停止搜索。

   以下是修改後的程式碼，並增加了註解以便於理解：

   我已經修改了 `ch18_6.py` 的程式碼，使其能找到 12 個獨立的解決方
   案，並增加了註解。以下是修改後的版本：

```
1   # ch18_6_modify.py - Modified Version to Find 12 Unique Solutions
2   # 這個程式解決了經典的八皇后問題，並找到 12 個獨立的解決方案。
3
4   class Queens:
5       def __init__(self, size):
6           self.size = size
7           self.queens = [-1] * size
8           self.solutions = []   # 儲存所有找到的解決方案
9           self.solve_queens()
10
11      def solve_queens(self, row=0):
12          # 遞歸方法解決問題，並收集多個解決方案
13          if row == self.size:
14              self.solutions.append(self.queens[:])   # 找到一個解決方案，加入列表
15              if len(self.solutions) == 12:   # 如果找到 12 個解決方案，則停止搜索
16                  return True
17              return False
18          for col in range(self.size):
19              if self.is_safe(row, col):
20                  self.queens[row] = col
21                  if self.solve_queens(row + 1):
22                      return True
23                  self.queens[row] = -1
24          return False
25
26      def is_safe(self, row, col):
27          # 檢查在指定位置放置皇后是否安全
28          for i in range(row):
29              if (self.queens[i] == col or
30                  self.queens[i] == col - (row - i) or
31                  self.queens[i] == col + (row - i)):
32                  return False
33          return True
34
35      def print_solutions(self):
36          # 打印所有找到的解決方案
37          for i, solution in enumerate(self.solutions, 1):
38              print(f"Solution {i}:")
39              for row in solution:
40                  line = '. ' * row + 'Q ' + '. ' * (self.size - row - 1)
41                  print(line)
42              print()
43
44  # 棋盤大小設置為 8
45  size = 8
46  # 創建 Queens 類的實例並開始解決問題
47  queens = Queens(size)
48  queens.print_solutions()   # 打印所有解決方案
```

執行結果　下列只列出部分結果。

```
Solution 1:
Q . . . . . . .
. . . . Q . . .
. . . . . . . Q
. . . . . Q . .
. . Q . . . . .
. . . . . . Q .
. Q . . . . . .
. . . Q . . . .
Solution 2:
Q . . . . . . .
. . . . . Q . .
. . . . . . . Q
. . Q . . . . .
. . . . . . Q .
. . . Q . . . .
. Q . . . . . .
. . . . Q . . .
```

> 這個版本中，我添加了一個 `solutions` 屬性來儲存所有找到的解決方
> 案，並修改了 `solve_queens` 方法以繼續搜索直到找到 12 個解決方案。
> 最後，我添加了一個 `print_solutions` 方法來打印所有解決方案。如
> 您有任何問題或需要進一步的幫助，請隨時告訴我！ (>-)

# 18-7 程式除錯 (Debug)

程式除錯分為語法錯誤和語意錯誤，我們也可以借助 ChatGPT 協助分析。此外，
我們也可以將編譯的錯誤訊息提供給 ChatGPT，讓他分析同時提出解決的方法。

## 18-7-1 分析語法錯誤

有一個程式 ch18_7.py 功能是列出串列 scores[ ] 的前 5 名成績，此程式內容有語
法錯誤，如下：

```
1   # ch18_7.py
2   scores = [94, 82, 60, 91, 88, 79, 61, 93, 99, 77]
3   scores.sort(reverse = True)          # 從大到小排列
4   count = 0
5   for sc in scores
6       count += 1
7       print(sc, end=" ")
8       if count == 5                    # 取前5名成績
9           break                        # 離開for迴圈
```

下列是請求 ChatGPT 除錯此程式。

您

 ch18_7.py
Python

請 Debug ch18_7.py 程式

 **ChatGPT**
程式 `ch18_7.py` 的目的是將一個分數列表從高到低排序，然後打印前五名的分數。在檢查程式碼後，我發現了一些錯誤需要修正：

1. **for 迴圈語法錯誤**：`for sc in scores` 後面缺少冒號。
2. **if 語句語法錯誤**：`if count == 5` 後面缺少冒號。

我將進行這些修正並展示修改後的程式碼。[>_]

我已經修正了 `ch18_7.py` 程式碼中的錯誤。以下是修改後的版本：

```
1  # ch18_7_debug.py
2  scores = [94, 82, 60, 91, 88, 79, 61, 93, 99, 77]
3  scores.sort(reverse=True)  # 從大到小排列
4  count = 0
5  for sc in scores:  # 添加遺漏的冒號
6      count += 1
7      print(sc, end=" ")
8      if count == 5:  # 添加遺漏的冒號
9          break  # 離開for迴圈
```

執行結果 | 99 94 93 91 88

這個程式將分數列表從高到低排序，並打印前五名的分數。我添加了遺漏的冒號，以解決原先的語法錯誤。如果您需要進一步的幫助，請隨時告訴我！[>_]

## 18-7-2　分析錯誤訊息

ChatGPT 也可以從錯誤訊息分析程式，然後找出錯誤。有一個程式 ch18_8.py，功能是要輸出 0 ~ 9 的費氏數列 (Fibonacci)，內容如下：

```
1   # ch18_8.py
2   fib = []
3   n = 9
4   fib.append(0)
5   fib.append(1)
6   for i in range(2,n+1):
7       f = fib[i] + fib[i-1]
8       fib.append(f)
9   for i in range(n+1):
10      print(fib[i], end=', ')
```

執行結果

```
Traceback (most recent call last):
  File "D:\ChatGPT_Omni\書籍實例\ch18\ch18_8.py", line 7, in <module>
    f = fib[i] + fib[i-1]
IndexError: list index out of range
```

下列是將上述錯誤訊息給 ChatGPT 分析的過程和執行結果。

 您

有一個錯誤訊息如下, 請問應該如何處理

Traceback (most recent call last):

　File "D:\ChatGPT_Turbo\ch18\ch18_8.py", line 7, in <module>

　　f = fib[i] + fib[i-1]

IndexError: list index out of range

 ChatGPT

您提供的錯誤訊息表明在 `ch18_8.py` 程式中, 當嘗試訪問列表 `fib` 的某個索引時, 發生了「索引超出範圍」的錯誤。這通常發生在嘗試訪問一個不存在的列表元素時。錯誤訊息中的 `f = fib[i] + fib[i-1]` 表示在計算斐波那契數列的某一項, 但可能超出了列表的當前範圍。

為了修正這個錯誤, 您應該確保在訪問 `fib` 列表的索引之前, 列表已經有足夠的元素。以下是一些可能的解決方案:

1. **初始化列表**: 在迴圈開始之前, 確保 `fib` 列表至少有兩個元素 (通常是 [0, 1] 或 [1, 1], 視您計算斐波那契數列的方式而定)。

2. **檢查索引**: 在計算新元素之前, 檢查索引 `i` 和 `i-1` 是否在列表的範圍內。

3. **迴圈條件**: 確保迴圈的執行條件正確, 避免超出列表的範圍。

由於我沒有 `ch18_8.py` 的完整程式碼, 所以無法提供一個確切的解決方案。不過, 如果您能提供更多的程式 ↓ 節或整個程式碼, 我將能更精確地幫助您解決這個問題。

下列是將 ch18_8.py 上傳，請 ChatGPT 修訂的過程。

 您

 ch18_8.py
Python

上述是ch18_8.py, 請依上述說明修正

 **ChatGPT**

從 `ch18_8.py` 的程式碼來看，這個程式旨在計算斐波那契數列並打印出來。錯誤發生在計算新的斐波那契數時。在這行程式碼 `f = fib[i] + fib[i-1]` 中，程式嘗試訪問還沒被計算並加入列表的索引 `i`，這導致了「索引超出範圍」的錯誤。

為了修正這個錯誤，我們應該在添加新元素到列表前計算斐波那契數。以下是修正後的程式碼： [>_]

我已經修正了 `ch18_8.py` 程式碼中的錯誤。以下是修改後的版本：

```
1  # ch18_8_modify.py
2  fib = []
3  n = 9
4  fib.append(0)
5  fib.append(1)
6  for i in range(2, n + 1):
7      f = fib[i - 1] + fib[i - 2]      # 正確計算斐波那契數
8      fib.append(f)
9  for i in range(n + 1):
10     print(fib[i], end=', ')
```

**執行結果**

```
0, 1, 1, 2, 3, 5, 8, 13, 21, 34,
```

這個修正確保了在計算每個新的斐波那契數之前，前兩個數已經存在於列表中。這樣就解決了「索引超出範圍」的錯誤。如您有任何問題或需要進一步的幫助，請隨時告訴我！ [>_] ↓

從上述可以看到，ChatGPT 不僅指出錯誤，同時用程式實例講解正確的用法。

## 18-7-3 分析語意錯誤

設計程式時，常會發生語意的錯誤，例如：程式實例 ch18_9.py 是要輸出 1 ~ 10 之間的偶數，結果程式語意錯，輸出奇數同時輸出了 11，如下所示：

```
1  # ch18_9.py
2  index = 0
3  while index <= 10:
4      index += 1
5      if index % 2:
6          print(index)
```

**執行結果**

```
1
3
5
7
9
11
```

下列是讓 ChatGPT 協助我們修正程式錯誤。

 您

 ch18_9.py
Python

ch18_9.py是要輸出1~10之間的偶數, 可是輸出結果是奇數, 請修正此程式

 **ChatGPT**

從 `ch18_9.py` 的程式碼來看，這段程式的目的是要輸出 1 到 10 之間的偶數，但實際上它輸出的是奇數。這是因為程式中的條件判斷錯誤。在 Python 中，`if index % 2:` 這行程式實際上是在檢查 `index` 是否為奇數，因為當 `index` 為奇數時，`index % 2` 的結果為 1，這在布林上下文中被解釋為 True。

要修正這個問題，我們應該改變條件判斷，以檢查 `index` 是否為偶數。以下是修正後的程式碼：[>_]

我已經修正了 `ch18_9.py` 程式碼中的錯誤。以下是修改後的版本：

```
1  # ch18_9_modify.py
2  index = 0
3  while index <= 10:
4      index += 1
5      if index % 2 == 0:   # 修正條件以檢查偶數
6          print(index)
```

執行結果

```
2
4
6
8
10
```

這個修正將確保程式正確地輸出 1 到 10 之間的所有偶數。我將 `if index % 2:` 改為 `if index % 2 == 0:`，這樣只有當 `index` 是偶數時，程式才會輸出。如您有任何問題或需要進一步的幫助，請隨時告訴我！ [>-]

## 18-8 生成 Markdown 格式文件

我們設計一個大型專案後，為了要讓其他人可以閱讀，建議是撰寫此程式的使用說明，這個說明文件通常有輸入、輸出、類別、函數 ( 方法 ) 的使用說明。有了 ChatGPT 我們可以將這項工作交給 ChatGPT，可以參考下列實例。

您

<>　ch18_6_modify.py
　　 Python

請為ch18_6_modify生成Markdown說明文件

ChatGPT
基於 `ch18_6_modify.py` 程式碼，我將為它創建一個 Markdown 說明文件。這個文件將概述程式的功能、類結構和方法，以及如何使用程式。

# ch18_6_modify.py 說明文件

## 功能概述

這個 Python 程式解決了經典的八皇后問題。它不僅找出一種解決方案，而且能找到 12 個獨立的解決方案。八皇后問題是一個著名的棋盤問題，其中需要在 8x8 的棋盤上放置八個皇后，並且確保沒有任何一個皇后能攻擊到其他皇后。

↓

### 類結構

程式中定義了一個名為 `Queens` 的類，用於找出所有可能的解決方案。

### 方法

- `__init__(self, size)`：初始化方法，設定棋盤大小和解決方案的存儲。
- `solve_queens(self, row=0)`：遞歸方法，用於找出所有解決方案。
- `is_safe(self, row, col)`：檢查在特定位置放置皇后是否安全。
- `print_solutions(self)`：打印找到的所有解決方案。

### 使用方法

1. 創建 `Queens` 類的實例，並傳入棋盤大小。
2. 調用 `print_solutions` 方法來顯示所有找到的解決方案。

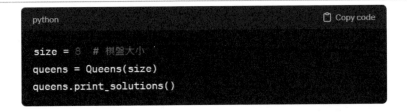

```python
size = 8  # 棋盤大小
queens = Queens(size)
queens.print_solutions()
```

這將會輸出 8x8 棋盤上的 12 個獨立的八皇后解決方案。

這個說明文件提供了對 `ch18_6_modify.py` 程式的基本理解和使用方法。如果需要進一步的細節或示例，請告知。[>-]

## 18-9 ChatGPT 的多語言能力

當下最熱門的程式語言是 Python，所以前面筆者先介紹 Python，ChatGPT 其實精通各類程式語言，同時也可以執行各語言間的轉換。

## 18-9-1　C 語言

下列是用 C 語言設計判斷輸入年份是否閏年。

**實例 1**：您輸入「請用 C 語言設計程式，輸入是年份，然後回應這一年是不是閏年」。

 **ChatGPT**

當然，我可以為您提供一個 C 語言程式，用於判斷給定的年份是否是閏年。閏年的判斷規則如下：

- 年份應該能夠被 4 整除。
- 如果年份可以被 100 整除，那麼它應該也能被 400 整除才算是閏年。

根據這些規則，以下是 C 語言程式的示例代碼：

**執行結果**

```
1   /* ch18_10.c */
2   #include <stdio.h>
3
4   int isLeapYear(int year);
5
6   int main() {
7       int year;
8       printf("請輸入年份：");
9       scanf("%d", &year);
10
11      if (isLeapYear(year)) {
12          printf("%d是閏年。\n", year);
13      } else {
14          printf("%d不是閏年。\n", year);
15      }
16
17      return 0;
18  }
19
20  int isLeapYear(int year) {
21      if ((year % 4 == 0 && year % 100 != 0) || (year % 400 == 0)) {
22          return 1;
23      } else {
24          return 0;
25      }
26  }
```

在這個程式中，`isLeapYear` 函數用於判斷年份是否是閏年。`main` 函數則從使用者那裡讀取一個年份，並使用 `isLeapYear` 函數來判斷這個年份是否為閏年，然後打印出相應的結果。您可以在任何支持 C 語言的環境中編譯和運行這段程式。

## 18-9-2 C 語言轉 Python

ChatGPT 也可以執行程式語言間的轉換。

**實例 1**：您輸入「請將上述程式語言轉換成 Python」。

 **ChatGPT**
當然可以。將上述 C 語言程式轉換為 Python 語言相對簡單，因為 Python 內置了許多便利的功能，可以簡化代碼。下面是轉換後的 Python 程式代碼：

```python
1  # ch18_11.py
2  def is_leap_year(year):
3      if (year % 4 == 0 and year % 100 != 0) or (year % 400 == 0):
4          return True
5      else:
6          return False
7
8  year = int(input("請輸入年份："))
9
10 if is_leap_year(year):
11     print(f"{year}是閏年。")
12 else:
13     print(f"{year}不是閏年。")
```

**執行結果**
```
請輸入年份：2025
2025不是閏年。
```
```
請輸入年份：2020
2020是閏年。
```

這個 Python 程式同樣包含一個用於判斷年份是否是閏年的函數 is_leap_year( )。

## 18-9-3 Python 轉 Java

**實例 1**：您輸入「請將上述程式轉成 Java」。

 **ChatGPT**
當然可以。下面是將上述 Python 程式轉換為 Java 語言的示例代碼。Java 與 Python 在語法上有所不同，但基本邏輯是一致的。

```java
1  import java.util.Scanner;
2
3  public class Main {
4      public static void main(String[] args) {
5          Scanner scanner = new Scanner(System.in);
6          System.out.print("請輸入年份：");
7          int year = scanner.nextInt();
```

```
8
9          if (isLeapYear(year)) {
10             System.out.println(year + "是閏年。");
11         } else {
12             System.out.println(year + "不是閏年。");
13         }
14     }
15
16     public static boolean isLeapYear(int year) {
17         if ((year % 4 == 0 && year % 100 != 0) || (year % 400 == 0)) {
18             return true;
19         } else {
20             return false;
21         }
22     }
23 }
```

在這段 Java 代碼中：

* `LeapYearChecker` 類包含了主方法 `main` 和一個靜態方法
  `isLeapYear`。
* `main` 方法使用 `Scanner` 類來讀取用戶輸入的年份。
* `isLeapYear` 方法包含了判斷閏年的邏輯。
* 程式打印出年份是否為閏年的結果。

您可以在任何支持 Java 的開發環境中運行此代碼。

## 18-10　網路爬蟲

我們可以讓 ChatGPT 協助設計網路爬蟲程式，下列是筆者的輸入。

你會不會設計一個網路爬蟲程式

我可以幫助您設計簡單的網路爬蟲程式碼範例，但在實際運行之前，請確保您已經仔細閱讀並遵守目標網站的使用條款或爬蟲政策。

以下是一個基本的Python網路爬蟲範例，使用 `requests` 庫來發送HTTP請求和 `BeautifulSoup` 庫來解析HTML。

```
1   # ch18_12.py
2   # 引入必要的庫
3   import requests
4   from bs4 import BeautifulSoup
5
6   # 目標網址:
7   url = 'https://www.example.com'
8
9   # 使用requests庫發送GET請求
10  response = requests.get(url)
11
12  # 確認請求成功（HTTP狀態碼為200）
13  if response.status_code == 200:
14      # 使用BeautifulSoup解析網頁內容
15      soup = BeautifulSoup(response.text, 'html.parser')
16
17      # 假設我們要找的是所有標題為<h2>的標籤
18      h2_tags = soup.find_all('h2')
19
20      for tag in h2_tags:
21          print(tag.text)  # 輸出每個<h2>標籤的文本內容
```

> 這是一個非常基礎的範例，實際的網頁結構和需求會更為複雜。例如，如果網頁使用
> JavaScript動態加載內容，您可能需要使用如`Selenium`這類的工具。
>
> 繪製數據圖表通常使用的是`matplotlib`或`seaborn`等Python庫。具體的繪圖代碼取決於
> 您具體要呈現什麼類型的信息。
>
> 請注意，未經許可的網頁抓取可能違反法律或規定，所以在進行爬蟲操作之前，請確保您遵
> 守了所有相關的使用條款和政策。

　　上述程式無法執行，因為網址是虛構的「https://www.example.com」。下列筆者
要求 ChatGPT 用美國簡單的網頁，做實例說明。

目前美國網站有沒有很簡單的網頁,可以使用上述方法爬取內容

 在美國和其他地區,有很多網站可能適用於上述簡單的爬蟲方法,特別是那些主要以HTML來顯示內容而不是使用JavaScript動態加載內容的網站。然而,在嘗試爬取任何網站之前,您應該首先查看網站的 `robots.txt` 文件和使用條款,以確保您的爬蟲行為是合法和合規的。

一些常見的可以考慮爬取的公開資料來源可能包括:

1. **政府統計網站**:像美國人口普查局(U.S. Census Bureau)或疾病控制與預防中心(CDC)這樣的網站通常會有大量的公開數據。
2. **新聞網站**:像是BBC,CNN等,但請注意版權問題。
3. **天氣網站**:像是Weather.com或National Weather Service。
4. **網站項目的範例頁面**:一些網站會提供簡單的HTML頁面作為教學範例,這些頁面通常是為了學習而設計的,所以爬取這些頁面通常是被允許的。

例如,HTTP Bin( `https://httpbin.org` )就提供了一個單純用於測試HTTP請求的網站,您可以用它來練習基礎的爬蟲技巧,不過它主要是用來測試HTTP請求,並不是用來練習HTML解析。

請注意,即使網站的數據是公開的,您也應該遵循該網站的使用條款和爬蟲政策,並確保您的爬蟲不會對網站服務造成過度負擔。另外,未經許可的網頁抓取可能違反法律或規定,特別是如果您打算用於商業用途。請務必謹慎行事。

　　從上述可以看到 ChatGPT 可以協助我們實際測試設計網路爬蟲程式,下列是筆者要求爬取 BBC 的新聞標題。

請設計程式爬取BBC的新聞標題

 在爬取任何網站（包括BBC）之前，您應該仔細查看該網站的使用條款和`robots.txt`文件，以確保您的爬取行為符合其規定和法律要求。

以下是一個使用Python、`requests`和`BeautifulSoup`來爬取BBC新聞首頁上的新聞標題的簡單範例。

首先，請確保您已安裝了`requests`和`BeautifulSoup`。如果還未安裝，可以使用以下指令安裝：

```bash
pip install requests
pip install beautifulsoup4
```

然後，您可以試試以下程式碼：

```python
1   # ch18_13.py
2   import requests
3   from bs4 import BeautifulSoup
4
5   # BBC新聞首頁網址:
6   url = 'https://www.bbc.com/news'
7
8   # 使用requests發送GET請求
9   response = requests.get(url)
10
11  # 檢查請求是否成功
12  if response.status_code == 200:
13      # 解析HTML內容
14      soup = BeautifulSoup(response.text, 'html.parser')
15
16      # 尋找新聞標題，這部分取決於BBC網站的HTML結構
17      # 假設新聞標題都在'h3'標籤內
18      for headline in soup.find_all('h3'):
19          print(headline.text.strip())
20  else:
21      print('Failed to retrieve the webpage')
```

執行結果

```
================= RESTART: D:\ChatGPT_Turbo\ch18\ch18_13.py =================
Crisis-hit China Evergrande ordered to liquidate
Iran denies involvement in drone strike that killed three US troops
Gaza's largest aid agency 'desperate' after funds paused
Japan Moon lander wakes up and resumes mission
The Sufi shrine caught up in a religious row in India
Nicole Kidman Hong Kong drama not shown in city
                                ...
```

請注意，這個程式碼僅作為一個基本示例。BBC網站的HTML結構可能會改變，這會影響程式碼的有效性。

此外，這個簡單的例子並未處理可能發生的多種問題，例如網絡錯誤、速率限制或者其他反爬蟲機制。在實際應用中，您可能需要實現更多高級功能。

## 18-11　Python 生成 – GIF 動畫 / 計時器

程式設計時，我們也可以指定 Python 設計特定功能。

**實例 1**：您輸入「請用 Python 設計一個很高興的 gif 動畫」，ChatGPT 自身經過幾次測試，終於也得到了正確的結果。

**您**
請用Python設計一個很高興的gif動畫

**ChatGPT**
我非常抱歉再次發生了同樣的問題。看來我的方法可能不適合創建這種類型的 GIF 動畫。為了解決這個問題，我將改變方法，使用 Python 的 `Pillow` 庫直接創建和保存 GIF 動畫，而不是通過 `matplotlib`。這應該能夠有效地生成一個簡單的笑臉動畫。讓我再次嘗試。

這次我使用了不同的方法直接通過 `Pillow` 庫來創建和保存 GIF 動畫。您現在可以通過以下鏈接下載和查看這個新創建的笑臉 GIF 動畫：

點擊此處下載笑臉 GIF 動畫。　◀━━━━━ 可下載GIF動畫

希望這次能夠正常顯示。如果您仍然遇到問題，請告知我，我會繼續尋找解決方案。[>-]　◀━━━━━ 可檢視Python程式碼

smiley_animation.gif

**實例2：** 您輸入「請用 Python 設計 5 秒的倒數計時器 gif 動畫」，初期設計的數字比較小，逐步要求字放大，終於也得到了完美的結果。

 **您**
請用Python設計5秒的倒數計時器gif動畫

⚫ **ChatGPT**
要創建一個顯示 5 秒倒數的 GIF 動畫，我將使用 Python 的 `Pillow` 庫。這個動畫將包含每秒更新一次的數字，從 5 倒數到 0。讓我開始設計並生成這個動畫。

我已經創建了一個顯示 5 秒倒數的 GIF 動畫。您可以通過以下鏈接下載和查看這個倒數計時器動畫：

點擊此處下載 5 秒倒數計時器 GIF 動畫。

每個數字顯示一秒，從 5 倒數到 0。如果您需要進行任何調整或添加其他功能，請告訴我！ [>-]

5

5_second_countdown.gif

**實例 3**：您輸入「請用 Python 設計生成 "deepwisdom.com.tw" 的 QRCode」。

 **您**
請用Python設計生成"deepwisdom.com.tw"的QRCode

 **ChatGPT**
要使用 Python 生成 "deepwisdom.com.tw" 的 QR 碼，我將使用 `qrcode`
庫。這個庫可以方便地生成 QR 碼圖像。首先，我將生成包含該網址的
QR 碼，然後將其保存為圖像文件。如果您準備好了，我將開始這個過
程。

我已經成功生成了包含 "deepwisdom.com.tw" 網址的 QR 碼，並將其保存
為圖像文件。您可以通過以下鏈接下載和查看這個 QR 碼：

點擊此處下載 QR 碼圖像。

如果您需要進一步的幫助或其他功能，請隨時告知！ [>-)

deepwisdom_qrcode.png

**實例 4**：您 輸 入「 請 用 Python 設 計 生 成 "deepwisdom.com.tw" 的 QRCode, 此
QRCode 中間需要嵌入此上傳的圖示」。

請用Python設計生成"deepwisdom.com.tw"的QRCode, 此QRCode中間需要嵌入
此上傳的圖示

> ⑤ **ChatGPT**
>
> ! 分析出錯 ⌄
>
> 看來在生成 QR 碼的過程中出現了一個錯誤，因為 URL 變量未被定義。我將修復這個錯誤，并重新生成帶有嵌入圖標的 QR 碼。讓我們再試一次。
>
> (>-)
>
> 現在我已成功生成了帶有嵌入圖標的 "deepwisdom.com.tw" QR 碼。您可以通過以下鏈接下載和查看這個帶有公司標誌的 QR 碼：
>
> 點擊此處下載帶有公司標誌的 QR 碼圖像。

deepwisdom_qrcode_with_logo.png

## 18-12 Python 專案設計 – gif 動畫 / 計時器 / 藝術二維碼

前一小節筆者讓 ChatGPT 生成專案程式，讀者可以自行下載程式碼學習。這一節筆者將用程式實例，講解專案程式設計。

註 更多 Python 程式設計相關知識，可以參考筆者所著「史上最強 Python 入門邁向頂尖高手之路」。

### 18-12-1 開心的 gif 動畫

**程式實例 ch18_14.py**：設計開心的 gif 動畫，整個設計用 pillow 模組完成，結果儲存到 ch18 資料夾的 happy.gif 檔案內。

```python
1  # ch18_14.py
2  from PIL import Image, ImageDraw
3
4  width, height = 200, 200                        # 設定圖片尺寸
5  frames = []                                     # 幀的串列
6  num_frames = 10                                 # 幀的數量
7  duration = 0.2                                  # 每一幀的持續時間 (秒)
8
9  # 生成每一幀圖片
10 for i in range(num_frames):
11     # 創建新的圖片和繪圖物件
12     img = Image.new('RGB', (width, height), color=(255, 255, 255))
13     draw = ImageDraw.Draw(img)
14
15     # 計算笑臉位置
16     smile_center_x = width // 2
17     smile_center_y = height // 2
18     eye_offset_x = 40
19     eye_offset_y = 40
20     mouth_radius = 50
21     smile_offset = int(10 * (i - num_frames // 2))        # 動態嘴巴
22
23     # 畫笑臉的眼睛
24     draw.ellipse((smile_center_x - eye_offset_x - 10,
25                   smile_center_y - eye_offset_y - 10,
26                   smile_center_x - eye_offset_x + 10,
27                   smile_center_y - eye_offset_y + 10), fill=(0, 0, 0))
28     draw.ellipse((smile_center_x + eye_offset_x - 10,
29                   smile_center_y - eye_offset_y - 10,
30                   smile_center_x + eye_offset_x + 10,
31                   smile_center_y - eye_offset_y + 10), fill=(0, 0, 0))
32
33     # 畫笑臉的嘴巴
34     draw.arc((smile_center_x - mouth_radius,
35               smile_center_y - mouth_radius + smile_offset,
36               smile_center_x + mouth_radius,
37               smile_center_y + mouth_radius + smile_offset),
38             start=20, end=160, fill=(0, 0, 0), width=5)
39
40     # 添加這一幀到frames串列
41     frames.append(img)
42
43 # 儲存GIF動畫
44 frames[0].save('happy.gif', save_all=True, append_images=frames[1:],
45             duration=duration*1000, loop=0)
46
47 print("GIF動畫已生成, 儲存為 'happy.gif'")
```

執行結果

```
GIF動畫已生成, 儲存為 'happy.gif'
```

下列是 happy.gif 動畫內容。

上述程式設計基本觀念如下：

● 圖片尺寸：設定動畫的每一幀圖片的寬和高。

● 圖片生成：每一幀都是一個簡單的笑臉。笑臉的嘴巴隨著幀數動態變化，產生一個微笑逐漸變大或變小的效果。

● 儲存 GIF 動畫：使用 save_all=True 來儲存所有幀，並將它們合併成一個 GIF 動畫。

執行此程式後，將獲得一個簡單的「非常開心的 GIF 動畫」，笑臉的嘴巴會根據幀數變化，產生一個動態的微笑效果。生成的動畫將儲存為 happy.gif。

## 18-12-2　計時器

**程式實例 ch18_15.py**：融合 tkinter 模組，設計視窗界面供輸入與輸出。設計計時器，讀者可以輸入秒數，當倒數到 0 時，會出現 1 秒的嗶聲，同時列出「計時結束！」。

```
1   # ch18_15.py
2   import tkinter as tk
3   from tkinter import simpledialog        # 需要導入 simpledialog
4   import winsound                          # 只在Windows上可用
5
6   def play_beep():
7       # Beep(頻率, 持續時間) - 頻率單位為赫茲 (Hz)，持續時間單位為毫秒
8       winsound.Beep(1000, 1000)           # 1000 Hz 的聲音持續 1000 毫秒
9
10  def countdown(n, label):
11      if n > 0:
12          label.config(text=str(n), font=("Helvetica", 100), fg="blue")
13          n -= 1
14          label.after(1000, countdown, n, label)
15      else:
16          label.config(text="計時結束!", font=("Helvetica", 100), fg="red")
17          play_beep()
```

```
18
19  def start_countdown():
20      user_time = simpledialog.askinteger("輸入", "計時器秒數:", minvalue=1,
21                                          maxvalue=3600, parent=root)
22      if user_time:
23          countdown(user_time, label)
24
25  # 初始化tkinter視窗
26  root = tk.Tk()
27  root.title("計時器")
28
29  # 創建一個標籤來顯示計時器數字
30  label = tk.Label(root, text="", font=("Helvetica", 100))
31  label.pack(expand=True)
32
33  # 啟動計時器按鈕
34  start_button = tk.Button(root, text="啟動計時器", command=start_countdown,
35                           font=("Helvetica", 20))
36  start_button.pack()
37
38  # 程式繼續執行
39  root.mainloop()
```

**執行結果**　下列左圖是程式執行初的畫面，右圖是筆者輸入 5 秒的畫面。

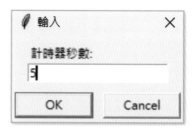

下列是計時器倒數的畫面。

下列是計時器結束的畫面。

## 18-12-3 圖像二維碼

圖像二維碼是一種將傳統的二維碼與圖片或圖像元素結合在一起的技術。這種二維碼不僅可以保存傳統二維碼的數據，例如：網址、文字，還可以在其中嵌入圖片、商標、或其他視覺元素，以達到美觀、品牌展示或其他用途。圖像二維碼的主要類型和概念

❏ **圖像嵌入**

這種技術將圖片嵌入到二維碼中，使二維碼的某些部分看起來像一幅完整的圖像或品牌商標。常見的做法是將圖像放置在二維碼的中心位置，周圍仍然保持二維碼的標準矩陣結構。

這種方法通常需要提高二維碼的容錯修正級別，例如：QR 碼的 L、M、Q、H 等級別。以確保即使嵌入圖片後，二維碼仍然可以被正確掃描和解析。

| 級別 | 容錯率 |
|---|---|
| L 等級 | 7% 的字碼可以修正 |
| M 等級 | 15% 的字碼可以修正 |
| Q 等級 | 25% 的字碼可以修正 |
| H 等級 | 30% 的字碼可以修正 |

❑　**彩色二維碼**

將二維碼的黑白矩陣點轉換為不同的顏色，使二維碼看起來更加豐富多彩。

需要注意的是，過多的顏色可能會影響掃描設備的解析度，因此顏色的選擇和對比度需要謹慎設計。

❑　**圖像背景二維碼**

有時候也稱藝術化二維碼。將一幅圖像作為二維碼的背景，然後在其上疊加二維碼。這種設計需要確保背景圖像不會干擾二維碼的可掃描性。常見的方法是將背景圖像淡化或增加透明度，然後將二維碼疊加在其上。

用 Python 處理二維條碼的應用場景：

● 品牌營銷：許多公司在其產品包裝或宣傳材料上使用圖像二維碼，將品牌標誌或宣傳圖像與二維碼結合，提升品牌辨識度。

● 藝術作品：藝術家有時會使用圖像二維碼作為一種創作形式，將二維碼設計成具有藝術感的作品。

● 促銷活動：通過有趣或吸引人的二維碼設計，吸引消費者掃描以獲取更多信息或參與促銷活動。

在技術上這種二維碼通常需要專門的 Python 模組來生成，例如：Python 的 qrcode 模組，另外需要 pillow 模組，這一節將直接用程式設計。

**程式實例 ch18_16.py**：18-11 節實例 4 的擴充，兼具圖像輸入嵌入和彩色 ( 此例是藍色 ) 二維碼製作，網址是「https://deepwisdom.com.tw」，圖像 hung.jpg。

```
1   # ch18_16.py
2   from PIL import Image, ImageDraw
3   import qrcode
4
5   # 生成二維碼
6   url = "https://deepwisdom.com.tw"
7   qr = qrcode.QRCode(
8       version=1,
9       error_correction=qrcode.constants.ERROR_CORRECT_H,   # 使用 H 容錯等級
10      box_size=10,
11      border=4)
12  qr.add_data(url)
13  qr.make(fit=True)
14
15  # 創建QR碼圖像
16  qr_img = qr.make_image(fill_color="blue", back_color="white")
17
18  # 開啟圖片檔案，並將其放置在二維碼的中心
19  icon_path = "hung.jpg"                            # 圖片路徑
20  icon = Image.open(icon_path)                      # 開啟圖像
21
22  # 調整圖片大小以適應二維碼
23  icon_size = (qr_img.size[0] // 3, qr_img.size[1] // 3)
24  icon = icon.resize(icon_size)
25
26  # 計算圖片在二維碼中的位置
27  icon_position = (
28      (qr_img.size[0] - icon.size[0]) // 2,
29      (qr_img.size[1] - icon.size[1]) // 2)
30
31  # 將圖片疊加到二維碼上
32  qr_img.paste(icon, icon_position)
33
34  qr_img.save("artistic_qr_code.png")              # 儲存內嵌圖片的二維碼圖像
35  qr_img.show()                                     # 顯示結果
```

執行結果

上述程式說明如下：

## 1. 導入模組 ( 第 2 ~ 3 列 )

- PIL（Python Imaging Library）模組用於圖像處理，Image 模組用來開啟和處理圖像，ImageDraw 用於在圖像上繪製圖形。
- Qrcode 模組用於生成二維碼。

## 2. 生成二維碼 ( 第 6 ~ 13 列 )

- url 變數儲存了要編碼成二維碼的網址。
- QRCode 物件創建了一個二維碼生成器：
  - ❏ version=1：指定二維碼的尺寸版本，版本 1 表示 21x21 個模塊的二維碼。
  - ❏ error_correction=qrcode.constants.ERROR_CORRECT_H：設定高容錯等級（H 級），允許約 30% 的二維碼被遮擋或損壞仍可解碼。
  - ❏ box_size=10：設定每個模塊（即二維碼中的最小單位）的像素大小。
  - ❏ border=4：設定二維碼的邊框寬度，這裡為 4 個模塊寬。
  - ❏ qr.add_data(url)：將 URL 數據添加到二維碼中。
  - ❏ qr.make(fit=True)：生成二維碼，並自動調整尺寸以適應內容。

## 3. 創建二維 (QR) 碼圖像 ( 第 16 列 )

- qr.make_image( )：生成二維碼圖像，設定前景色為藍色，背景色為白色。

## 4. 開啟和處理圖片 ( 第 19 ~ 20 列 )

- icon_path：指定要嵌入到二維碼中心的圖片路徑。
- Image.open(icon_path)：開啟圖片。

## 5. 調整圖片大小並計算位置 ( 第 23 ~ 29 列 )

- icon_size：將圖片的大小調整為二維碼大小的三分之一，以確保圖片不會過大而遮擋二維碼。
- icon.resize( )：按計算的尺寸調整圖片大小。
- icon_position：計算圖片在二維碼中的中心位置。

6. 將圖片嵌入二維碼 ( 第 32 列 )

- qr_img.paste(icon, icon_position, icon)：將圖片貼到二維碼的中心位置。

7. 儲存和顯示二維碼 ( 第 34 ~ 35 列 )

- qr_img.save("artistic_qr_code.png")：將生成的帶有嵌入圖片和顏色修改的二維碼圖像保存為 artistic_qr_code.png。
- qr_img.show( )：在預設圖像查看器中開啟並顯示生成的二維碼圖像。

　　筆者 8 月寫了一本「AI 繪圖邁向視覺設計」，當時曾經想找一個工具，可以用圖像做背景，仍可以生成二維碼，結果發現這個功能是要收費。同時也看到兩岸學者曾經為此發表了相關論文，這也激起筆者決定研究用 Python 寫這個程式，同時使用 tkinter 介面，讓整個程式具有商業化。

**程式實例 ch18_17.py**：藝術化 ( 圖像 ) 二維碼設計，這個程式會要求輸入「網址」和上傳「圖像」，然後可以生成藝術化二維碼。

```
1   # ch18_17.py
2   import tkinter as tk
3   from tkinter import filedialog, messagebox
4   from PIL import Image, ImageEnhance, ImageTk
5   import qrcode
6
7   # 固定顯示區域的大小 (10 x 10公分，轉換為像素約為378 x 378)
8   DISPLAY_SIZE = 378
9
10  # 初始化全局變數
11  image_path = None
12  combined_img = None
13
14  def generate_qr_code():
15      global combined_img
16      url = url_entry.get()
17      if not url:
18          messagebox.showerror("錯誤", "請輸入網址")
19          return
```

```
20
21      if not image_path:
22          messagebox.showerror("錯誤", "請選擇圖像")
23          return
24
25      # 生成容錯是 H 級別的二維碼
26      qr = qrcode.QRCode(
27          version=10,
28          error_correction=qrcode.constants.ERROR_CORRECT_H,   # H 級別
29          box_size=10,
30          border=4,
31      )
32      qr.add_data(url)
33      qr.make(fit=True)
34
35      img = qr.make_image(fill_color="black",
36                          back_color="white").convert("RGBA")
37
38      # 開啟用戶上傳的圖像
39      background = Image.open(image_path).convert("RGBA")
40
41      # 調整圖片大小以適應二維碼空間
42      background = background.resize(img.size)
43
44      # 裁剪背景圖像的中央三分之一寬與高部分
45      bg_width, bg_height = background.size
46      left = bg_width // 3
47      top = bg_height // 3
48      right = 2 * left
49      bottom = 2 * top
50      cropped_background = background.crop((left, top, right, bottom))
51
52      # 提高圖像的對比度和亮度，使圖像更加清晰
53      background = ImageEnhance.Contrast(background).enhance(1.4)      # 增加對比度
54      background = ImageEnhance.Brightness(background).enhance(1.2)    # 增加亮度
55
56      # 混合二維碼和圖像
57      combined_img = Image.blend(img, background, alpha=0.6)
58
59      # 背景圖向QR Code中央，貼上中間三分之一寬與高的背景圖
60      combined_img.paste(cropped_background, (left, top))
61
62      # 在對話方塊中顯示生成的二維碼
63      combined_img_tk = ImageTk.PhotoImage(combined_img.resize((DISPLAY_SIZE,
64                                                                DISPLAY_SIZE)))
65      result_label.config(image=combined_img_tk)
66      result_label.image = combined_img_tk
67
68  def upload_image():
69      # 上傳圖像
70      global image_path
71      image_path = filedialog.askopenfilename(filetypes=[("Image files",
72                                                          "*.png;*.jpg;*.jpeg")])
73      if image_path:
74          # 在對話方塊中顯示上傳的圖像
```

```
75              img = Image.open(image_path)
76              img = img.resize((DISPLAY_SIZE, DISPLAY_SIZE))
77              img_tk = ImageTk.PhotoImage(img)
78              image_label.config(image=img_tk)
79              image_label.image = img_tk
80
81  def download_qr_code():
82      # 下載圖像二維碼
83      if combined_img:
84          save_path = filedialog.asksaveasfilename(defaultextension=".png",
85                                      filetypes=[("PNG files",
86                                                  "*.png")])
87          if save_path:
88              combined_img.save(save_path)
89              messagebox.showinfo("成功", "二維碼已成功儲存")
90      else:
91          messagebox.showerror("錯誤", "沒有可下載的二維碼")
92
93  # 初始化Tkinter視窗
94  root = tk.Tk()
95  root.title("圖像背景二維碼生成器")
96
97  # 創建主框架
98  main_frame = tk.Frame(root)
99  main_frame.pack(padx=20, pady=20)
100
101 # 請輸入網址和輸入框放置在視窗水平中央
102 url_frame = tk.Frame(main_frame)
103 url_frame.grid(row=0, column=0, columnspan=2, pady=5)
104
105 url_label = tk.Label(url_frame, text="請輸入網址 : ")
106 url_label.pack(side=tk.LEFT)
107
108 url_entry = tk.Entry(url_frame, width=35)
109 url_entry.pack(side=tk.LEFT)
110
111 # 左側 - 上傳圖像和預覽
112 left_frame = tk.LabelFrame(main_frame, text="上傳圖像",
113                     width=DISPLAY_SIZE, height=DISPLAY_SIZE+50)
114 left_frame.grid(row=2, column=0, padx=10, pady=10)
115
116 upload_button = tk.Button(left_frame, text="上傳圖像", command=upload_image)
117 upload_button.pack(pady=10)
118
119 image_label = tk.Label(left_frame, text="預覽圖像區域",
120                 width=DISPLAY_SIZE, height=DISPLAY_SIZE, bg="gray")
121 image_label.pack()
122
123 # 右側 - 生成二維碼和預覽
124 right_frame = tk.LabelFrame(main_frame, text="生成二維碼",
125                     width=DISPLAY_SIZE, height=DISPLAY_SIZE+50)
126 right_frame.grid(row=2, column=1, padx=10, pady=10)
127
128 button_frame = tk.Frame(right_frame)
129 button_frame.pack(pady=10)
```

```
130
131   generate_button = tk.Button(button_frame, text="生成二維碼",
132                             command=generate_qr_code)
133   generate_button.pack(side=tk.LEFT, padx=5)
134
135   download_button = tk.Button(button_frame, text="下載二維碼",
136                             command=download_qr_code)
137   download_button.pack(side=tk.LEFT, padx=5)
138
139   result_label = tk.Label(right_frame, text="二維碼預留區域",
140                         width=DISPLAY_SIZE, height=DISPLAY_SIZE, bg="gray")
141   result_label.pack()
142
143   # 固定框架大小
144   left_frame.pack_propagate(False)
145   right_frame.pack_propagate(False)
146
147   # 調整主框架的列權重，確保在視窗縮放時維持布局
148   main_frame.grid_columnconfigure(0, weight=1)
149   main_frame.grid_columnconfigure(1, weight=1)
150
151   # 程式繼續執行
152   root.mainloop()
```

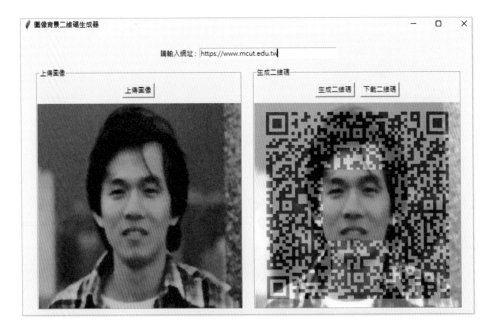

　　上述程式執行時，如果沒有輸入網址，而點選生成二維碼將出現錯誤對話方塊，要求「請輸入網址」，可以參考下方左圖。如果沒有生成圖像二維碼，而按下載二維碼鈕，將出現錯誤對話方塊，告知「沒有可下載的二維碼」，可以參考下方中間的圖。如果下載二維碼成功，將出現成功對話方塊，可以參考下方右邊的圖。

下列是明志科技大學與深智公司的 Logo 測試，皆可以掃描進入網頁。

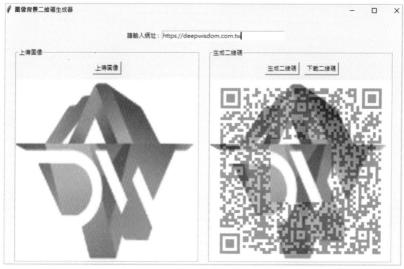

上述程式並不是適合所有的圖，例如：ch18 資料夾有 lena.jpg，如果上傳生成圖像後，無法掃瞄 QR Code，可以參考下圖。

下列是調整第 43( 對比度為 1.6)、44( 亮度為 1.2) 和 47 列 (alpha 值是 0.5) 的結果，才可以掃描 QR Code，可以參考 ch18_17_1.py。

# 第 19 章
# Python GPT 助攻股市操作

這一章將介紹 Python GPT，講解如何協助我們，此 GPT 有提供以下幾種功能：

- Python 程式設計輔助：可以幫助解釋 Python 的語法、功能和最佳實踐，特別是根據官方 Python 文件中的訊息來回答問題。

- 問題與除錯：當你遇到程式問題或錯誤時，可以協助你進行除錯，找出問題的根源並提供解決方案。

- 程式碼實例與建議：可以根據你的需求提供程式碼實例，幫助你理解某些概念或實作某些功能。

# Python

作者：Maryam Eskandari 👤

A Python assistant for all skills levels, pre-trained on
https://www.python.org/ and https://stackoverflow.com/

「一款以 Python 官方網站及 Stack Overflow 大量資料集訓練而成的 Python 助理，
旨在為各層級的 Python 開發者提供即時支援。」

# 19-1　Apple 公司股價查詢

## 19-1-1　股價查詢

坦白說在寫這一章節內容前，筆者對於美國公司網站、股價通通不知道。下列是利用和 Python GPT 對話設計這方面的程式，首先筆者直接請 Python GPT 設計程式輸出 Apple 公司的股價。

請設計程式輸出Apple公司最近交易日的開盤價、收盤
價、最高價、最低價和交易量

要設計一個Python程式來輸出Apple公司最近交易日的開盤價、收盤價、最高價、
最低價和交易量，仍然可以使用 `yfinance` 庫。以下是程式碼範例：

```
1   # ch19_1.py
2   import yfinance as yf
3
4   # 設定Apple的股票代碼
5   ticker = 'AAPL'
6
7   # 下載股票數據
8   apple_stock = yf.Ticker(ticker)
9
10  # 獲取最近交易日的數據
11  recent_data = apple_stock.history(period='1d')
12
13  # 提取所需的數據
14  open_price = recent_data['Open'][0]
15  close_price = recent_data['Close'][0]
16  high_price = recent_data['High'][0]
17  low_price = recent_data['Low'][0]
18  volume = recent_data['Volume'][0]
19
20  # 打印結果
21  print(f"Apple公司最近交易日的股價資訊：")
22  print(f"開盤價: ${open_price:.2f}")
23  print(f"收盤價: ${close_price:.2f}")
24  print(f"最高價: ${high_price:.2f}")
25  print(f"最低價: ${low_price:.2f}")
26  print(f"交易量: {volume}")
```

執行結果

```
Warning (from warnings module):
  File "D:/ChatGPT_Omni/書籍實例/ch19/ch19_1.py", line 14
    open_price = recent_data['Open'][0]
FutureWarning: Series.__getitem__ treating keys as positions is deprecated. In a
 future version, integer keys will always be treated as labels (consistent with
DataFrame behavior). To access a value by position, use `ser.iloc[pos]`
```

...

```
Warning (from warnings module):
  File "D:/ChatGPT_Omni/書籍實例/ch19/ch19_1.py", line 18
    volume = recent_data['Volume'][0]
FutureWarning: Series.__getitem__ treating keys as positions is deprecated. In a
 future version, integer keys will always be treated as labels (consistent with
DataFrame behavior). To access a value by position, use `ser.iloc[pos]`
Apple公司最近交易日的股價資訊：
開盤價: $216.00
收盤價: $217.53
最高價: $219.51
最低價: $215.60
交易量: 37581880
```

> 註　從上述看必須安裝 yfinance 模組，如果使用 Python 3.12 版，安裝模組指令如下：
>
> py-3.12-m pip install yfinance

> **說明：**
>
> - `yfinance.Ticker(ticker)` 用來創建一個代表Apple公司的股票物件。
> - `history(period='1d')` 取得最近交易日的數據，返回的資料表包含開盤價、收盤價、最高價、最低價和交易量等信息。
> - `['Open'][0]`、`['Close'][0]`、`['High'][0]`、`['Low'][0]`、`['Volume'][0]` 分別用來提取開盤價、收盤價、最高價、最低價和交易量。

註 1：從上述執行結果看到有系列警告訊息，下一節會請 ChatGPT 協助處理。

註 2：有關 yfinance 模組、Ticker( )、history( ) 的用法，讀者可以詢問 ChatGPT 或是這個 Python GPT。

## 19-1-2　Python GPT 協助處理錯誤訊息

下列是筆者與 Python GPT 的對話，內容是將所有 ch19_1.py 的輸出訊息告訴 Python GPT。

> 我獲得了股價所有訊息, 但是出現許多警告訊息
> Warning (from warnings module):
>   File "D:/ChatGPT_Omni/書籍實例/ch19/ch19_1.py", line 14
>     open_price = recent_data['Open'][0]
> FutureWarning: Series.__getitem__ treating keys as positions is deprecated. In a future version, integer keys will always be treated as labels (consistent with DataFrame behavior). To access a value by position, use ser.iloc[pos]

… ( 所有 ch19_1.py 的警告與輸出訊息 )

> keys will always be treated as labels (consistent with DataFrame behavior). To access a value by position, use ser.iloc[pos]
> Apple公司最近交易日的股價資訊：
> 開盤價: $216.00
> 收盤價: $217.53
> 最高價: $219.51
> 最低價: $215.60
> 交易量: 37581880

 你收到的警告訊息是因為未來的Pandas版本中，使用`Series.__getitem__`（即使用`[]`來取得資料）將不再允許用來獲取位置索引，而是只能用來獲取基於標籤的資料。這意味著，如果你想根據位置取得資料，你應該使用`.iloc[]`來明確表達這一點。

你可以修改你的程式碼，將`[]`改為`iloc[]`，這樣可以避免警告訊息。以下是修改後的程式碼：

註 上述的重點是要求將「[]」改「iloc[]」取得指定索引的資料。

```python
1  # ch19_2.py
2  import yfinance as yf
3
4  # 設定Apple的股票代碼
5  ticker = 'AAPL'
6
7  # 下載股票數據
8  apple_stock = yf.Ticker(ticker)
9
10 # 獲取最近交易日的數據
11 recent_data = apple_stock.history(period='1d')
12
13 # 提取所需的數據
14 open_price = recent_data['Open'].iloc[0]
15 close_price = recent_data['Close'].iloc[0]
16 high_price = recent_data['High'].iloc[0]
17 low_price = recent_data['Low'].iloc[0]
18 volume = recent_data['Volume'].iloc[0]
19
20 # 打印結果
21 print(f"Apple公司最近交易日的股價資訊：")
22 print(f"開盤價: ${open_price:.2f}")
23 print(f"收盤價: ${close_price:.2f}")
24 print(f"最高價: ${high_price:.2f}")
25 print(f"最低價: ${low_price:.2f}")
26 print(f"交易量: {volume}")
```

執行結果

```
Apple公司最近交易日的股價資訊：
開盤價: $216.00
收盤價: $217.53
最高價: $219.51
最低價: $215.60
交易量: 37581880
```

> **主要修改：**
>
> - 使用 `.iloc[0]` 而不是 `['列名'][0]` 來獲取資料的第一行。
>
> 這樣的寫法更為安全，也能避免未來版本Pandas帶來的相容性問題。你現在應該不會再看到那些警告訊息了。如果還有其他問題，隨時告訴我！

從上述我們可以得到沒有警告訊息的執行結果。

## 19-1-3　獲得 5 日和 30 日移動平均線

股價操作 5 日、30 日、90 日平均線很重要，下列是與 Python GPT 對話要求設計 5 日和 30 日平均線。

 在股市環境，扣除週六和週日股市休息，因此 5 日均線稱週線，22 日均線稱月線，66 日稱季線。

> 請設計Python程式繪製Apple公司最近半年的週線、月線和季線以及每天的收盤價
>
> 要設計一個Python程式來繪製Apple公司最近半年的週線、月線和季線，以及每天的收盤價，我們可以使用 `yfinance` 來獲取數據，並使用 `matplotlib` 來繪製圖表。以下是完整的程式碼範例：
>
> **1. 安裝必要的庫**
>
> 首先，確保已安裝 `yfinance` 和 `matplotlib` 庫。如果尚未安裝，可以使用以下命令：
>
> ```bash
> pip install yfinance matplotlib
> ```
>
> **2. 撰寫程式碼**

```
1  # ch19_3.py
2  import yfinance as yf
3  import matplotlib.pyplot as plt
4
5  # 設定Apple的股票代碼
6  ticker = 'AAPL'
7
8  # 下載最近半年的股票數據
9  apple_stock = yf.Ticker(ticker)
10 data = apple_stock.history(period='6mo')
11
12 # 計算週線、月線和季線的移動平均線
13 data['Weekly MA'] = data['Close'].rolling(window=5).mean()      # 週線
14 data['Monthly MA'] = data['Close'].rolling(window=22).mean()    # 月線
15 data['Quarterly MA'] = data['Close'].rolling(window=66).mean()  # 季線
16
17 # 繪製圖表
18 plt.figure(figsize=(14, 8))
19
20 # 畫每天的收盤價
21 plt.plot(data.index, data['Close'], label='Daily Close Price', color='black', linewidth=1)
22
23 # 畫週線
24 plt.plot(data.index, data['Weekly MA'], label='Weekly MA (5 days)', color='blue', linewidth=1.5)
25
26 # 畫月線
27 plt.plot(data.index, data['Monthly MA'], label='Monthly MA (22 days)', color='orange', linewidth=1.5)
28
29 # 畫季線
30 plt.plot(data.index, data['Quarterly MA'], label='Quarterly MA (66 days)', color='green', linewidth=1.5)
31
32 # 設定標題和標籤
33 plt.title('Apple Inc. - Recent 6 Months Daily Close, Weekly MA, Monthly MA, and Quarterly MA')
34 plt.xlabel('Date')
35 plt.ylabel('Price (USD)')
36 plt.legend()
37
38 # 顯示圖表
39 plt.grid(True)
40 plt.show()
```

執行結果

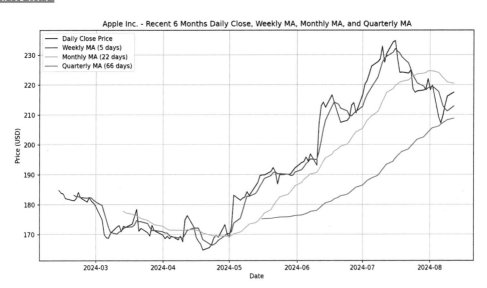

### 3. 程式碼說明

- **資料下載**：程式碼使用 `yfinance` 來獲取 Apple 公司最近半年的股票數據。

- **移動平均線計算**：

  - **週線**：以 5 天為一個週期來計算移動平均線。

  - **月線**：以 22 天為一個月的平均交易日數來計算月線。

  - **季線**：以 66 天（大約 3 個月）來計算季線。

- **繪圖**：使用 `matplotlib` 來繪製每天的收盤價，以及週線、月線和季線的移動平均線。

### 4. 輸出

這段程式碼將生成一個圖表，展示 Apple 公司最近半年的每天收盤價，以及週線、月線和季線的移動平均線。你可以根據需求調整移動平均線的計算週期或其他圖表的設定。

## 19-2 台積電公司股價查詢

### 19-2-1 台積電美國掛牌股價查詢

下列是利用和 Python GPT 對話，設計查詢台積電公司在美國掛牌的股價。

> 請設計程式輸出台積電ADR最近交易日的開盤價、收盤價、最高價、最低價和交易量

要設計一個Python程式來輸出台積電ADR（台灣積體電路製造股份有限公司的美國存托憑證，股票代碼：TSM）最近交易日的開盤價、收盤價、最高價、最低價和交易量，可以使用 `yfinance` 庫。以下是範例程式碼：

#### 1. 安裝 `yfinance` 庫

如果尚未安裝 `yfinance` 庫，請使用以下命令來安裝：

```bash
pip install yfinance
```

#### 2. 撰寫程式碼

以下是Python程式碼的範例：　↓

```
1   # ch19_4.py
2   import yfinance as yf
3
4   # 設定台積電ADR的股票代碼
5   ticker = 'TSM'
6
7   # 下載最近交易日的股票數據
8   tsm_stock = yf.Ticker(ticker)
9
10  # 獲取最近交易日的數據
11  recent_data = tsm_stock.history(period='1d')
12
13  # 提取所需的數據
14  open_price = recent_data['Open'].iloc[0]
15  close_price = recent_data['Close'].iloc[0]
16  high_price = recent_data['High'].iloc[0]
17  low_price = recent_data['Low'].iloc[0]
18  volume = recent_data['Volume'].iloc[0]
19
20  # 打印結果
21  print(f"台積電ADR最近交易日的股價資訊：")
22  print(f"開盤價: ${open_price:.2f}")
23  print(f"收盤價: ${close_price:.2f}")
24  print(f"最高價: ${high_price:.2f}")
25  print(f"最低價: ${low_price:.2f}")
26  print(f"交易量: {volume}")
```

執行結果

```
台積電ADR最近交易日的股價資訊：
開盤價: $166.00
收盤價: $167.63
最高價: $169.53
最低價: $165.54
交易量: 13729737
```

### 3. 程式碼說明

- **資料下載**：使用 `yfinance` 庫來下載台積電ADR（股票代碼：TSM）最近交易日的股票數據。

- **數據提取**：提取當日的開盤價、收盤價、最高價、最低價和交易量。

    - 使用 `.iloc[0]` 來取得這些數據，這樣可以避免可能的警告訊息。

- **輸出結果**：將獲取的數據以易讀的格式輸出到控制台。

### 4. 執行結果

這段程式碼執行後會輸出台積電ADR最近交易日的開盤價、收盤價、最高價、最低價和交易量。這些數據將以美元表示，並顯示在控制台中。

## 19-2-2　台積電台灣股價查詢

下列是利用和 Python GPT 對話，設計查詢台積電公司在台灣的股價。

> 請設計程式輸出台積電在台灣股市，最近交易日的開盤
> 價、收盤價、最高價、最低價和交易量
>
>  要設計一個Python程式來輸出台積電（台灣證券交易所股票代碼：2330）在台灣
> 股市的最近交易日的開盤價、收盤價、最高價、最低價和交易量，可以使用
> `yfinance` 或其他支持台灣股市資料的API。以下是使用 `yfinance` 庫的範例程式
> 碼：
>
> ### 1. 安裝 `yfinance` 庫
>
> 如果尚未安裝 `yfinance` 庫，請使用以下命令來安裝：
>
> ```bash
> pip install yfinance
> ```
> 🗐 複製程式碼
>
> ### 2. 撰寫程式碼　

```python
1   # ch19_5.py
2   import yfinance as yf
3
4   # 設定台積電在台灣股市的股票代碼
5   ticker = '2330.TW'
6
7   # 下載最近交易日的股票數據
8   tsmc_stock = yf.Ticker(ticker)
9
10  # 獲取最近交易日的數據
11  recent_data = tsmc_stock.history(period='1d')
12
13  # 提取所需的數據
14  open_price = recent_data['Open'].iloc[0]
15  close_price = recent_data['Close'].iloc[0]
16  high_price = recent_data['High'].iloc[0]
17  low_price = recent_data['Low'].iloc[0]
18  volume = recent_data['Volume'].iloc[0]
19
20  # 打印結果
21  print(f"台積電最近交易日的股價資訊（台灣股市）：")
22  print(f"開盤價: NT${open_price:.2f}")
23  print(f"收盤價: NT${close_price:.2f}")
24  print(f"最高價: NT${high_price:.2f}")
25  print(f"最低價: NT${low_price:.2f}")
26  print(f"交易量: {volume}")
```

執行結果

台積電最近交易日的股價資訊（台灣股市）：
開盤價：NT$942.00
收盤價：NT$940.00
最高價：NT$948.00
最低價：NT$931.00
交易量：38331663

### 3. 程式碼說明

- **資料下載**：程式碼使用 `yfinance` 來獲取台積電（股票代碼：2330.TW）在台灣股市最近交易日的數據。

  - `ticker = '2330.TW'` 表示台積電在台灣股市的代碼。

- **數據提取**：

  - `Open`、`Close`、`High`、`Low` 和 `Volume` 分別表示開盤價、收盤價、最高價、最低價和交易量。

  - 使用 `.iloc[0]` 從資料表中提取最近交易日的相關數據。

- **輸出結果**：輸出結果中，價格以新台幣（NT$）表示，並顯示在控制台中。

### 4. 執行結果

這段程式碼執行後會輸出台積電在台灣股市最近交易日的開盤價、收盤價、最高價、最低價和交易量。

↓

## 19-2-3　獲得台積電週線、月線、季線和收盤價格線

下列是與 Python GPT 對話，要求設計最近半年，台積電的週線、月線、季線和每天收盤價格線。

請設計Python程式繪製台積電公司在台灣股市，最近半年
的週線、月線和季線以及每天的收盤價

要設計一個Python程式來繪製台積電公司在台灣股市最近半年的週線、月線和季
線，以及每天的收盤價，可以使用 `yfinance` 來獲取數據，並使用 `matplotlib` 來
繪製圖表。以下是完整的程式碼範例：

### 1. 安裝必要的庫

首先，確保已安裝 `yfinance` 和 `matplotlib` 庫。如果尚未安裝，可以使用以下命
令來安裝：

```bash
pip install yfinance matplotlib
```

### 2. 撰寫程式碼

```python
1  # ch19_6.py
2  import yfinance as yf
3  import matplotlib.pyplot as plt
4  plt.rcParams["font.family"] = ["Microsoft JhengHei"]      # 筆者加上去
5  # 設定台積電在台灣股市的股票代碼
6  ticker = '2330.TW'
7
8  # 下載最近半年的股票數據
9  tsmc_stock = yf.Ticker(ticker)
10 data = tsmc_stock.history(period='6mo')
11
12 # 計算週線、月線和季線的移動平均線
13 data['Weekly MA'] = data['Close'].rolling(window=5).mean()      # 週線
14 data['Monthly MA'] = data['Close'].rolling(window=22).mean()    # 月線
15 data['Quarterly MA'] = data['Close'].rolling(window=66).mean()  # 季線
16
17 # 繪製圖表
18 plt.figure(figsize=(14, 8))
19
20 # 畫每天的收盤價
21 plt.plot(data.index, data['Close'], label='Daily Close Price', color='black', linewidth=1)
22
23 # 畫週線
24 plt.plot(data.index, data['Weekly MA'], label='Weekly MA (5 days)', color='blue', linewidth=1.5)
25
26 # 畫月線
27 plt.plot(data.index, data['Monthly MA'], label='Monthly MA (22 days)', color='orange', linewidth=1.5)
28
29 # 畫季線
30 plt.plot(data.index, data['Quarterly MA'], label='Quarterly MA (66 days)', color='green', linewidth=1.5)
31
32 # 設定標題和標籤
33 plt.title('台積電 - 最近6個月的每天收盤價、週線、月線和季線')
34 plt.xlabel('日期')
35 plt.ylabel('價格 (新台幣)')
36 plt.legend()
37
38 # 顯示圖表
39 plt.grid(True)
40 plt.show()
```

**註**　這個程式會有缺少中文字型的問題，所以上述第 4 列是筆者加上去的。

**執行結果**

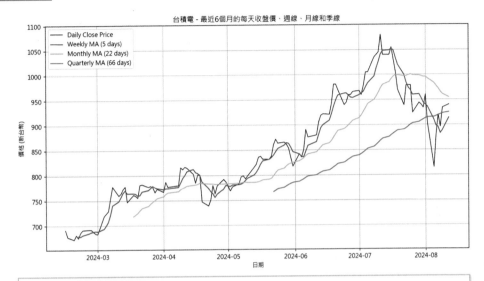

### 3. 程式碼說明

- **資料下載**：使用 `yfinance` 來獲取台積電（股票代碼：2330.TW）最近半年的股票數據。

- **移動平均線計算**：

  - **週線**：以5個交易日（大約一周）為基礎來計算移動平均線。

  - **月線**：以22個交易日（大約一個月）來計算月線。

  - **季線**：以66個交易日（大約三個月）來計算季線。

- **繪圖**：使用 `matplotlib` 來繪製每天的收盤價、週線、月線和季線的移動平均線。

### 4. 輸出

這段程式碼將生成一個圖表，展示台積電在台灣股市最近半年的每天收盤價，以及週線、月線和季線的移動平均線。

## 19-3　yfinance 模組功能

讓 Python GPT 指導了解 yfinance 模組有哪些功能。

yfinance模組有提供哪些對股是有意義的資訊

`yfinance` 模組是一個強大的工具，提供了多種與股票相關的有用資訊。它可以用來下載並分析各種股票數據。以下是 `yfinance` 可以提供的一些對股票分析有意義的資訊和功能：

### 1. 歷史數據

- `history(period, interval)`：提供股票的歷史價格數據，包括開盤價、收盤價、最高價、最低價和交易量。常用的參數包括：

  - `period`：`1d`、`5d`、`1mo`、`3mo`、`6mo`、`1y`、`2y`、`5y`、`10y`、`ytd`、`max` 等，用來指定要獲取的時間段。

  - `interval`：`1m`、`2m`、`5m`、`15m`、`30m`、`60m`、`90m`、`1d`、`5d`、`1wk`、`1mo`、`3mo` 等，用來指定數⋯⋯間隔。

...

### 11. 近期新聞

- `news`：提供公司相關的最新新聞文章。

這些資訊和功能使得 `yfinance` 成為投資者、金融分析師和程式交易開發者的一個極其有價值的工具。透過這些功能，使用者可以從多個角度分析和理解一隻股票的表現、基本面和潛在的市場走向。

## 19-4　尋找股票買賣時機 - 台積電股票

### 19-4-1　設計程式尋找股票買賣時機

上一節我們了解許多 yfinance 模組的功能，這一節將請 Python GPT 講解台積電股票的投資建議。Python GPT 每次做這類的分析，皆會附註：「實際操作前，建議近一步研究和諮詢專業的投資建議」。下列是筆者和 Python GPT 的對話。

請問要如何使用yfinance模組，做股票「買進」、「持有」、「賣出」的分析，請以台積電為例做說明。

使用 `yfinance` 模組進行股票的「買進」、「持有」和「賣出」分析，涉及到對歷史數據的分析、財務指標的計算，以及可能結合一些技術分析工具。這裡，我將以台積電（TSMC，股票代碼：2330.TW）為例，介紹如何利用 `yfinance` 模組進行基本的買賣判斷。

### 1. 安裝必要的庫

如果還未安裝 `yfinance`，請先安裝：

```bash
pip install yfinance
```

### 2. 撰寫程式碼進行分析　↓

```python
# ch19_7.py
import yfinance as yf
import pandas as pd
import matplotlib.pyplot as plt
plt.rcParams["font.family"] = ["Microsoft JhengHei"]  # 筆者加上去
# 設定台積電的股票代碼
ticker = '2330.TW'

# 下載最近一年的股票數據
tsmc_stock = yf.Ticker(ticker)
data = tsmc_stock.history(period='1y')

# 計算簡單移動平均線 (SMA)
data['SMA_50'] = data['Close'].rolling(window=50).mean()
data['SMA_200'] = data['Close'].rolling(window=200).mean()

# 簡單的買賣訊號判斷
data['Signal'] = 0
data['Signal'][50:] = [1 if data['SMA_50'][i] > data['SMA_200'][i] else -1 for i in range(50, len(data))]

# 選擇需要查看的日期區間
recent_data = data.iloc[-100:]

# 繪製圖表
plt.figure(figsize=(14, 7))
plt.plot(recent_data.index, recent_data['Close'], label='Close Price', color='black', linewidth=1)
plt.plot(recent_data.index, recent_data['SMA_50'], label='50-Day SMA', color='blue', linestyle='--')
plt.plot(recent_data.index, recent_data['SMA_200'], label='200-Day SMA', color='red', linestyle='--')

# 標記買賣訊號
buy_signals = recent_data[recent_data['Signal'] == 1]
sell_signals = recent_data[recent_data['Signal'] == -1]
plt.scatter(buy_signals.index, buy_signals['Close'], marker='^', color='green', label='Buy Signal', s=100)
plt.scatter(sell_signals.index, sell_signals['Close'], marker='v', color='red', label='Sell Signal', s=100)

# 設定圖表標題和標籤
plt.title('台積電 - SMA策略買賣訊號')
plt.xlabel('日期')
plt.ylabel('價格 (新台幣)')
plt.legend()

# 顯示圖表
plt.grid(True)
plt.show()
```

這個程式碼將會顯示過去一年內台積電的收盤價,以及5日和20日的簡單移動平均
(SMA)。根據這些指標,當5日均線從下方突破20日均線時,生成一個"買入"信號;當5日
均線從上方跌破20日均線時,生成一個"賣出"信號。

最後,程式將輸出所有買入和賣出的日期。這些日期可以作為買入、持有或賣出股票的參
考。再次強調,這僅為一個簡單的範例,並不是實際的投資建議。在實際操作前,建議進一
步研究和諮詢專業的投資建議。

## 執行結果

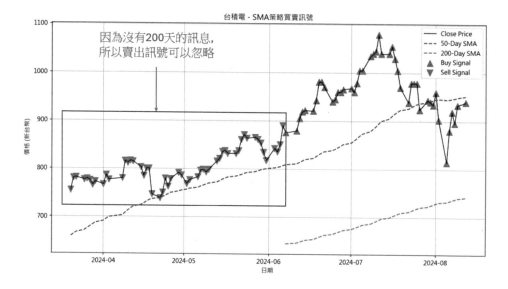

由於 200 天均線是從 6 月初才開始,所以 200 天均線出現前的賣出訊號可以忽略。
Python GPT 所持有的買進與賣出訊號是,「當 50 日均線上穿 200 日均線時,這通常
被視為買入信號;反之,當 50 日均線下穿 200 日均線時,則視為賣出信號。」。

### 3. 程式碼說明

- **資料下載：**
  - 使用 `yfinance` 來下載台積電最近一年的股票數據。
  - `period='1y'` 表示我們下載的是一年的日線數據。
- **技術分析：**
  - **簡單移動平均線 (SMA)：** 程式碼計算了50天和200天的簡單移動平均線（SMA）。這兩條均線常用於判斷長期趨勢。
  - **買賣訊號判斷：** 當50日均線上穿200日均線時，這通常被視為買入信號；反之，當50日均線下穿200日均線時，則視為賣出信號。
- **圖表繪製：**
  - 繪製了台積電的日收盤價、50日SMA、200日SMA。
  - 在圖上標記了買入和賣出訊號。

### 4. 進階分析與改進

上述程式碼使用了非常簡單的技術指標來判斷「買進」、「持有」和「賣出」。實際的投資決策通常會更為複雜，並結合更多因素，例如：

- **基本面分析：** 考慮公司財務狀況、市盈率（P/E Ratio）、收益增長等。
- **技術指標：** 例如相對強弱指數（RSI）、移動平均收斂背離指標（MACD）等。
- **市場情緒和宏觀經濟分析：** 考慮整體市場趨勢和經濟狀況。

### 結論

這只是進行股票「買進」、「持有」和「賣出」分析的一個入門示例。你可以根據實際需要擴展和優化這個分析模型，例如結合多種技術指標、增加基本面數據，或者使用機器學習模型進行預測分析。

這個程式有下列警告訊息。

```
Warning (from warnings module):
  File "D:/ChatGPT_Omni/書籍實例/ch19/ch19_7.py", line 19
    data['Signal'][50:] = [1 if data['SMA_50'][i] > data['SMA_200'][i] else -1 f
or i in range(50, len(data))]
FutureWarning: Series.__getitem__ treating keys as positions is deprecated. In a
 future version, integer keys will always be treated as labels (consistent with
DataFrame behavior). To access a value by position, use `ser.iloc[pos]`

Warning (from warnings module):
  File "D:/ChatGPT_Omni/書籍實例/ch19/ch19_7.py", line 19
    data['Signal'][50:] = [1 if data['SMA_50'][i] > data['SMA_200'][i] else -1 f
or i in range(50, len(data))]
SettingWithCopyWarning:
A value is trying to be set on a copy of a slice from a DataFrame

See the caveats in the documentation: https://pandas.pydata.org/pandas-docs/stab
le/user_guide/indexing.html#returning-a-view-versus-a-copy
```

## 19-4-2　Python GPT 協助 Debug 錯誤

下列是 Python GPT 協助 Debug 錯誤的畫面。

> 你設計的程式有下列警告訊息
> Warning (from warnings module):
>   File "D:/ChatGPT_Omni/書籍實例/ch19/ch19_7.py",
> line 19
>    data['Signal'][50:] = [1 if data['SMA_50'][i] >
> data['SMA_200'][i] else -1 for i in range(50, len(data))]
> FutureWarning: Series.__getitem__ treating keys as
> positions is deprecated. In a future version, integer
> keys will always be treated as labels (consistent with
> DataFrame behavior). To access a value by position,
> use ser.iloc[pos]

...

收到這些警告訊息，意味著在處理Pandas資料框時有一些需要改進的地方，以避免潛在的問題。這些警告主要涉及到兩個方面：

1. 使用 `Series.__getitem__` 處理位置索引的問題：未來的Pandas版本將會改變 `Series.__getitem__` 的行為，不再允許使用整數作為位置索引。

2. `SettingWithCopyWarning` 警告：這個警告提示在對DataFrame的切片操作後，進行的賦值操作可能不會按預期進行，因為這些操作可能是在資料的副本上進行，而不是在原始資料上。

## 1. 修正 `Series.__getitem__` 的警告

可以通過使用 `.iloc[]` 來明確指定位置索引，以避免未來的版本問題。

## 2. 修正 `SettingWithCopyWarning`

這個警告的修正方式是避免在切片上進行賦值操作，或是先創建一個新的 DataFrame來保存結果，這樣可以確保操作是在預期的資料上進行。

### 修正後的程式碼

此程式完成後還是有和 ch19_1.py 相同的錯誤訊息，再度將此程式產生的錯誤訊息給 Python GPT，可以得到正確的程式碼。

```
1  # ch19_8.py
2  import yfinance as yf
3  import pandas as pd
4  import matplotlib.pyplot as plt
5  plt.rcParams["font.family"] = ["Microsoft JhengHei"]          # 筆者加上去
6  # 設定台積電的股票代碼
7  ticker = '2330.TW'
8
9  # 下載最近一年的股票數據
10 tsmc_stock = yf.Ticker(ticker)
11 data = tsmc_stock.history(period='1y')
12
13 # 計算簡單移動平均線 (SMA)
14 data['SMA_50'] = data['Close'].rolling(window=50).mean()
15 data['SMA_200'] = data['Close'].rolling(window=200).mean()
16
17 # 建立一個新欄位 'Signal'，避免直接在切片上賦值
18 data['Signal'] = 0
19
20 # 使用 .iloc 來處理位置索引
21 data.iloc[50:, data.columns.get_loc('Signal')] = [
22     1 if data['SMA_50'].iloc[i] > data['SMA_200'].iloc[i] else -1 for i in range(50, len(data))
23 ]
24
25 # 選擇需要查看的日期區間
26 recent_data = data.iloc[-100:]
27
28 # 繪製圖表
29 plt.figure(figsize=(14, 7))
30 plt.plot(recent_data.index, recent_data['Close'], label='Close Price', color='black', linewidth=1)
31 plt.plot(recent_data.index, recent_data['SMA_50'], label='50-Day SMA', color='blue', linestyle='--')
32 plt.plot(recent_data.index, recent_data['SMA_200'], label='200-Day SMA', color='red', linestyle='--')
33
34 # 標記買賣訊號
35 buy_signals = recent_data[recent_data['Signal'] == 1]
36 sell_signals = recent_data[recent_data['Signal'] == -1]
37 plt.scatter(buy_signals.index, buy_signals['Close'], marker='^', color='green', label='Buy Signal', s=100)
38 plt.scatter(sell_signals.index, sell_signals['Close'], marker='v', color='red', label='Sell Signal', s=100)
39
40 # 設定圖表標題和標籤
```

```
41  plt.title('台積電 - SMA策略買賣訊號')
42  plt.xlabel('日期')
43  plt.ylabel('價格 (新台幣)')
44  plt.legend()
45
46  # 顯示圖表
47  plt.grid(True)
48  plt.show()
```

**執行結果**　省略輸出圖表。

## 19-4-3　修改買進賣出規則 - Python GPT 重新設計

　　筆者修改買進與賣出規則，買進訊號是當 5 日均線上穿 20 日均線時；反之，當 5 日均線下穿 20 日均線時，則視為賣出信號。

> 你可以將上述程式改為買進訊號是當5日均線上穿20日均線時；反之，當5日均線下穿20日均線時，則視為賣出信號。
>
> ⟨　2/2　⟩

當然可以！以下是修改後的Python程式碼，其中買進訊號定義為當5日均線（SMA_5）上穿20日均線（SMA_20）時發出，賣出訊號則是在5日均線下穿20日均線時發出。

```
1   # ch19_9.py
2   import yfinance as yf
3   import pandas as pd
4   import matplotlib.pyplot as plt
5   plt.rcParams["font.family"] = ["Microsoft JhengHei"]          # 筆者加上去
6   # 設定台積電在台灣股市的股票代碼
7   ticker = '2330.TW'
8
9   # 下載最近一年的股票數據
10  tsmc_stock = yf.Ticker(ticker)
11  data = tsmc_stock.history(period='1y')
12
13  # 計算簡單移動平均線 (SMA)
14  data['SMA_5'] = data['Close'].rolling(window=5).mean()
15  data['SMA_20'] = data['Close'].rolling(window=20).mean()
16
17  # 簡單的買賣訊號判斷
18  signal = [0] * len(data)
19  for i in range(20, len(data)):
20      if data['SMA_5'].iloc[i] > data['SMA_20'].iloc[i]:
21          signal[i] = 1
22      else:
23          signal[i] = -1
24  data['Signal'] = signal
25
26  # 選擇需要查看的日期區間
27  recent_data = data.iloc[-100:]
28
29  # 繪製圖表
```

```
30  plt.figure(figsize=(14, 7))
31  plt.plot(recent_data.index, recent_data['Close'], label='Close Price', color='black', linewidth=1)
32  plt.plot(recent_data.index, recent_data['SMA_5'], label='5-Day SMA', color='blue', linestyle='--')
33  plt.plot(recent_data.index, recent_data['SMA_20'], label='20-Day SMA', color='red', linestyle='--')
34
35  # 標記買賣訊號
36  buy_signals = recent_data[(recent_data['Signal'] == 1) & (recent_data['Signal'].shift(1) == -1)]
37  sell_signals = recent_data[(recent_data['Signal'] == -1) & (recent_data['Signal'].shift(1) == 1)]
38  plt.scatter(buy_signals.index, buy_signals['Close'], marker='^', color='green', label='Buy Signal', s=100)
39  plt.scatter(sell_signals.index, sell_signals['Close'], marker='v', color='red', label='Sell Signal', s=100)
40
41  # 設定圖表標題和標籤
42  plt.title('台積電 - 5日均線與20日均線策略買賣訊號')
43  plt.xlabel('日期')
44  plt.ylabel('價格（新台幣)')
45  plt.legend()
46
47  # 顯示圖表
48  plt.grid(True)
49  plt.show()
```

**執行結果**　省略輸出圖表。

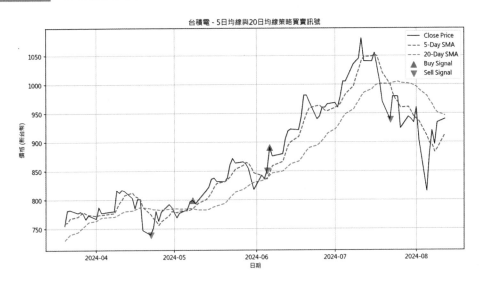

# 第 20 章
# 提升 Excel 效率到智慧分析

　　Excel 是辦公室最常用的軟體，有時候我們忘記如何操作、如何使用函數，這時可以將 ChatGPT 當作工作助理，將情況描述，讓 ChatGPT 告訴你執行方式或步驟。此外，也可以用 Excel GPT 機器人執行類似的工作。

　　本章會使用 2 種工具做說明。

## 20-1　Excel GPT 辦公室的好幫手

### 20-1-1　認識 Excel GPT

　　這一節筆者要介紹 Excel GPT，這個工具號稱是世界上最強大的 Excel 助理。Excel GPT 具有下列功能：

❏　**Excel 函數與公式的輔導**

- 解釋和演示如何使用各種 Excel 函數，如 VLOOKUP、INDEX MATCH、SUMIF 等。
- 幫助你創建自定義公式來解決特定問題。

❏　**資料處理與分析**

- 資料清理、篩選和排序。
- 計算統計數據，例如平均值、最大值、最小值、標準差等。
- 進行資料樞紐分析表的建立和使用。

❏　**數據可視化**

- 為你的數據創建圖表，如折線圖、柱狀圖、圓餅圖等。
- 提供圖表的美化和格式化建議。

❏　**自動化與 VBA 腳本**

- 編寫和調試 VBA 巨集來自動化重複性任務。
- 指導如何錄製巨集並進行基本的 VBA 編輯。

❏　**Excel 模組和報告**

- 根據你的需求設計和創建專業的 Excel 模組。

● 幫助你生成報表，並提供格式化建議以提升報表的可讀性。

□ **數據導入與導出**

● 幫助你從其他系統或文件中導入數據（如 CSV、TXT 等）。

● 輔助數據的導出與整理，確保格式和內容符合要求。

# Excel GPT

作者：pulsr.co.uk　⊕ in +1

❀ The worlds most powerful Excel assistant. ❀

「全球最強大的 Excel 助理。」

**實例 1**：您輸入「我想將 B2 儲存格的內容可以在 B2:G2 間置中對齊，同時前景顏色設為藍色，背景顏色設為淺黃色，應該如何操作」，可以得到下列結果。

　要將 B2 儲存格的內容在 B2
之間置中對齊，並設置前景顏色為藍色，背景顏色為淺黃色，可以按照以下步驟操作：

1. **合併儲存格**：

   ● 選取 B2
     範圍。

   ● 在 Excel 工具列中，點擊 **"合併及置中"** 按鈕。這樣會將 B2 到 G2 這些儲存格合併，並將內容置中。

2. **設置前景顏色**（文字顏色）：

   ● 選中合併後的儲存格（現在是 B2）。

   ● 在 Excel 工具列中，找到 **"字型顏色"** 按鈕，點擊並選擇藍色。

> 3. 設置背景顏色：
>
>    - 同樣選中合併後的儲存格。
>
>    - 在 Excel 工具列中，找到 **"填滿顏色"** 按鈕，點擊並選擇淺黃色。
>
>    這樣你就完成了將 B2 儲存格的內容在 B2
>    之間置中對齊，並設定了藍色前景色和淺黃色背景色。

　　從上述答案，筆者確定 Excel GPT 可以勝任辦公室助手，協助我們處理 Excel 基礎操作事宜。

## 20-1-2　詢問特定函數的語法

　　函數有幾百個，坦白說即便是每天使用 Excel 辦公室的人，也很難常常記住應該如何使用。

**實例 1**：您輸入「請說明 Excel 的 DMAX( ) 函數的用法」，可以得到下列結果。

Excel 的 `DMAX()` 函數是一個資料庫函數，用來從符合指定條件的記錄中找出資料庫（表格或範圍）中某個欄位的最大值。這個函數特別適合用於需要根據多個條件篩選數據並找到最大值的情境。

### 函數語法

```excel
DMAX(database, field, criteria)
```

### 參數說明

1. `database`（必需）：資料庫的範圍，包括標題行（欄名）。這個範圍包含了你要進行操作的所有資料。

2. `field`（必需）：要查找最大值的欄位。可以是包含欄名的文字（如 "Sales"），也可以是指向欄位的索引號碼（如 2 表示第二欄）。

3. `criteria`（必需）：包含條件的範圍。這個範圍必須包括至少一行標題和一行條件數據，用來篩選符合條件的記錄。

## 使用範例

假設你有一個資料表，內容如下：

| ID | Name | Sales | Region |
|----|------|-------|--------|
| 1 | John | 500 | East |
| 2 | Anna | 450 | West |
| 3 | Mike | 600 | East |
| 4 | Mary | 700 | West |
| 5 | Steve | 350 | East |

並且，你的條件範圍如下：

| Region |
|--------|
| East |

如果你想要找到 `East` 區域中銷售額（`Sales`）的最大值，可以使用以下公式：

```excel
=DMAX(A1:D6, "Sales", F1:F2)
```

在這個範例中：

- `database` 是 `A1:D6`，即包含數據表的整個範圍。
- `field` 是 `"Sales"`，因為你想要找出銷售額的最大值。
- `criteria` 是 `F1:F2`，即篩選條件範圍，這裡的條件是 `Region` 必須為 `East`。

結果會返回 `600`，這是 `East` 區域中最高的銷售額。

## 注意事項

- **條件範圍** 的結構必須與資料庫範圍中的標題列匹配。
- 如果沒有符合條件的記錄，`DMAX()` 會返回空白值或錯誤。
- 可以用條件範圍來篩選多個條件，例如篩選某區域並且銷售額超過某一數值的記錄。

從上述實例，我們可以確認 Excel GPT 的確可以當作我們 Excel 函數庫的活字典。不僅解釋語法，同時用實例解說。

# 20-2　業績加總

這一節起將用 ChatGPT 做操作 Excel 的說明。

## 20-2-1　ChatGPT 主動計算業績加總

有一個 Excel 檔案「業績表 .xlsx」內容如下，假設我要計算業績加總，然後將結果存入 G4:G6。

| | A | B | C | D | E | F | G |
|---|---|---|---|---|---|---|---|
| 1 | | | | | | | |
| 2 | | | | 深智業務業績表 | | | |
| 3 | | 姓名 | 第一季 | 第二季 | 第三季 | 第四季 | 總計 |
| 4 | | 許家禎 | 88000 | 68000 | 88560 | 58000 | |
| 5 | | 黃清元 | 98010 | 77000 | 88900 | 90000 | |
| 6 | | 葉家家 | 78000 | 56000 | 75400 | 48000 | |

下列是請 ChatGPT 告訴我們步驟。

錦魁　您

業績表 .xlsx
試算表

請告訴我應該如何寫函數，可以完成上傳工作表的業務員業績加總

**ChatGPT**

為了協助您完成業務員業績加總的功能,我將首先查看您提供的工作表「業績表.xlsx」來了解其結構。接著,我會撰寫一個Python函數來讀取該工作表並計算每位業務員的總業績。讓我先開啟文件並檢視其內容。

從「業績表.xlsx」的內容來看,這份工作表包含了業務員的名字以及他們在一年四個季度的業績。這些資料從第二行開始,第一行是標題。為了計算每位業務員的年度總業績,我將撰寫一個Python函數來讀取這個工作表,將每位業務員在四個季度的業績相加,並將結果儲存到一個新的DataFrame中。讓我來做這個操作。 [>_]

根據您提供的「業績表.xlsx」,我已經計算出了每位業務員一年四個季度的總業績。例如,許家禎的年度總業績為302,560,黃清元的年度總業績為353,910,葉家家的年度總業績為257,400。

如果您需要這些數據進行進一步的分析或需要將它們輸出到一個新的Excel文件,請告訴我,我將樂意協助 ↓ 。 [>_]

現在的 ChatGPT 已經有強大的分析能力,因此我們已經主動完成業務員業績加總了,上述段落文字間也輸出了加總結果。若是點選 [>_] 圖示,可以看到程式內容 (下圖沒有列印) 與表格的結果。

| 結果 | | | | | | |
|---|---|---|---|---|---|---|
| 1 | 姓名 | 第一季 | 第二季 | 第三季 | 第四季 | 總計 |
| 2 | 許家禎 | 88000 | 68000 | 88560 | 58000 | 302560.0 |
| 3 | 黃清元 | 98010 | 77000 | 88900 | 90000 | 353910.0 |
| 4 | 葉家家 | 78000 | 56000 | 75400 | 48000 | 257400.0 |

## 20-2-2 說明加總步驟

如果我們還需要 ChatGPT 告訴我們輸入公式計算過程,可以參考下列實例。

**您**

請用「業績表.xlsx」為實例說明，計算每個業務員業績加總的步驟

**ChatGPT**

當然可以。根據您的「業績表.xlsx」檔案，如果業務員的業績數據從第4行的C、D、E、F列開始，我們可以按照以下步驟在Excel中計算每位業務員的年度業績總和：

1. **打開業績表格**：打開您的Excel工作表「業績表.xlsx」。
2. **定位數據**：找到業務員的業績數據。在這個例子中，業績數據位於從第4行開始的C、D、E、F列。
3. **選擇計算總和的單元格**：在每位業務員的業績數據旁，選擇一個單元格來放置其年度總和。例如，對於第一位業務員，您可以在G4單元格放置總和。
4. **輸入計算總和的公式**：在G4單元格中，輸入以下公式來計算第一位業務員的年度業績總和：

```scss
=SUM(C4:F4)
```

此公式會加總C4、D4、E4和F4單元格中的數值。

5. **拖動公式**：將鼠標放置在G4單元格的右下角，直到鼠標變成一個小十字。然後拖動此小十字向下，將公式應用於其他業務員所在的行。
6. **檢查結果**：確認每位業務員的年度總業績計算無誤。

這些步驟將幫助您在Excel中計算出每位業務員的年度業績總和。請注意根據您的具體文件結構進行相應的調整。

我們可以參考上述步驟完成下列業績加總工作。

| G4 | | : | × | ✓ | $f_x$ | =SUM(C4:F4) | |
|---|---|---|---|---|---|---|---|
| | A | B | C | D | E | F | G |
| 1 | | | | | | | |
| 2 | | | | 深智業務業績表 | | | |
| 3 | | 姓名 | 第一季 | 第二季 | 第三季 | 第四季 | 總計 |
| 4 | | 許家禎 | 88000 | 68000 | 88560 | 58000 | 302560 |
| 5 | | 黃清元 | 98010 | 77000 | 88900 | 90000 | 353910 |
| 6 | | 葉家家 | 78000 | 56000 | 75400 | 48000 | 257400 |

## 20-3 業績排名

有一個 Excel 檔案 sales.xlsx 工作表內容如下，請 ChatGPT 分析業績前 3 名的業務員和業績。

| | A | B | C | D | E | F | G |
|---|---|---|---|---|---|---|---|
| 1 | | | | | | | |
| 2 | | 深智業績表 | | | | 前3名 | |
| 3 | | 姓名 | 業績 | | 名次 | 業績 | 姓名 |
| 4 | | 王德勝 | 89200 | | 1 | | |
| 5 | | 陳新興 | 91000 | | 2 | | |
| 6 | | 許嘉容 | 88300 | | 3 | | |
| 7 | | 李家家 | 79200 | | | | |
| 8 | | 王浩 | 99800 | | | | |

**實例 1**：您輸入「請分析上傳的 sales.xlsx 檔案, 然後請告訴我前三名業績最高的業務員及其業績」。

錦魁 您

🔳 sales.xlsx
試算表

請分析上傳的**sales.xlsx**檔案, 然後請告訴我前三名業績最高的業務員及其業績

下列是 ChatGPT 分析過程，中間可能出現告知出現的問題，我們了解即可。

ChatGPT

⚠ 分析出錯 ∨

在分析「sales.xlsx」檔案時，我遇到了一個問題：試圖將數據表的欄位重新命名為兩個欄位（'Name' 和 'Sales'）時發現，原始數據表中實際上包含超過兩個欄位。為了更準確地分析數據並找出前三名業績最高的業務員，我需要先查看數據表的結構。讓我先展示原始數據的前幾行，以便確定正確的數據結構。 [>-]

根据「sales.xlsx」文件的內容，我们可以看到：

- 工作表包含多个未命名的列（Unnamed: 0, Unnamed: 1, 等）。
- 第一行是標題行，第二行包含列標題。
- 業務員的姓名和業績分別在第二列（Unnamed: 1）和第三列（Unnamed: 2）。

根據這些資訊，我將計算業績最高的　　名業務員及其業績。讓我來進行這個分析。 [>-]

↓

是否可以得到下列結果最重要。

根據「sales.xlsx」檔案的分析，前三名業績最高的業務員及其業績如下：

1. 王浩 - 業績為 99,800
2. 陳新興 - 業績為 91,000
3. 王德勝 - 業績為 89,200

這三位業務員在檔案中的業績表現最為突出。 [>-]

　　從上述我們得到 ChatGPT 的確可以讀懂 sales.xlsx，然後得到正確的分析結果。此外，上述檔案也可以請 ChatGPT 告訴我們正確的函數，將前 3 名業績填入 F4:F6，前 3 名業務員名字填入 G4:G6。

## 20-4 PDF 研討會轉 Excel 表格

有一個 PDF 文件「AI 研討會 .pdf」內容如下：

| AI 研討會 | | | |
|---|---|---|---|
| 時間 | 主題 | 講師 | 備註 |
| 09:10~10:00 | AI 文字生成 | 洪錦魁 | Mac |
| 10:10~11:00 | AI 簡報 | 陳文驊 | Windows |
| 11:10~12:00 | AI 繪圖 | 李文俊 | Mac |
| 12:00~14:00 | 中午休息 | | |
| 14:10~15:00 | AI 音樂 | 張家人 | Mac |

我們可以使用下列方式，將此 PDF 檔案轉成 Excel 檔案。

下載表格後，可以得到轉換結果如下：

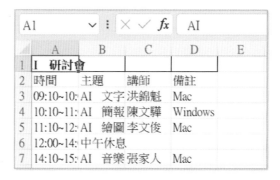

經上述測試可以得到幾乎一樣的結果，不過需要格式化此表格。

## 20-5　數據文件分析

### 20-5-1　數據文件分析功能

ChatGPT 最大的改進是可以讀取數據文件，然後做分析，當上傳 Excel 文件後，ChatGPT 可以進行以下幾種分析：

❏ **數據清洗和格式化**

- 格式化和組織數據，使其適合分析。
- 清洗數據，包括處理遺失值、重複條目、錯誤數據等。

❏ **統計分析**

- 基本的統計分析，如平均值、中位數、標準差等。
- 更進階的統計技術，如迴歸分析、假設檢驗等。

❏ **數據視覺化**

- 創建圖表和圖形，如柱狀圖、折線圖、散點圖等，以幫助理解和展示數據。
- 生成熱力圖、地圖視覺化（如果數據包含地理訊息）等。

❏ **趨勢和模式識別**

- 分析數據中的趨勢、模式和異常。
- 進行時間序列分析，識別數據隨時間的變化規律。

❏ **預測建模**

- 使用數據建立預測模型，如銷售預測、用戶行為預測等。
- 利用機器學習算法進行數據挖掘和預測分析。

❏ **業務智能和報告**

- 提供業務分析，如銷售分析、市場趨勢、客戶行為等。
- 創建數據驅動的報告和見解。

❏ **數據整合和比較**

● 合併多個數據源，進行綜合分析。

● 比較和對照不同數據集，識別關聯和差異。

此外，根據您的具體需求和數據的性質，ChatGPT 可以進行更專業性的分析。

## 20-5-2 缺失值分析

有一個 missing.xlsx 檔案內容如下：

| A | B | C | D | E | F | G | H |
|---|---|---|---|---|---|---|---|
| 1 | | | | | | | |
| 2 | | | 深智業務業績表 | | | | |
| 3 | 姓名 | 第一季 | 第二季 | 第三季 | 第四季 | 總計 | |
| 4 | 許家禎 | 88000 | | 88560 | 58000 | | |
| 5 | 黃清元 | 98010 | 77000 | 88900 | 90000 | | |
| 6 | 葉家家 | 78000 | 56000 | | 48000 | | |

實例 1：您輸入「請分析上傳的「missing.xlsx」文件，缺失值部分填 0，請告訴我每一個業務員的業績，以及深智公司的全部業績」。

您

missing.xlsx
試算表

請分析上傳的「missing.xlsx」文件, 缺失值部分填 0, 請告訴我每一個業務員的業績, 以及深智公司的全部業績

**ChatGPT**

根據「missing.xlsx」檔案的分析，並將缺失的業績數據填充為0後，每位業務員的總業績，以及深智公司的全部業績如下：

1. 許家禎的總業績為 234,560。
2. 黃清元的總業績為 353,910。
3. 葉家家的總業績為 182,000。

深智公司的全部業績為 770,470。

這次計算方法是將缺失的業績數據填充為0，提供了一個較為保守的業績估計

若是點選 〔>-〕 圖示，可以看到程式內容 ( 下圖沒有列印 ) 與表格的結果。

```
結果
(   Name        Q1       Q2       Q3       Q4      Total
0   許家禎   88000.0      0.0  88560.0  58000.0  234560.0
1   黃清元   98010.0  77000.0  88900.0  90000.0  353910.0
2   葉家家   78000.0  56000.0      0.0  48000.0  182000.0,
770470.0)
```

## 20-5-3　庫存計算

有一個 inventory.xlsx 內容如下：

| | A | B | C | D | E | F |
|---|---|---|---|---|---|---|
| 1 | | | | | | |
| 2 | | | iPhone庫存表 | | | |
| 3 | | | 黃金色 | 寶藍色 | 銀白色 | |
| 4 | | iPhone 14 | 5 | 3 | 1 | |
| 5 | | iPhone 15 | 8 | 9 | 2 | |
| 6 | | iPhone 16 | 4 | 6 | 7 | |

筆者先上傳文件，然後詢問不同類型 iPhone 的庫存。

實例 1：您輸入「請參考上傳的 inventory.xlsx 文件, 告訴我銀白色 iPhone 15 庫存有多少」。

實例 2：您輸入「請參考上傳的 inventory.xlsx 文件, 告訴我黃金色 iPhone 14 庫存有多少」。

# 第 21 章
# Data Analyst – 邁向機器學習之路

## 21-1 認識分析功能

### 21-1-1　GPT 的 Data Analyst

OpenAI 公司也針對數據分析與視覺話功能特別開發了 Data Analyst，可以讓我們對一般資料，甚至機器學習的資料做數據分析。以下是其主要的功能：

❏ **數據分析與視覺化**

- 分析數據集、計算統計指標（如平均值、中位數、標準差等）。
- 生成各種類型的圖表，包括柱狀圖、折線圖、散點圖等，以幫助你更直觀地理解數據。

❏ **數據預處理**

- 清理數據集（如處理缺失值、重複值）。
- 將數據轉換為適合分析的格式。

❏ **自動化報告**

- 根據你的需求，生成包含數據分析結果的自動化報告，並提供圖表和解釋。

❏ **Python 程式碼**

- 撰寫和執行 Python 程式碼來處理數據分析任務，並將結果反饋給你。

❏ **表格數據處理**

- 將數據導入和導出到不同的表格格式，例如：Excel、CSV 等，並進行分析。

❏ **專題分析**

- 幫助你進行特定領域的專題數據分析，如市場研究、金融分析、銷售趨勢等。

❏ **問答和解釋**

- 回答與數據分析相關的問題，提供概念解釋，並幫助你理解統計學或數據科學相關的知識。

## Data Analyst

作者：ChatGPT　🌐

Drop in any files and I can help analyze and visualize your data.

「支援多種檔案格式，快速分析、視覺化，讓數據說話。」

## 21-1-2　ChatGPT 與 Data Analyst 分析資料的差異

ChatGPT 和 GPT 的 Data Analyst 都是大型語言模型，可以用於分析資料，但兩者之間存在一些重要的差異。

❏　訓練資料

ChatGPT 的訓練資料是來自網絡的文字和程式碼，而 Data Analyst 的訓練資料是來自各種資料來源，包括財務數據、醫療數據和市場研究數據等。這意味著 Data Analyst 對特定領域的資料具有更深入的了解，可以生成更準確的分析結果。

❏　分析能力

ChatGPT 可以用於基本的資料分析任務，例如數據收集、清理和可視化。但 Data Analyst 可以用於更複雜的分析任務，例如機器學習和深度學習。這意味著 Data Analyst 可以生成更深入的見解。

❏　使用難度

ChatGPT 的使用相對簡單，只需要提供資料和要求即可。但 Data Analyst 的使用相對複雜，需要對特定領域的資料和分析方法有一定的了解。這意味著 ChatGPT 更適合初學者，而 Data Analyst 更適合有經驗的數據分析師。

總體而言，ChatGPT 和 GPT 的 Data Analyst 都是用於分析資料的有效工具。但兩者之間存在一些重要的差異，需要根據具體的情況進行選擇。以下是 ChatGPT 和 Data Analyst 的具體比較：

| 特徵 | ChatGPT | Data Analyst |
|------|---------|--------------|
| 訓練資料 | 網絡文字和程式碼 | 各種資料來源，包括財務數據、醫療數據和市場研究數據等 |
| 分析能力 | 基本資料分析 | 複雜資料分析，包括機器學習和深度學習 |
| 使用難度 | 簡單 | 複雜 |
| 適合人群 | 初學者 | 有經驗的數據分析師 |

以下是 ChatGPT 和 Data Analyst 的具體實例：

● ChatGPT：使用 ChatGPT 可以快速收集和清理資料，並生成簡單的圖表和圖形。例如，一個業務經理可以使用 ChatGPT 來收集銷售數據，並生成銷售趨勢的圖表。

● Data Analyst：Data Analyst 可以進行更複雜的資料分析，例如預測分析和異常檢測。例如，一個財務分析師可以使用 Data Analyst 來預測公司未來的財務狀況。

# 21-2　分析使用的 Excel 與 CSV 檔案

目前企業員工分析資料大都是使用 Excel 檔案，但是數據科學家分析資料更常用的是 CSV 格式的檔案，這一節會說明這 2 類檔案的差異，然後了解 ChatGPT 是否支援閱讀 CSV 檔案。這一節將從幾個方面說明 Excel 檔案與 CSV 檔案的差異。

❏　資料格式

Excel 檔案可以儲存各種資料格式，包括文字、數字、日期和時間等。CSV 檔案只能儲存文字和數字，日期和時間需要使用字串的格式。

❏　資料結構

Excel 檔案可以儲存多個工作表，每個工作表可以包含多個資料表。CSV 檔案只能儲存一個資料表。

❏　優缺點

Excel 檔案具有以下優點：

- 可以儲存各種資料格式。

- 可以使用 Excel 或其他支援 Excel 格式的軟體進行複雜的資料分析和操作。

Excel 檔案也有一些缺點：

- 檔案大小可能很大。

- 難以與其他軟體共用。

CSV 檔案具有以下優點：

- 檔案大小比較小，因為這個特性，在機器學習領域的公用資料檔案大都使用 CSV 格式。

- 易於與其他軟體共用。

CSV 檔案也有一些缺點：

- 只能儲存文字和數字

- 不能儲存日期和時間

❑ 用途

Excel 檔案通常用於儲存和分析大型資料集。CSV 檔案通常用於儲存和共用資料，例如產品清單、客戶資料或財務資料。

❑ 結論

Excel 檔案和 CSV 檔案都是用來儲存資料的有效工具。Excel 檔案更適合需要進行複雜的資料分析和操作的情況，而 CSV 檔案更適合需要儲存和共用資料的情況。

# 21-3 ChatGPT - 深智公司費用的分析

## 21-3-1 認識檔案內容

這本書的 Data_Analyst 資料夾有 expenditure.xlsx 與 expenditure.csv 檔案，內容相同。這一節筆者將使用 CSV 格式的檔案做說明，此檔案內容如下：

註 兩類檔案均做過測試，可以正常運作。

| | 月份 | 文具費 | 車馬費 | 薪資 | 雜費 | 每月總計 |
|---|---|---|---|---|---|---|
| 2 | | | 深智數位公司 | | | |
| 3 | | | 2022年支出帳目表 | | | |
| 4 | 月份 | 文具費 | 車馬費 | 薪資 | 雜費 | 每月總計 |
| 5 | 一月 | 500 | 4500 | 54320 | 850 | |
| 6 | 二月 | 450 | 6000 | 88860 | 2300 | |
| 7 | 三月 | 450 | 5500 | 54320 | 1600 | |
| 8 | 第一季 | | | | | |
| 9 | 四月 | 500 | 4500 | 54320 | 850 | |
| 10 | 五月 | 450 | 6000 | 88860 | 2300 | |
| 11 | 六月 | 450 | 5500 | 54320 | 1600 | |
| 12 | 第二季 | | | | | |
| 13 | 總計 | | | | | |

## 21-3-2　ChatGPT 的分析功能

請上傳 expenditure.csv，然後請 ChatGPT 做資料分析與執行結果。

expenditure.csv
試算表

請對這個資料作分析

---

這個檔案似乎包含了一些支出資料，但需要進行一些清理和格式化才能進行分析。
表格的結構如下：

1. 第一列是公司名稱（"深智數位公司"），但這與資料無關。

2. 第二列是標題列，包括「月份」、「文具費」、「車馬費」、「薪資」、「雜費」和「每月總計」。

3. 資料從第三列開始，記錄了每月的支出。

我會先清理資料，去除無關的行並計算每月總計，然後進行分析。 [>-]

支出資料清單

|   | 月份 | 文具費 | 車馬費 |
|---|------|--------|--------|
| 1 | 一月 | 500.0 | 4500.0 |
| 2 | 二月 | 450.0 | 6000.0 |
| 3 | 三月 | 450.0 | 5500.0 |
| 4 | 第一季 |  |  |
| 5 | 四月 | 500.0 | 4500.0 |
| 6 | 五月 | 450.0 | 6000.0 |

我已經清理並整理了您的資料，您現在可以檢視清理後的支出資料清單。如果您需要進一步的分析，請告訴我您的需求 ↓ 如趨勢分析、總支出計算或其他分析方式。[⊱]

請提供每個支出的總金額。　可否幫我繪製支出趨勢圖？

　　上述點選 [⊱]圖示，可以看到分析資料所使用的 Python 程式，以及執行結果，程式的執行結果，也就是 ChatGPT 分析資料的依據，從程式碼內容知道這個程式可以在 Google Colab 上執行。

分析　　　　　　　　　　　　　　　　　　　　　　　×

```python
python                          永遠顯示詳細資料 ●    複製程式碼
                                                     複製

# Clean the data by skipping the first row and rena     lumr
data_cleaned = data.drop([0, 1]).reset_index(drop=True)
data_cleaned.columns = ['月份', '文具費', '車馬費', '薪資', '雜費

# Convert numeric columns to appropriate data types
for col in ['文具費', '車馬費', '薪資', '雜費']:
    data_cleaned[col] = pd.to_numeric(data_cleaned[col], error

# Calculate the total expenditure for each month if not provid
data_cleaned['每月總計'] = data_cleaned[['文具費', '車馬費', '薪

# Display the cleaned data
import ace_tools as tools; tools.display_dataframe_to_user(nam
```

| 結果 | | | | | | |
|---|---|---|---|---|---|---|
| | 月份 | 文具費 | 車馬費 | 薪資 | 雜費 | 每月總計 |
| 0 | 一月 | 500.0 | 4500.0 | 54320.0 | 850.0 | 60170.0 |
| 1 | 二月 | 450.0 | 6000.0 | 88860.0 | 2300.0 | 97610.0 |
| 2 | 三月 | 450.0 | 5500.0 | 54320.0 | 1600.0 | 61870.0 |
| 3 | 第一季 | NaN | NaN | NaN | NaN | 0.0 |
| 4 | 四月 | 500.0 | 4500.0 | 54320.0 | 850.0 | 60170.0 |

有興趣的讀者可以深入了解程式內容，不過這一章筆者更著重用自然語言描述，讓 ChatGPT 依據指示幫我們設計想要的結果。

## 21-3-3　直條圖分析每個月的支出

資料分析更重要的是視覺化數據，下列是筆者的詢問與結果。

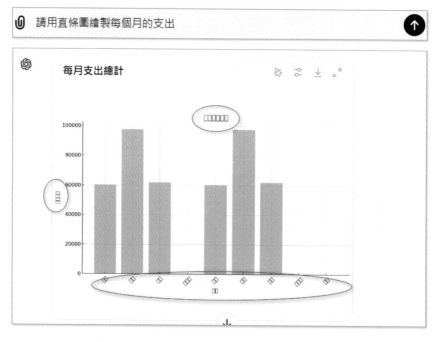

上述圖表最大的缺點是中文字無法顯示，每個中文字皆是用方框表達，這是因為 Google Colob 上 Python 程式所使用的繪製圖表模組是 matplotlib，此模組預設是英文字型。國內的程式設計師在 Google Colab 環境用 Python 設計圖表時，會自行先上傳中文字型。

### 21-3-4 圖表顯示中文字型

為了要顯示圖表的中文字型,建議是下載 Google 公司提供的免費字型 Noto Sans Traditional Chinese,檔案名稱是 NotoSansTC-Bold.otf。可以到下列網址下載。

https://fonts.google.com/noto/specimen/Noto+Sans+TC

然後參照下列方式輸入,就可以讓圖表顯示中文。

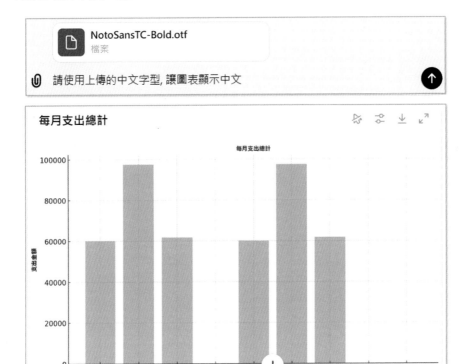

## 21-4 GPT 的 Data Analyst - 客戶資料分析

首先讀者需進入探索 GPT 的 Data Analyst 環境,這個程式要分析的資料是 customer.xlsx,共有 150 客戶資料,部分內容如下:

| | A | B | C | D | E | F |
|---|---|---|---|---|---|---|
| 1 | 客戶編號 | 性別 | 學歷 | 年收入 | 年齡 | |
| 2 | A1 | 男 | 大學 | 120 | 35 | |
| 3 | A4 | 男 | 碩士 | 88 | 28 | |
| 4 | A7 | 女 | 大學 | 59 | 29 | |
| 5 | A10 | 女 | 大學 | 105 | 37 | |

下列是上傳檔案與分析過程。

> **customer.xlsx**
> 試算表
>
> 請對這個資料作分析

在您提供的 Excel 檔案中，有三個工作表。以下是每個工作表的概況：

1. **工作表1** 包含一些客戶資料，例如客戶編號、性別、學歷、年收入和年齡。

2. **工作表2** 和 **工作表3** 目前是空的，沒有任何數據。

您希望對 **工作表1** 中的數據進行哪些具體分析呢？例如，您是否想了解不同性別或學歷的客戶年收入的分佈，或者是其他某些特定的分析？[>_]

## 21-4-1　基本統計分析

筆者先請 Data Analyst 做基本統計分析。

請做基本的統計分析

以下是對 **工作表1** 中數據的基本統計分析結果：

- **客戶編號**：共150個唯一值。
- **性別**：有2個唯一值，最常見的性別是"女"，共有93位。
- **學歷**：有4個唯一值，最常見的學歷是"大學"，共有84位。
- **年收入**：

  - 平均年收入為70.54萬元。
  - 年收入的標準差為27.95萬元。
  - 年收入的範圍從35萬元到180萬元。
  - 25% 的人年收入在50萬元以下，50% 的人年收入在60萬元以下，75% 的人年收入在80萬元以下。

- **年齡**：

  - 平均年齡為35.69歲。
  - 年齡的標準差為6.88歲。
  - 年齡範圍從21歲到53歲。
  - 25% 的人年齡在31歲以下，50% 的人年齡在36歲以下，75% 的人年齡在40歲以下。

如果您需要進一步的分析或視覺化數據，請告訴我！ 〔>-〕

## 21-4-2 用圓餅圖分析男女客戶數量

下列是用圓餅圖，對男女客戶的數量做視覺化分析。

NotoSansTC-Bold.otf
檔案

⑥ 請用中文和圓餅圖繪製男與女客戶的視覺化分析 ↑

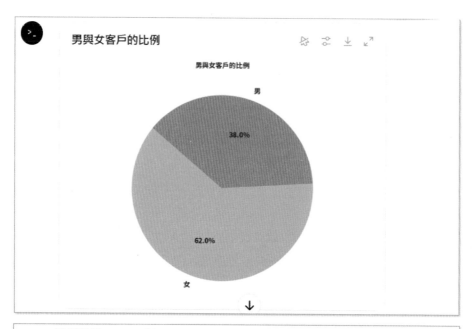

這是男與女客戶比例的圓餅圖視覺化分析。圖中顯示了男女性別的比例，幫助您了解客戶群體的性別分佈情況。如果需要進一步的分析或有其他要求，隨時告訴我！

## 21-4-3　直條圖分析客戶學歷

下列是用直條圖，對客戶的學歷做視覺化分析。

請用直條圖做客戶的學歷視覺化分析

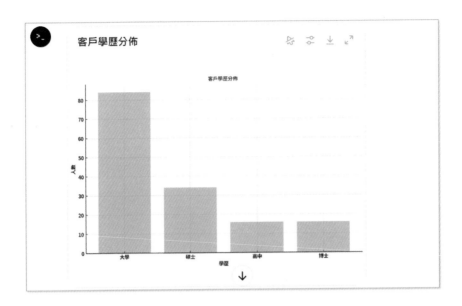

這是客戶學歷分佈的直條圖視覺化分析。圖中顯示了不同學歷程度的客戶數量，幫助您了解客戶群體的學歷結構。如果您有其他分析需求或問題，隨時告訴我！ 〔>-〕

## 21-4-4　直條圖分析客戶學歷與年收入

下列是用直條圖，對客戶的學歷與年收入做視覺化分析。

請用直條圖做客戶學歷與年收入的視覺化分析

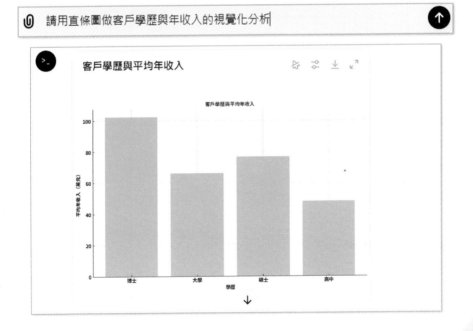

> 這是客戶學歷與平均年收入的直條圖視覺化分析。圖中顯示了不同學歷程度的客戶
> 平均年收入，幫助您了解學歷與收入之間的關係。如果您有其他需求或問題，隨時
> 告訴我！ ⌣

## 21-5 Data Analyst - 糖尿病數據分析

### 21-5-1　認識糖尿病數據 diabetes.csv

在機器學習領域有一個糖尿病數據 diabetes.csv，讀者可以在著名的數據科學平台
Kaggle 或是加州大學爾灣分校數據庫 (UCI) 下載，筆者已經下載到本書資料夾。此檔案
的部分內容如下：

| | A | B | C | D | E | F | G | H | I |
|---|---|---|---|---|---|---|---|---|---|
| 1 | Pregnanci | Glucose | BloodPres | SkinThick | Insulin | BMI | DiabetesP | Age | Outcome |
| 2 | 6 | 148 | 72 | 35 | 0 | 33.6 | 0.627 | 50 | 1 |
| 3 | 1 | 85 | 66 | 29 | 0 | 26.6 | 0.351 | 31 | 0 |
| 4 | 8 | 183 | 64 | 0 | 0 | 23.3 | 0.672 | 32 | 1 |
| 5 | 1 | 89 | 66 | 23 | 94 | 28.1 | 0.167 | 21 | 0 |
| 6 | 0 | 137 | 40 | 35 | 168 | 43.1 | 2.288 | 33 | 1 |
| 7 | 5 | 116 | 74 | 0 | 0 | 25.6 | 0.201 | 30 | 0 |
| 8 | 3 | 78 | 50 | 32 | 88 | 31 | 0.248 | 26 | 1 |
| 9 | 10 | 115 | 0 | 0 | 0 | 35.3 | 0.134 | 29 | 0 |
| 10 | 2 | 197 | 70 | 45 | 543 | 30.5 | 0.158 | 53 | 1 |
| 11 | 8 | 125 | 96 | 0 | 0 | 0 | 0.232 | 54 | 1 |

上述筆者圈選數值為 0 的部分，這應該是缺失值，用 0 填補的結果，讀者可以先
不必理會，筆者要讓 Data Analyst 做分析，然後告訴我們要如何處理。

### 21-5-2　Data Analyst 分析糖尿病數據

下列是筆者上傳 diabetes.csv 檔案，請 Data Analyst 做分析的過程。

> diabetes.csv
> 試算表

請對這個資料作分析|

 您上傳的資料集包含了有關糖尿病患者的各種醫學指標和結果。以下是資料集中的一些主要欄位：

- **Pregnancies:** 懷孕次數
- **Glucose:** 血糖濃度
- **BloodPressure:** 血壓
- **SkinThickness:** 皮膚厚度
- **Insulin:** 胰島素水平
- **BMI:** 體重指數 (BMI)
- **DiabetesPedigreeFunction:** 糖尿病遺傳函數
- **Age:** 年齡
- **Outcome:** 結果（是否患有糖尿病，1表示有，0表示沒有）

請問您希望對這個資料集進行哪些具體的分析？例如，您想查看哪些指標與糖尿病之間的關聯，或者是進行其他特定的分析？ [>-]

### 21-5-3　異常值的建議與處理

接下來筆者讓 Data Analyst 給我們建議「異常值的處理」。

在你的分析中可以看到Glucose, BloodPressure, SkinThickness, Insulin和BMI中有0存在, 這是不合理, 有沒有建議應該如何處理, 可以讓分析結果更精確

|

您觀察得很準確，像 Glucose（血糖濃度）、BloodPressure（血壓）、SkinThickness（皮膚厚度）、Insulin（胰島素水平）和 BMI（體重指數）等變數中出現 0 的值是不合理的，因為這些生理指標不可能為 0。

為了讓分析結果更精確，您可以考慮以下幾種處理方法：

1. **刪除含有不合理值的樣本：**

   - 您可以選擇刪除這些有 0 值的行。這種方法簡單直接，但可能會損失一部分數據。

2. **將不合理的 0 值替換為中位數或平均值：**

   - 將每個變數中的 0 值替換為該變數的中位數或平均值。這樣可以保持數據的完整性，同時減少對整體分析結果的影響。

3. **使用插補方法：**

   - 您可以使用更先進的插補技術，例如使用鄰近值、迴歸方法或機器學習模型來預測並填補這些缺失的數據。

4. **標記並分析：**

   - 您可以先標記這些不合理值，然後在分析中特別關注這些數據是否有特殊的模式或原因。如果數據中有較多這樣的值，可能需要進行更深入的調查。

您更傾向於使用哪種方法？或者您有其他的需求或想法？

筆者採用請 Data Analyst 用中位數填補所有缺失值。

請全部用中位數填補這些 0 值, 你可以將填補結果的檔案給我嗎

 已經將所有不合理的 0 值使用中位數填補完成，並將處理後的數據保存為新檔案。您可○○○○下鏈接下載這個處理後的檔案：

下載檔案

下載處理後的檔案

如果有其他需要，隨時告訴我！ [·_·]

然後筆者下載修正後的數據，此檔案名稱是「diabetes_cleaned.csv」，下列是部份內容，可以看到不再有以 0 填補的缺失值了。

| | A | B | C | D | E | F | G | H | I |
|---|---|---|---|---|---|---|---|---|---|
| 1 | Pregnanci | Glucose | BloodPres | SkinThick | Insulin | BMI | DiabetesP | Age | Outcome |
| 2 | 6 | 148 | 72 | 35 | 30.5 | 33.6 | 0.627 | 50 | 1 |
| 3 | 1 | 85 | 66 | 29 | 30.5 | 26.6 | 0.351 | 31 | 0 |
| 4 | 8 | 183 | 64 | 23 | 30.5 | 23.3 | 0.672 | 32 | 1 |
| 5 | 1 | 89 | 66 | 23 | 94 | 28.1 | 0.167 | 21 | 0 |
| 6 | 0 | 137 | 40 | 35 | 168 | 43.1 | 2.288 | 33 | 1 |
| 7 | 5 | 116 | 74 | 23 | 30.5 | 25.6 | 0.201 | 30 | 0 |
| 8 | 3 | 78 | 50 | 32 | 88 | 31 | 0.248 | 26 | 1 |
| 9 | 10 | 115 | 72 | 23 | 30.5 | 35.3 | 0.134 | 29 | 0 |
| 10 | 2 | 197 | 70 | 45 | 543 | 30.5 | 0.158 | 53 | 1 |
| 11 | 8 | 125 | 96 | 23 | 30.5 | 32 | 0.232 | 54 | 1 |

## 21-5-4 新數據重新分析

下列筆者請 Data Analyst 用新數據重新分析。

你已經有新的數據集, 請用這個新的數據集再作一次分析

對於清理後的數據集，以下是主要的分析結果：

**基本統計分析：**

- Glucose（血糖濃度）的平均值為 121.66，標準差為 30.44，範圍從 44 到 199。

- BloodPressure（血壓）的平均值為 72.39，標準差為 12.10，範圍從 24 到 122。

- SkinThickness（皮膚厚度）的平均值為 27.33，標準差為 9.23，範圍從 7 到 99。

- Insulin（胰島素水平）的平均值為 94.65，標準差為 105.55，範圍從 14 到 846。 ↓

- BMI（體重指數）的平均值為 32.45，標準差為 6.88，範圍從 18.2 到 67.1。

### 相關性分析：

- Outcome（糖尿病結果）與 Glucose（血糖濃度）的相關係數最高，達到 0.492，表明血糖濃度與糖尿病結果有較強的正相關性。
- BMI（體重指數）與 Outcome（糖尿病結果）的相關係數為 0.312，表明體重指數也與糖尿病結果存在一定的正相關性。
- Age（年齡）與 Pregnancies（懷孕次數）之間的相關性較高，達到 0.544，可能反映了年齡增長與懷孕次數增加之間的關聯性。

### 總結

- 血糖濃度和體重指數是與糖尿病結果相關性較強的變數，這些變數對於預測糖尿病結果可能具有重要意義。
- 處理後的數據集避免了不合理的 值，因此分析結果將更加可靠。

在上面的相關性分析中，過去我們認知快篩血糖值就代表是否有糖尿病的唯一指標，超過 120 就算是有糖尿病，原來 Data Analyst 經過分析，雖然有很強的相關性 (0.492)，但是還是有許多特徵需要考量。

## 21-5-5　熱力圖顯示變數間的相關性

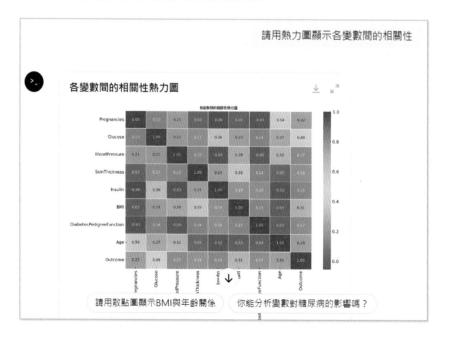

這是顯示各變數間相關性的熱力圖。圖中每個方格表示兩個變數之間的相關係數，顏色越接近紅色表示正相關性越強，越接近藍色表示負相關性越強。這樣的視覺化有助於快速識別變數之間的關聯性。如果您有其他問題或需要進一步分析，隨時告訴我！[>.-]

熱力圖 ( 或稱熱圖 )，這是展示數據中各個特徵變數間的相關性，這是一種視覺化工具，用於展示數據中的模式、複雜關係或趨勢。在本實例中，熱力圖用於展示變數之間的相關係數矩陣。

熱力圖是以相關係數的計算為基礎，使用的觀念是皮爾森相關係數，這是最常用的相關性測量方式之一。皮爾森相關係數用於測量兩個特徵變數 X 和 Y 之間的線性相關程度。其值範圍從 -1 到 1：

- 1 表示完全正相關：當一個變數值增加時，另一個變數值也增加。
- 0 表示無相關：兩個變數值之間沒有關聯。
- -1 表示完全負相關：當一個變數值增加時，另一個變數值減少。

在熱力圖中，這些相關係數用不同顏色的深淺來表示。通常，深色代表強相關，而淺色代表弱相關。總結來說，熱力圖是一種視覺化工具，用於直觀展示變數間的相關係數，而這些相關係數通常是透過皮爾森相關係數計算得出的。

註　左上角至右下角的對角線是 1，這是因為任何相同的變數，係數是 1。

## 21-5-5　輸出血糖分佈直方圖

請列出血糖分布的直方圖

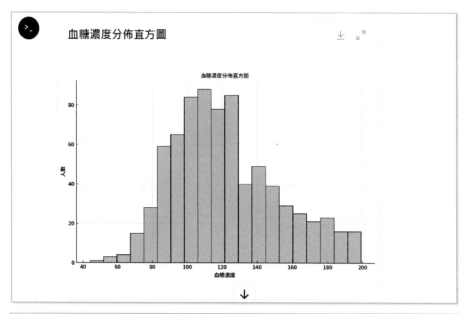

這是血糖濃度分佈的直方圖。圖中顯示了樣本中不同血糖濃度的分佈情況。如果您有其他分析需求或需要進一步的幫助，隨時告訴我！ [>-]

## 21-5-6　邏輯迴歸分析與輸出準確率

筆者請求 Data Analyst 做邏輯迴歸分析，同時輸出準確率。

從上述可以看到 Data Analyst 對整個數據集做分析，得到的糖尿病預估的準確率是 74.46%，這是一個不錯的預估水準了。

## 21-5-7　繪製迴歸直線

從熱圖可以看到 Glucose（葡萄糖濃度）和 BMI（身體質量指數）與是否有糖尿病最有相關，接下來我們請 Data Analyst 做 Glucose（葡萄糖濃度）和 BMI（身體質量指數）相關性的迴歸分析。

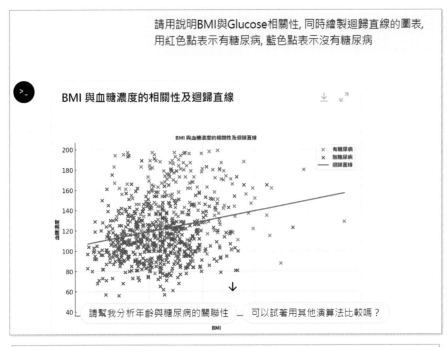

從上述系列 Data Analyst 的回應，可以看到 Data Analyst 展現了扎實的數據處理與分析能力。他能迅速識別資料中的不合理值，並提出多種處理方法，最終選擇用中位數填補，保證數據的完整性。在邏輯迴歸模型的建立和準確率的計算中，他展示了基本機器學習技術的應用。此外，他成功地將 BMI 與血糖濃度的相關性直觀呈現，並用不同顏色區分糖尿病患者和非患者，圖像清晰，分析透徹，為決策提供了有價值的視覺支持。